大飞机出版工程

总主编 顾诵芬

民机主制造商
适航信息化系统

Airworthiness Information System for
Civil Aircraft Manufacturer

郝 莲 张艳红 杨定定 戴明钰 熊 超 著

上海交通大学出版社
SHANGHAI JIAO TONG UNIVERSITY PRESS

内容提要

民用航空器适航取证过程的管理模式与实施途径,是民机主制造商型号研制的重要组成部分,直接关系到民机主制造商战略发展与生死存亡。本书描述民用航空器型号研制过程及规律、适航审定要求、型号研制适航取证流程、型号运行的持续适航保证流程、适航工作信息化实现的方案及民用航空器型号全寿命周期适航工作、适航符合性数据控制的适航信息化系统。

本书包括民机研制过程分析、适航基本概念简述、适航业务过程分析、适航体系分析、适航信息化系统建设总体规划、适航信息化系统建设方案、适航信息化系统典型模块实现案例等内容。

本书内容丰富、特色鲜明、理论与实践相结合,可供航空设计、制造各专业领域的科技人员学习和参考,可作为大学本科与研究生的飞行器设计、适航和信息系统等学科的参考教材。

图书在版编目(CIP)数据

民机主制造商适航信息化系统/郝莲等著. —上海:
上海交通大学出版社,2022.12
大飞机出版工程
ISBN 978-7-313-28190-6

Ⅰ.①民… Ⅱ.①郝… Ⅲ.①民用飞机—适航—信息
系统 Ⅳ.①V271.1

中国版本图书馆 CIP 数据核字(2022)第 236192 号

民机主制造商适航信息化系统
MINJI ZHU ZHIZAOSHANG SHIHANG XINXIHUA XITONG

著　者:郝　莲　张艳红　杨定定　戴明钰　熊　超			
出版发行:上海交通大学出版社	地　址:上海市番禺路 951 号
邮政编码:200030	电　话:021-64071208
印　制:上海颛辉印刷厂有限公司	经　销:全国新华书店
开　本:710mm×1000mm　1/16	印　张:26.25
字　数:452 千字	
版　次:2022 年 12 月第 1 版	印　次:2022 年 12 月第 1 次印刷
书　号:ISBN 978-7-313-28190-6	
定　价:198.00 元	

大飞机出版工程

丛书编委会

大飞机出版工程

总　　序

　　国务院在 2007 年 2 月底批准了大型飞机研制重大科技专项正式立项,得到全国上下各方面的关注。"大型飞机"工程项目作为创新型国家的标志工程重新燃起我们国家和人民共同承载着"航空报国梦"的巨大热情。对于所有从事航空事业的工作者,这是历史赋予的使命和挑战。

　　1903 年 12 月 17 日,美国莱特兄弟制作的世界第一架有动力、可操纵、比重大于空气的载人飞行器试飞成功,标志着人类飞行的梦想变成了现实。飞机作为 20 世纪最重大的科技成果之一,是人类科技创新能力与工业化生产形式相结合的产物,也是现代科学技术的集大成者。军事和民生对飞机的需求促进了飞机迅速而不间断的发展和应用,体现了当代科学技术的最新成果;而航空领域的持续探索和不断创新,为诸多学科的发展和相关技术的突破提供了强劲动力。航空工业已经成为知识密集、技术密集、高附加值、低消耗的产业。

　　从大型飞机工程项目开始论证到确定为《国家中长期科学和技术发展规划纲要》的十六个重大专项之一,直至立项通过,不仅使全国上下重视我国自主航空事业,而且使我们的人民、政府理解了我国航空事业半个多世纪发展的艰辛和成绩。大型飞机重大专项正式立项和启动使我们的民用航空进入新纪元。经过 50 多年的风雨历程,当今中国的航空工业已经步入了科学、理性的发展轨道。大型客机项目产业链长、辐射面宽、对国家综合实力带动性强,在国民经济发展和科学技术进步中发挥着重要作用,我国的航空工业迎来了新的发展机遇。

　　大型飞机的研制承载着中国几代航空人的梦想,造出与波音公司 B737 和空客公司 A320 改进型一样先进的"国产大飞机"已经成为每个航空人心中奋斗的目标。然而,大型飞机覆盖了机械、电子、材料、冶金、仪器仪表、化工等几乎所有工业门类,集成数学、空气动力学、材料学、人机工程学、自动控制学等多种学科,是一个复杂的科技创新系统。为了迎接新形势下理论、技术和工程等方面的严峻挑战,迫切需要引入、借鉴国外的优秀出版物和数据资料,总结、巩固我们的经验和成果,编著一套以"大飞机"为主题的丛书,借以推动服务"大飞机"作为推动服务整个航空科学的切入点,同时对于促进我国航空事业的发展和加快航空紧缺人才的培养,具有十分重要的现实意义和深远的历史意义。

2008 年 5 月,中国商用飞机有限公司成立之初,上海交通大学出版社就开始酝酿"大飞机出版工程",这是一项非常适合"大飞机"研制工作时宜的事业。新中国第一位飞机设计宗师——徐舜寿同志在领导我们研制中国第一架喷气式歼击教练机——歼教 1 时,亲自撰写了《飞机性能及算法》,及时编译了第一部《英汉航空工程名词字典》,翻译出版了《飞机构造学》《飞机强度学》,从理论上保证了我们的飞机研制工作。我本人作为航空事业发展 50 多年的见证人,欣然接受上海交通大学出版社的邀请担任该丛书的主编,希望为我国的"大飞机"研制发展出一份力。出版社同时也邀请了王礼恒院士、金德琨研究员、吴光辉总设计师、陈迎春副总设计师等航空领域专家撰写专著、精选书目,承担翻译、审校等工作,以确保这套"大飞机"丛书具有高品质和重大的社会价值,为我国的大飞机研制以及学科发展提供参考和智力支持。

编著这套丛书,一是总结整理 50 多年来航空科学技术的重要成果及宝贵经验;二是优化航空专业技术教材体系,为飞机设计技术人员的培养提供一套系统、全面的教科书,满足人才培养对教材的迫切需求;三是为大飞机研制提供有力的技术保障;四是将许多专家、教授、学者广博的学识见解和丰富的实践经验总结继承下来,旨在从系统性、完整性和实用性角度出发,把丰富的实践经验进一步理论化、科学化,形成具有我国特色的"大飞机"理论与实践相结合的知识体系。

"大飞机出版工程"丛书主要涵盖了总体气动、航空发动机、结构强度、航电、制造等专业方向,知识领域覆盖我国国产大飞机的关键技术。图书类别分为译著、专著、教材、工具书等几个模块;其内容既包括领域内专家们最先进的理论方法和技术成果,也包括来自飞机设计第一线的理论和实践成果。如:2009 年出版的荷兰原福克飞机公司总师撰写的 *Aerodynamic Design of Transport Aircraft*(《运输类飞机的空气动力设计》);由美国堪萨斯大学 2008 年出版的 *Aircraft Propulsion*(《飞机推进》)等国外最新科技的结晶;国内《民用飞机总体设计》等总体阐述之作和《涡量动力学》《民用飞机气动设计》等专业细分的著作;也有《民机设计 1000 问》《英汉航空缩略语词典》等工具类图书。

　　该套图书得到国家出版基金资助,体现了国家对"大型飞机"项目和"大飞机出版工程"这套丛书的高度重视。这套丛书承担着记载与弘扬科技成就、积累和传播科技知识的使命,凝结了国内外航空领域专业人士的智慧和成果,具有较强的系统性、完整性、实用性和技术前瞻性,既可作为实际工作指导用书,亦可作为相关专业人员的学习参考用书。期望这套丛书能够有益于航空领域里人才的培养,有益于航空工业的发展,有益于大飞机的成功研制。同时,希望能为大飞机工程吸引更多的读者来关心航空、支持航空和热爱航空,并投身于中国航空事业做出一点贡献。

2009 年 12 月 15 日

前　　言

　　《中华人民共和国民用航空法》是民用航空器研制必须依据的法律要求。《中华人民共和国民用航空法》明确规定设计、制造和使用民用航空器必须持有国务院民用航空主管部门颁发的适航证书。民用航空器研制最重要的特征就是民用航空器主制造商向国务院民用航空主管部门提出适航证件的申请，经过其审查后获得相应的适航证件，这一过程即为民用航空器研制中作为民用航空器主制造商的适航取证过程。民用航空器适航取证过程的管理模式与实施途径，是民用航空器主制造商型号研制的重要组成部分，直接关系到民用航空器主制造商战略发展与生死存亡。国外先进民用航空器主制造商如波音公司、空客公司等已基本完成了业务模式与信息系统融合，不仅建造了流程体系，亦开发了相应的信息化管理工具，如空客公司的 NECTAR 工具软件，实现了从飞机概念设计阶段到证后阶段的全寿命周期、全方位的适航管理。国内按适航规章研制民用航空器的探索已历经多年，随着中国商飞公司研制的 ARJ21‐700 飞机获得型号合格证与生产许可证，中国民机研制的业务流程体系已初步建立，信息化技术已融入民用航空器研制的管控过程，并形成了与适航当局协同的适航信息化系统。

　　本书介绍的民用航空器主制造商适航信息化系统是依据《中华人民共和国民用航空法》和《中华人民共和国民用航空器适航管理条例》等法规文件，结合国内多家民机主制造商的型号研制实践，针对"主制造商＋供应商"的运作机制，在研究民用航空器型号研制适航取证与型号研制关系的基础上，将适航取证工作完全融入飞机研制各阶段的管理模式与方法，形成符合民用航空器研制规律的适航取证管理模式与体系，依托数字化技术构建出民用航空器适航取证全过程管理信息化系统。

　　本书主要内容有民机研制过程分析、适航基本概念简述、适航业务过程分析、适航体系分析、适航信息化系统建设总体规划、适航信息化系统建设方案与技术路径、适航信息化系统建设实践，以及基于5G、大数据、人工智能等新技术应用的思考等内容。

本书由中国商飞公司上海飞机设计研究院的郝莲研究员、张艳红高级工程师、熊超研究员，中国商飞公司上海航空工业（集团）有限公司杨定定高级工程师、戴明钰高级工程师等编著，他们都是从事适航业务与信息化业务多年的资深工程师，具备丰富的理论与实践经验。第1章由郝莲编写，第2章由郝莲和熊超编写，第3章由张艳红、杨定定和戴明钰编写，第4章由张艳红、杨定定和戴明钰编写，第5章由张艳红、杨定定和戴明钰编写，第6章由郝莲和熊超编写，全书由郝莲、张艳红统一规划和最终定稿，由熊超进行排版和集成。

本书内容丰富、特色鲜明，理论与实践相结合，可供航空设计、制造各专业领域的科技人员学习和参考，还可作为大学本科与研究生的飞行器设计、适航和信息系统等学科的参考教材。本书提供的方法与案例涉及信息化技术与适航工作融合，构造适航信息化系统、实现型号全寿命周期适航工作管理、数据的动态监督和控制等，可帮助学习者了解民用航空器的适航性设计，掌握提升适航工作管理水平与效率的方法，从而提升民用航空器主制造商型号研制适航取证管理能力及自主创新水平。本书描述的与民用航空器研制过程相融合的适航管理体系、适航管理信息化过程管控方法、适航符合性证据链的数据流管控模式以及适航取证全过程数据的完整、实时和安全规范管理的方法与工具，均将为从事飞机设计、制造、使用和维修的专业人员提供学习的理论与实践案例，有助于相关人员建立起型号适航取证过程各项核心业务、适航信息化系统业务架构、适航数据流的管控方式等适航业务及适航信息系统基础知识，提升相关人员开展适航工作的效率与质量，从而保障型号研制适航取证，保障民用飞机型号高效投入运营，保证民用航空器始终处于适航的安全状态。

致　　谢

2015 年初,在决定要依据 ARJ21 新支线飞机项目 CCAR－25 部条款关闭综述报告编写一本适航规章条款符合性验证书时,联系上海交通大学出版社的钱方针老师,同她及她的团队一起讨论确定了该书出版的相关事宜。在完成相关讨论后,她问起是否还有别的图书编写意愿时,我毫不犹豫地说出还准备写两本,适航信息化和持续适航,钱老师表示将提供图书出版的支持。2018 年条款的书以《支线飞机适航符合性设计与验证》命名出版,分上、中、下三册。2021 年启动本书的编写,两年时间里,参与编写人员多次就编写大纲、编写格式、编写内容进行讨论,针对已完成的内容讨论修改,最终完成了书稿。

感谢中国商飞公司适航工程中心的秦凝双、刘其蒙同志为本书绘制流程图!

感谢中国商飞公司适航工程中心的金时或同志为本书出版提供的支持!

感谢中国商飞公司适航工程中心的陆军、乔玉为本书提供的技术支持!

感谢中国商飞公司上海飞机设计研究院采供部路敉同志负责本书出版采购事宜!

感谢中国商飞公司适航工程中心领导提供本书出版的费用!

感谢上海交通大学出版社的钱方针老师、刘宇轩老师为本书出版提供的指导!

感谢本书的张艳红、戴明钰、杨定定、熊超四位合作者为本书编写出版付出的辛勤努力!

郝莲

2022 年 10 月

目　　录

1 民机研制与适航

1.1 民机研制的起源

人类自古以来所传颂的许多美丽动人的神话均在表达人类向往天空、渴望飞行的愿望,渐渐地人类将愿望付诸行动,开始了漫长的模仿鸟类飞行的艰难探索。随着科学技术的发展,世界各国的航空先驱们逐渐发明出热气球、飞艇、滑翔机等飞行器,并亲自驾驶着这些飞行器实现了升空飞行的梦想。直到 1903年,莱特兄弟发明飞机,人类实现了蓝天飞行的梦想,开创了载人航空飞行的伟大时代。首次载人飞行的飞机为莱特兄弟自制的木、布、钢管结构 355 千克重的飞机,用一台 8.8 千瓦的活塞发动机做动力,利用滑翔起飞,虽然第一次仅飞了12 秒,飞行距离仅有 36.5 米,却开启了现代航空的新纪元。他们制造的这架成功飞行的"飞行者一号"是一架双翼飞机,在飞行员位置的两侧分别安装推进螺旋桨,由单台发动机链式传动,采用升降舵在前、方向舵在后的操纵系统。如此简陋的飞机其结构却并不简单,有机翼、螺旋桨、发动机、升降舵、方向舵、座椅、操纵杆等零部件,而如此的结构决定了其有限的飞行高度、速度与距离,完全不具备运输的功能。

第一次世界大战的爆发,催生了飞机的快速发展,用于战争的飞机以服务于侦察开始,进而发展到空袭轰炸,再发展为敌我双方的空战。第一次世界大战结束后,为战时需要而生产的大量飞机,并没有被人们遗忘,而是赋予了新的用途——飞行表演、飞行竞赛、运输邮件、货物及载客等,但尚未发展成定期的载客商用航班。这时,飞机并没有军用和民用之分,对作战飞机仅实施了一些简单的改装便可用于运输邮件、货物和旅客。

人类并没有停止对飞行的追求,不断地对承载飞行梦想的飞机加以改进,逐渐提升飞机速度、高度、航程和装载能力。新技术层出不穷,航空工业蓬勃发展,铝合金结构代替布、木、钢结构以提升飞机的承载,无线电通信技术的应用保证了飞机的飞行安全。

航空先驱们也意识到,民用航空器不能简单地用军用飞机改装,伴随着各国航空工业的兴起与发展,飞机逐渐分为军用和民用两大类。军用飞机研制突出其作战效能指标的设计与实现,民用航空器的研制着重其安全性、经济性、舒适性和环保性的设计与实现。

20 世纪 30 年代中期,美国研制出 DC - 3 型全金属客机,座级 28、航程 2 000 千米。这款可靠、安全和使用便利的飞机,为开启民用航空定期客运航班奠定了坚实的基础。从此,民用航空器的研制拉开了序幕。DC - 3 飞机行踪遍布全世界,在第二次世界大战中也作为盟军的基本运输工具,具备了军用的性质。

第二次世界大战的爆发,又一次促进了飞机的发展,作战飞机的速度得以大幅度提升。第二次世界大战后,美、苏、英等国靠其雄厚的研究设施和技术力量,先后突破了高速空气动力学、声障和喷气推进等技术,喷气式战斗机横空出世,其最大速度已达 2 倍声速、升限可达 2 万米。这些技术也应用于民机领域,采用喷气发动机的民用航空器的飞行速度大大提升,为实现民用航空器的洲际飞行打下了坚实的基础。

科技迅猛发展,已演变出各种用途的飞机,本书论述用于载客的民用运输类飞机,其发展到今天已经形成了相当的规模,有波音公司飞机 B707、B717、B727、B737、B747、B757、B767、B777、B787;空客公司飞机 A330、A340、A320 系列、A380、A350;还有中国商飞公司飞机 ARJ21 - 700、C919、CR929;飞机材料有金属、非金属、复合材料;飞机操纵由机械传动发展到全电传操控等。飞机已经变成异常复杂的产品,民用航空器除机体结构外,还包含空调系统、自动驾驶系统、通信系统、电源系统、防火系统、飞控系统、燃油系统、液压系统、防/除冰系统、仪表系统、起落架系统、照明系统、导航系统、氧气系统、引气系统、水/废水系统、辅助动力系统、动力系统等,其研制过程也随之变得日趋复杂。

美国波音公司 B707 飞机于 1957 年 12 月 20 日首飞,欧洲空客公司 A300 于 1972 年 10 月 28 日首飞,而中国第一架支线飞机——运 7 于 1970 年 12 月 26 日首飞,中国第一架大型喷气客机——运 10 于 1980 年 9 月 26 日首飞,由此看来中国的民机研制相比于波音公司与空客公司开始的时间并不算晚,但波音公司从 B707 开始已经衍生出 B717、B727、B737、B747、B757、B767、B777、B787 一系列成功运营的机型,空客公司自 20 世纪 80 年代起,奋起直追,也衍生出

A330、A340、A320、A321、A319、A318、A380、A350一系列成功运营的机型。而中国的民机研制始于20世纪60年代,经历了仿制和测绘设计阶段、自行研制阶段、国际合作阶段、改型研制阶段,走到了自主研制的新阶段。上述各阶段的代表机型分别为运7、运10、MPC-75、AE100、MD-82/90、运7-200A,ARJ21-700、C919及CR929。事实上,进入21世纪中国才真正意义上依据国际惯例开始民用航空器的研制。中国商飞公司研制的ARJ21-700新支线客机是中国首次按中国适航当局颁布的航空规章CCAR-25《运输类飞机适航标准》获得型号合格证(TC证),并投入市场商业运营的民用运输类飞机;C919大型客机已于2022年9月29日按CCAR-25《运输类飞机适航标准》获得型号合格证(TC证),在2022年内获得生产许可证,并交付首架飞机至客户。2023年C919大型客机即将投入市场商业运营。

1.2　民机研制

民机产业是典型的知识密集、技术密集和资本密集的高技术、高附加值、高风险的战略性产业,是衡量一个国家科技水平、工业水平和综合国力的重要标志之一。不论从经济发展的角度,还是基于国家安全考虑,民机产业是大国的必争之地。发展民机产业是国家振兴工业的必然选择,是以技术创新为核心的中国经济竞争优势发展战略的重大突破点。

民机研制是发展民机产业的最核心环节。

民机研制的对象在本书中指民用运输类飞机,一种运人载物的交通工具,其必须符合CCAR-25《运输类飞机适航标准》的要求。即民机研制需遵循设计、制造国颁布的适航规章要求,而各国适航当局均在国际民航组织制定的航空规则的基础上,依据各国的工业水平与环境条件制定并颁布各国的适航规章,各国的适航规章在安全性水平上均相当。

民用运输类飞机按用途划分为客机和货机两类,按航线划分为支线飞机和干线飞机两类,按航程划分为近、中和远程飞机,按客舱布局划分为单通道、双通道和双层客机,按大小划分为窄体飞机和宽体飞机,如图1-1所示。

民机研制的目标是确保安全性、提高经济性、改善舒适性和增强环保性。

民机研制的途径是原始创新实现关键技术突破、集成创新确保实现产品的安全性、经济性、舒适性和环保性目标。

民机研制的本质是面向目标细分市场的需求,依法进行集成创新并充分利用原始创新/消化吸收再创新成果的产品,开发大规模的复杂系统工程;源于可

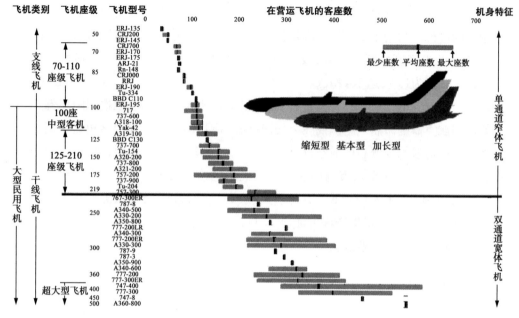

图 1-1　民用航空器分类

带来商业成功机会的市场需求变化和可带来技术进步机会的技术能力增长,以及两者及时结合的需要;必须对研制主体进行技术体系、技术能力体系的创建和升级;为规避民机研制存在的可导致巨大财务损失之不确定性的风险,以超越自我的时变多目标和多约束的高维度持续优化的方式,建立研制过程需求及验证和分阶段门禁管控手段,不断积累和提升研制主体的技术能力,保证持续向需求市场提供升级换代的产品和服务。

民机研制是形成和实现符合目标细分市场需求和法规要求的产品定义,完成必要的确认和验证,通过型号合格审定、完成实现持续适航的基础工作和首架机交付用户投入营运这四大目标的过程。而对于民用航空器主制造商来说,仅实现这四大目标还远远不够,还有责任继续承担民用航空器的持续适航责任。

1.3　民机研制过程分析

中国的航空工业沿袭苏联的军机研制体系建造,结合计划经济,形成了一套具有中国特色的研制保障体系,其最突出的是国家的决策、经费支撑与监管。往往是依据国家的需要,确定需要研发的型号,进行立项论证,经国家主管部门批准下拨经费后,实施研制,并且各研制阶段需通过国家主管部门组织的转段评审,最终的产品由军方(国家机构)收购。中国的民机研制目前也采用此完全相同的管理模式,基本的阶段划分为立项论证阶段、可行性论证阶段、预发展阶段(细分为总体方案定义阶段和初步设计阶段)、工程发展阶段(细分为详细设计阶段、全面试制阶段和试飞取证阶段)、批生产与产业发展阶段。所不同的是,民机研制中在各阶段还加入了相应的适航工作。

对于军机研制而言,各阶段的工作内容、输入与输出及相关的文件体系均已形成相应的行业标准。民机研制在借鉴军机研制标准的基础上,针对适航工作,完善了相应的内容及要求。

在此列举各阶段输出的主要内容:立项论证阶段输出项目建议书,以说明拟研制型号的基本技术方案(包含适航取证方案)、主要技术性能指标,产品研制能力、关键技术及解决途径分析,研制总经费需求,研制计划、生产规划及客户服务规划;可行性论证阶段输出可行性研究报告,从各类目标、关键技术、运作管理、采购、质量管理、适航取证等方面论证研制此型飞机的可行性;预发展阶段的总体方案定义阶段输出初步总体技术方案(包含适航取证初步技术方案)、顶层飞机设计要求、通用技术规范(包含适航技术标准)、项目总进度计划、试飞规划方案;初步设计阶段输出总体技术方案(包含适航取证总体技术方案)、系统和分系统规范、工艺总方案、试飞总方案、产品服务总方案;工程发展阶段的详细设计阶段输出所有产品数模和图样、审定计划、各种工艺文件、试飞大纲及测试改装方案、成品系统件和设备规范;全面试制阶段输出各种试验报告、试验分析报告,适航性符合性文件及批准表,此阶段最重要的输出是获得适航当局颁发的型号合格证(TC 证)及生产许可证(PC 证)。

进入批生产和产业化阶段,军机研制需完成设计定型与生产定型。而民机研制在全面试制阶段就完成了型号合格证和生产许可证的验证。型号合格证验证的内容包含民机设计定型的全部内容和生产定型中工艺性验证的内容,生产许可证包含民机生产定型中质量体系的内容。

通常军机的型号研制在产品交付部队使用,完成设计定型与生产定型后结束,完成设计定型与生产定型的型号不再更改,如果有新的需求,以改进改型的方式再立项,开展新一轮的型号研制。而民机研制,在产品交付首家客户投入运营后并没有结束,由于运营中出现的各类情况,致使产品的适航性发生改变,而依据民机产品必须适航的运营特性,民用航空器主制造商必须对已经投入运营的飞机,持续地跟踪、支持,以服务通告、改装方案、设计更改等形式解决运营中出现的不安全特征,以保证飞机的持续适航性。此阶段,适航当局会依据民用航空器运营中出现的不安全状态发布适航指令,要求运营商执行以保证民用航空器的持续适航性,民用航空器主制造商依据适航指令对未交付的民用航空器实施相应更改。

1.4 适航基本概念

民用航空器作为一种运人载物的交通工具,特别强调其安全性、经济性、舒适性和环保性。除经济性和舒适性外,最重要的还是安全性,适航性就是飞机的安全性水平,是民用航空器安全的重要属性。

当今世界,各国均越来越注重生态环境,国际民用航空组织(ICAO)不断更新与发布新的环境保护要求。环保性也成了民机研制的重点,作为适航验证必不可少的内容。

适航来源于公众对航空运行的安全性要求,其关乎着相关的航空活动参与者以及非参与者。因为早期的飞行活动,在无意之中造成对其他人生命和财产的侵损,损害了公众利益。公众也就强烈要求政府对空中飞行活动进行管理,以保护公众利益。

适航(airworthiness)这个专有词因维护公众利益的民用航空立法的需要而出现,适航与民用航空器飞行安全性的控制联系在一起。保持民用航空器的适航性,航空器的设计、制造、使用和维修各方都负有重要责任,称为适航性责任。民用航空器的研制单位从设计图纸、原材料的选用、试制、组装、试验、试飞直至取得型号合格证和生产许可证,对建立民用航空器的适航性负责任。同时,民用航空器的研制单位还需协同民用航空器的使用单位(航空公司和所属的飞行人员等)和维修单位(包括维修人员和检验人员等)对所使用和维修的民用航空器的持续适航性负责任。

适航性是民用航空器具备安全性水平的一种设计属性,是指在预期的使用环境中和在经申明并被核准的使用限制之内运行时,民用航空器(包括其部件和子系统、性能和操纵特性)的安全性和物理完整性。适航性通过设计、制造及验证建立,通过正确使用和维修保持。适航是民用航空器能在预期的环境中和使用限制下安全飞行(包括起飞和着陆)的反映其物理完整性的固有品质,这种品质可以通过合适的维修而持续保持,这种品质保证飞机在全寿命周期内始终处于安全的运行状态。

适航标准是一类特殊的技术标准,是为保证实现民用航空器的适航性而制定的最低安全标准,是国家法规的一部分。

适航管理是以保障民用航空器的安全性为目标的技术管理。

从民用航空的发展历史来看,适航管理和适航标准对于促进民用航空工业发展、保证民用运输安全起到了巨大的作用。没有安全保障的民用航空器因无法得到公众认可,致使民机产业的发展也得不到保证。适航管理和适航标准是以法规形式被强制执行的,这是民机研制最显著的特点。

适航管理和适航标准体现了近百年来全人类对于航空领域的探索、实践和经验总结,不仅是人类百年来的智慧结晶,也是人类为此付出惨痛代价的结晶,在技术进步和航空事故的双重作用下,适航管理水平和适航标准要求不断得到提升和完善。

1947 年成立的国际民用航空组织(ICAO),在国际范围内统筹上述适航的相关要求,该组织以实现安全、规律、高效的航空服务的运行标准化为目标,规范国际民用航空业的诸多方面,尤其是与航空器、机组工作人员、地面设施和服务的相关方面,各国按标准的方式操作,大家相互协调并高度信任。该组织制定《国际民用航空公约》,各国适航当局在此法则框架下,依据各国的工业水平与环境条件制定并颁布各国的航空规章。

1.5　民机适航取证过程分析

依上述民机研制阶段的描述,民机研制中所需的适航证为型号合格证(TC证)、生产许可证(PC 证)、特许飞行证、标准适航证(AC 证),这些证件均在适航法规文件 21 部中规定。目前中国的《民用航空产品和零部件合格审定规定》(CCAR-21-R4)定义了包括上述证件的 14 个证件,将在第 2 章中详细描述。本节结合设计过程分析型号合格证适航取证过程,其他适航证件的适航取证过程在第 2 章中分析。

国内已有的民机研制中,民用航空器主制造商尚未自行定义型号合格证适航取证过程的阶段,而是沿用审查方在适航规章中明确的审定过程的阶段定义。作为惯例,在项目之初,潜在的审查方和意向申请人通过签署安全保障合作协议(PSP)确定双方的工作模式,明确按审查方的审定阶段开展相关工作。中国民航颁布的适航管理程序中明确的 TC 证审定过程如下:概念设计阶段,该阶段为提交 TC 证申请前,潜在 TC 证申请方和审查方,沟通预提交 TC 证申请机型信息,对规章及标准相关要求的符合性达成共识;要求确定阶段,该阶段为提交 TC证申请后,双方确定需要满足的具体规章要求和符合性方法,并编制初步的专项合格审定计划(PSCP);符合性计划制定阶段,该阶段为基本需求确定后,双方依据设计工作的进展确定符合性验证的具体工作内容,形成符合性验证计划[审定计划(CP)〕;计划实施阶段,该阶段为双方确定 CP 后,申请方开展适航符合性验证,审查方开展审查;在申请方表明适航符合性,审查方确认适航符合性后,适航当局向作为申请方的民用航空器主制造商颁发 TC 证;证后阶段,该阶段为取得 TC 证后,双方共同开展证后设计更改的适航符合性验证与审查、持续适航事件的风险分析评估与审查、服务通告(SB)编制、审查、实施及监控。以上各阶段完成均需要进行评估,评估结论符合要求后转入下一阶段工作。(此段中所描述的审定阶段,依据的适航当局发布的老编号为 AP - 21 - AA - 2011 - 03R4 的适航管理程序,新编号为 AP - 21 - AA - 2022 - 11 的适航管理程序中对审定阶段的描述见 6.2 节。)

1.6　民机研制与适航

民用航空器研制的过程就是按照适航要求来设计和制造飞机,并用各种方法来验证所研制飞机的设计与制造符合相关的适航要求,同时也是向适航当局表明所设计与制造的产品符合适航相关要求的过程。

依据中国适航当局的规章要求,民用航空器主制造商开展民机型号研制,必须向中国民航局首先申请获取型号合格证(TC 证)、然后申请获取生产许可证(PC 证),产品交付前申请获取标准适航证(AC 证)。

TC 证,相当于产品的准生证,不符合要求、没资格,产品就不能生产。TC 证表明可以按适航标准设计生产具备适航性的飞机。而适航的要求实际上是保证最低的飞机安全性水平,它是飞机的一个本质属性。获取 TC 证就是通过说明、计算分析、安全性分析、试验和试飞来验证和证明所设计的飞机是否达到适航标准的要求,所研制的飞机确实具备这样的本质属性。证明的过程就是民机研制的过程,民用航空器主制造商获得适航证的过程,也是适航当局代表公众利益来监控、审核与确认民用航空器适航符合性的过程。

依据中国适航规章 CCAR - 21 部《民用航空产品和零部件合格审定规定》的要求提出 TC 证申请,适航当局受理后,作为审查方与民用航空器主制造商作为申请方共同依据适航标准 CCAR - 25 部《运输类飞机适航标准》确定审定基础、符合性方法和审定计划,申请方按审定计划完成飞机设计、制造和符合性验证试验与试飞,审查方也按审定计划对设计、制造和试验与试飞过程及结果进行审定,在确认对适航规章的符合性后,为型号飞机颁发 TC 证。

通常在取得 TC 证的前一年,民用航空器研制主制造商向民航局提出 PC 证申请,按照 CCAR - 21 部对民用航空器研制主制造商质量体系的要求,申请方和审查方共同制定评审计划,按计划对民用航空器研制主制造商质量体系文件进行审核、开展 PC 证验证过程产品质量的控制状态及现场审核,确认对适航规章的符合性后,为民用航空器研制主制造商的型号飞机颁发 PC 证。

民用航空器研制进入批产阶段后,需依据 TC 证所批准的型号设计,按 PC 证批准的质量体系,完成民用航空器的生产,为民用航空器取得 AC 证,交付客户。

民用航空器在已获得 TC 证,未获得 PC 证时,亦可依据型号合格证完成民用航空器的生产,为民用航空器取得 AC 证,交付客户。

民用航空器交付客户并投入运营后,民用航空器研制主制造商需协助运营商获取该民用航空器的运行合格证、维修许可证。同时,针对民用航空器的运行状态,开展持续适航风险控制、证后设计更改等工作。

综上所述,完善的设计、优质的制造、规范的使用及良好的维修构成了保持航空器适航性的一条链条,任何一个环节的责任放松或疏忽,都可能对民用航空器的适航性带来不利的甚至是灾难性的影响。

民用航空器总体发展趋势是追求安全性、经济性和舒适性。适航所强调的"最低安全标准"不是安全的最低标准,而是按现有工业和技术水平状况下能被公众认可的安全门槛,可以说,满足适航的最低安全标准就是安全的。经济性是营运人追求的目标,但是营运人无论其社会责任还是其商业利益都是以安全性为基础的。民用航空器的研制,要求对所采用的设计和技术,尤其是体现到产品的功能和可靠性上必须用可实现,并经适航当局认可的技术途径验证,包括用产品直接验证,如此才能保证民用航空器所采用的新技术的可行性。

适航规章是国家保证民用航空器安全的最低标准,是民用航空器研制过程必须遵循的法律,民用航空器必须符合适航规章的要求,并取得适航当局颁发的型号合格证才能够投入运营。投入营运的民用航空器,还需持续以服务通告、适航指令、改装方案、设计更改等形式消除运营中出现的不安全特征,以保证飞机的持续适航性。

2 适航业务过程

2.1 概述

民用航空器主制造商,必须保证民用航空器从开始研制到其退出运营整个过程的适航性,由此可知,民用航空器全寿命周期均存在相应的适航业务过程,保证民用航空器适航性是民用航空器主制造商的职责。信息化、数字化、人工智能时代,采用数字化手段管控民用航空器从开始研制到其退出运营整个过程的适航性数据,是民用航空器主制造商的必然选择,而民用航空器主制造商建立适航信息化系统,必须在详尽梳理与分析民用航空器主制造商履行适航职责的所有业务过程的基础上,规范过程管理,优化设置节点,形成精确标准的流程,应用最新信息化技术实现适航信息系统的设计与开发。

与民用航空器适航性相关的两大主适航业务过程可以划分如下:第一,建立民用航空器适航性的过程,指按适航标准设计、制造和验证民用航空器所涉及的适航业务过程;第二,保持民用航空器适航性的过程,指依据持续适航和运行文件运营及维修民用航空器所涉及的适航业务过程。

依据中国适航当局的规章要求,民用航空器主制造商开展民机型号研制,必须向中国民用航空局(CAAC)首先申请获取型号合格证(TC 证)、然后申请获取生产许可证(PC 证),产品交付前申请获取适航证(AC 证)。TC 证、PC 证和 AC 证是民用航空器研制所必须申请获取的最基本的三张适航证件,整个民机研制的过程围绕申请获取这三张证件,推演出各类适航证获取的适航业务过程。通常称获得 TC 证、AC 证为建立民用航空器适航性的过程,获取 PC 证是对建立民用航空器适航性的保证,开展持续适航体系及运行支持体系的运行是支撑民用航空器的运行与维修以保持民用航空器持续适航性的过程。

　　在民用航空器主制造商开展民机型号研制中,民用航空器还涉及两个其他类别的证件,就是《中华人民共和国民用航空法》(2021 年 4 月 29 日)规定由国务院民用航空主管部门颁发的中华人民共和国国籍登记证和民用航空器的无线电执照。

　　本书所描述的民用航空器主制造商开展适航取证业务,均基于 2017 年 7 月 1 日生效的《民用航空产品和零部件合格审定规定》(CCAR - 21 - R4)的要求。中国民用航空局编制的适航管理程序进一步细化和明确了这部规章的要求。在编写本书的过程中,部分适航管理程序发布了新编号的版本,而本书是按老编号的版本描述的。新编号的程序(截至 2022 年 9 月 30 日)对本书描述的业务流程的影响及处理见 6.2 节。

　　本章在介绍中国适航当局的适航规章与政策的基础上,详细阐述上述两大适航业务过程中民用航空器主制造商涉及的各项具体适航业务过程,同时描述针对民用航空器所需零部件获取适航证件的适航业务过程。按每一项适航业务过程,以中国适航当局颁布的适航规章和程序为依据,结合国内多家民用航空器主制造商适航工作的情况,总结归纳出适用于信息化系统开发实现的流程,按适航证件取证过程管理、适航体系管理和人员资质管理加以详细描述,为民用航空器主制造商建立适航信息化系统奠定基础。

2.2　适航规章与政策

2.2.1　适航规章的产生

　　即便是在航空业初创阶段,富有远见卓识的人们也能意识到航空是一种能够超越国界的新的运输方式,而这一方式需要各个国家共同遵守与维护,于是 1910 年,18 个欧洲国家出席了在法国巴黎召开的关于空中航行国际法的第一次会议,讨论这项法则。1919 年,38 个国家共赴巴黎,讨论航空成为和平工具和成立航空委员会的议题,大家共同起草并签订了"关于管理空中航线的公约",即《巴黎公约》,该公约涉及了民用航空业的各个领域,以监控民用航空业的发展并为其发展提供方法。这是第一部最完整、最重要的国际航空法法典。这个公约第一次系统地以法律的形式确定了国际民用航空的一些基本原则。1944 年 12 月 7 日,52 个国家出席美国芝加哥会议,经过 5 个星期的讨论,与会国家共同签署了《国际民用航空公约》(《芝加哥公约》),该公约包括 1 份序言和 96 项条款,是国际民用航空活动的基本法。该公约随着时代的发展而有所修订,目前有效的是 2006 年发布的第 9 版。

　　1947 年 4 月 4 日,国际民用航空组织(ICAO)成立,其总部在加拿大蒙特利尔,目前拥有 193 个缔约国,是协调世界各国政府在民用航空领域内各种经济和法律事务、制定航空技术国际标准的重要组织。ICAO 的宗旨是制定国际空中航行的原则与技术,促进国际航空运输的规划与发展,以实现并保证国际民用航空在全球安全有序发展;促进用于和平目的的航空器设计和运行技术;鼓励用于国际民用航空的航线、机场和空中航行设施的发展;满足世界人民对安全、有序、高效和经济的航空运输的需要;防止不合理竞争而导致的经济浪费;保证缔约国的权利得到完全尊重,并且保证每个缔约国拥有经营国际航线的公平机会;避免缔约国之间的歧视;提升国际空中航行的飞行安全;广泛促进国际民用航空各方面的发展。所有缔约签署的国家都以该条约为共同纲领,在该条约的约束下开展该领域的工作。自 ICAO 成立以来,该组织的主要技术任务就是实现安全、规律、高效的航空服务的运行标准化,从而使得国际民用航空业的诸多方面,尤其是与航空器、机组工作人员、地面设施和服务的相关方面,达到了高可信度。《国际民用航空公约》由公约加附件组成,是 ICAO 的基本法,其附件是随国际民用航空的发展不断变化的国际民用航空法的具体内容。附件与公约同样具有法律约束力,目前共 19 个附件。

　　在《国际民用航空公约》的基础上,缔约国各自建立与航空器、人员、航线和附属服务相关的可实践的世界协调的规章和组织程序,要求各国建立的这些规章和组织程序能够促进和提高航空安全、效率以及有序性。美国和欧洲拥有最完善的适航体系和管理经验,同时美国和欧洲的适航标准也已成为世界民用航空的主流标准。苏联和俄罗斯也有类似的体系和标准。中国的适航标准参照欧美建立,适航法规体系基本与美国的适航法规体系类似,在标准要求上与欧美处在同一安全性水平。

2.2.2　中国适航当局简介

　　实施中国民用航空适航管理的机构为中国民用航空局,该机构为中华人民共和国交通运输部下属主管民用航空事业机构,负责制定民用航空相关法律法规、政策和标准,监管民用航空器飞行和地面安全。机构设置为 1 个总部(北京)、7 个地区管理局(华北、华东、西南、西北、中南、东北、新疆)、18 个直属机构、1 个驻外办事处。

　　中国民用航空局自 1949 年 11 月 2 日成立,从一开始实行以军队领导为主、政企合一的管理体制;到脱离军队建制,改为国务院直属机构,实行企业化管理;再到政企分开改革;到最后重组成交通运输部下属机构,经历了四个发展阶段。

依据《中华人民共和国民用航空器适航管理条例》,实施适航管理分为两个层面:一是中国民用航空局适航司、飞行标准司和中国民用航空地区管理局适航审定处和维修处。二是成立有履行审定与评审技术职责的民用航空器适航审定中心及民用航空器评审中心,以在北京的审定中心牵头全面负责适航审查技术与管理,并负责审查航空发动机;下辖沈阳审定中心,负责审查符合 23 部、27 部和 29 部标准的飞机;南昌审定中心,负责审查符合 23 部、27 部和 29 部标准的飞机,南昌审定中心与沈阳审定中心按地域划分责任范围;上海审定中心,负责审查符合 25 部标准的运输类飞机;西安审定分中心,负责审查符合 25 部标准带螺旋桨的运输类飞机;广州审定分中心,负责审查符合 23 部的小飞机;成都机载设备审定分中心,负责审查 CTSO 的机载设备;成都航油航化审定中心,负责审查航油航化产品,不隶属于民用航空器适航审定中心。当中国民用航空局或中国民用航空地区管理局受理 TC 证和 PC 证申请后,将成立型号合格审定委员会(TCB)、生产许可审定委员会(PCB)和 TC 证审查组、PC 证审查组,具体开展某型号的 TC 证、PC 证审查,最终由中国民用航空局颁发 TC 证、PC 证。由中国民用航空地区管理局受理 AC 证申请,并实施 AC 证适航检查及颁证。

中国民用航空局飞行标准司负责民用航空器型号合格审定中的运行符合性评审工作,也负责运行合格证评审和维修许可证评审。在型号合格审定的同时,由飞行标准司的航空器评审处组织民航科学技术研究院的航空器评审室和民用航空器适航审定中心的航空器评审室共同开展航空器运行评审,在型号首架交付客户前给出航空器运行评审的结论。2022 年,在民航科学技术研究院成立了民用航空器评审中心,民用航空器审定中心不再承担航空器评审职责。

2.2.3　中国适航法规体系

中国的适航法规体系分为四个层级,第一层级为中国民用航空法,由全国人大制定,国家主席签署颁发令颁发的《中华人民共和国民用航空法》;第二层级为条例,由国务院颁发的《中华人民共和国民用航空器适航管理条例》和《中华人民共和国民用航空器国籍登记条例》;第三层级为规章,由中国民用航空局制定,交通部颁发的《中国民用航空规章》;第四层级为规范性文件,由中国民用航空局制定并发布,有《适航管理程序》《咨询通告》《工作手册》等。中国的适航法规体系架构与美国类似。

2.2.3.1　第一层级《中华人民共和国民用航空法》

《中华人民共和国民用航空法》规定设计、制造和使用民用航空器必须持有国务院民用航空主管部门颁发的适航证书;规定民用航空器必须进行国籍登记;规定具有中华人民共和国国籍的民用航空器,应当持有国务院民用航空主管部门颁发的适航证书,方可飞行;规定从事飞行的民用航空器,应当携带民用航空器国籍登记证书、民用航空器适航证书和装有无线电设备的民用航空器需持有无线电台执照。

2.2.3.2　第二层级《中华人民共和国民用航空器适航管理条例》和《中华人民共和国民用航空器国籍登记条例》

《中华人民共和国民用航空器适航管理条例》规定民用航空器实施适航管理的内容、责任人、执行的标准与程序;规定民用航空器必须具有中国民用航空局颁发的适航证,方可飞行;规定在中华人民共和国境内飞行的民用航空器必须具有国籍登记证,必须按照规定在该民用航空器的外表标明国籍登记识别标志。

《中华人民共和国民用航空器国籍登记条例》规定民用航空器国籍登记的条件、要求与标识等内容。

依据上述文件的规定,民用航空器在空中飞行必须获得如下三证:适航证、国籍登记证、无线电执照。正式运营飞机的适航证为标准适航证(AC证),其他开展科研试飞试验、适航符合性验证试飞试验、生产试飞等飞行的飞机的适航证为特许飞行证。

2.2.3.3　第三层级《中国民用航空规章》

《中国民用航空规章》,以 CCAR-×××编号,由中国民用航空局相关司依据 ICAO 的相关附件要求,按照行政、机场、运行、制造、空管、人员、维修及事故分类制定,如图 2-1 所示。

本书适航业务过程涉及的中国民用航空规章按适航、运行和维修列出如图 2-2 所示。

上述规章中按适航管理、适航标准和运行规章分别简述一部规章的内容如下。

1) 适航管理规章 CCAR-21-R4 简介

中国适航规章《民用航空产品和零部件合格审定规定》(CCAR-21-R4,2017 年 7 月 1 日生效),是适航审定必须遵循的最重要的管理规章,其规定涉及型号合格审定、生产许可审定和适航合格审定相对应 14 个证的申请、颁发和管理。其中定义的 14 张适航证件,分为三类,型号合格审定类 6 张,分别是型号合格证(TC)、补充型号合格证(STC)、改装设计批准书(MDA)、型号认可证

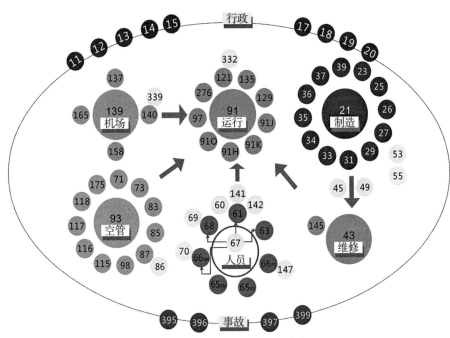

图 2-1　中国民用航空规章分布图

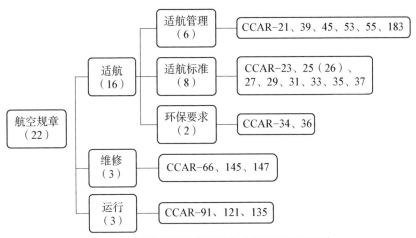

图 2-2　适航业务过程涉及的中国民用航空规章

(VTC)、补充型号认可证(VSTC)、零部件设计批准认可证(VDA);生产许可审定类 1 张:生产许可证(PC);适航合格审定类 5 张,分别是适航证(AC)、出口适航证、外国适航证认可书、特许飞行证、适航批准标签;还有 2 张,技术标准规定项目批准书(CTSOA)和零部件制造人批准书(PMA),既属型号合格审定类,又属生产许可审定类。

CCAR-21-R4 规章规定中国民用航空局负责受理、审查、颁发和管理上述型号合格证(TC)、补充型号合格证(STC)、型号认可证(VTC)、补充型号认可证(VSTC)、零部件设计批准认可证(VDA)、适航证(AC)、出口适航证、外国适航证认可书 9 个证件,中国民用航空地区管理局负责改装设计批准书(MDA)、生产许可证(PC)、零部件制造人批准书(PMA)、特许飞行证和适航批准标签 5 个证件。

依据 CCAR-21-R4,型号合格证(TC)、生产许可证(PC)和适航证(AC)简要分析如表 2-1 所示。

表 2-1　TC 证、PC 证、AC 证简述

名称	定义	有效期	可转让性
TC 型号合格证	CAAC 对民用航空器(包括正常类、实用类、特技类、通勤类和运输类)载人自由气球、特别类航空器、航空发动机、螺旋桨设计批准的合格凭证	除非被 CAAC 暂停、吊销或另行规定终止日期,型号合格证长期有效	型号合格证不可转让,但可转让设计资料供他人生产,权益转让协议书需送 CAAC 备案
PC 生产许可证	CAAC 对已获得民用航空器产品设计批准欲重复生产该产品的制造人所进行的资格性审定后,形成的批准凭证	除非被 CAAC 暂停、吊销或另行规定终止日期,或制造厂商制造设施、地址变迁,生产许可证长期有效	生产许可证不可转让
AC 标准/单机适航证	民用航空器在符合适航当局批准的型号设计,并能安全使用的凭证,民用航空器只有在取得适航证后,方可投入飞行营运	除非被 CAAC 吊销或被暂停,适航证长期有效	适航证随航空器一起转让,并展示在航空器内的明显处,以备查验。适航证可更换或重新签发

CCAR-21-R4 规章还规定了设计保证系统和航空器评审的相关要求。

2) 适航标准 CCAR-25-R4 简介

中国适航规章《运输类飞机适航标准》(CCAR-25-R4,2016 年 4 月 17 日生效),规定运输类飞机必须遵循的技术要求,民用航空器主制造商依据所研制航空器的设计特征,按此规章确定其研制民用航空器必须满足的适航标准,进一步与审查方讨论确定适用的审定基础,以规划出申请方和审查方的工作范围。本规章现行版本由 A 到 I 共计 9 个分部和 13 个附录组成。主要内容简述如下:

(1) A 分部:总则。该分部提供标准所适用的航空器型号及类别信息。

（2）B 分部：飞行。该分部针对性能、操纵性、机动性和稳定性等要求的符合性验证所进行的试飞。但该分部并不是覆盖审定试飞的唯一分部，其他分部也包含了一些必须试飞验证的要求。

（3）C 分部：结构。该分部包括飞行和地面载荷评估要求和机身、操纵系统、起落架及其他部件的结构设计要求，以及适坠性与疲劳要求参数。

（4）D 分部：设计与构造。该分部包括设计方法、材料、安全因子、操纵系统、起落架设计、需要进行的结构试验、驾驶舱和客舱设计、防火以及颤振要求等。

（5）E 分部：动力装置。该分部包括动力系统安装及相关燃油、滑油和排气等系统的要求，也包括动力系统操纵、附件和防火等要求。

（6）F 分部：设备。该分部提供航空器各系统所用设备的要求，同时包括功能与可靠性、安全性要求。

（7）G 分部：使用限制和资料。该分部提供了为使航空器正确运行，驾驶员和其他人员必须得到的所有资料要求，包括从标记、标牌到飞行手册等。

（8）H 分部：电气线路互联系统（EWIS）。该分部提供航空器全机电气线路的要求。

（9）I 分部：附则。明确本规章施行的时间要求。

（10）附录。附录有不同的内容，如简化的设计载荷判据、材料可燃性评估的试验程序、持续适航文件和结冰气象等其他信息。

民用航空器除必须符合 CCAR - 25 部适航标准外，还需针对运行类别（如旅游、空中作业等）和飞行条件（目视飞行规则飞行、仪表飞行规则飞行、夜间飞行、跨水飞行等），依据运行规则的规定安装相应的仪表和设备。这些要求在《大型飞机公共航空运输承运人运行合格审定规则》（CCAR - 121 - R7，2021 年 3 月 15 日起生效）和《一般运行和飞行规则》（CCAR - 91 - R4，2022 年 7 月 1 日起生效）中明确。即民用航空器主制造商在研制民用航空器时必须将这些运行要求纳入设计的输入之中，与此同时，还需满足环境保护的要求，将对《涡轮发动机飞机燃油排泄和排气排出物规定》（CCAR - 34，2002 年 4 月 19 日起生效）和《航空器型号和适航合格审定噪声规定》（CCAR - 36 - R2，2018 年 1 月 12 日起生效）的符合性纳入获取型号合格证的取证范围中，也就是这两部规章的适用条款亦作为型号合格证的适用审定基础的一部分。

　　3）运行规章 CCAR - 121 - R7 简介

中国航空规章《大型飞机公共航空运输承运人运行合格审定规则》（CCAR - 121 - R7，2021 年 3 月 15 日起生效），不仅规定了民用航空器的运行规则、与运行规则匹配的仪表及设备要求,同时规定了航空公司运行合格证申请、审查和颁发的要求。

2.2.3.4 第四层级"规范性文件"

1) 适航管理程序

中国民用航空局发布的管理程序按 AP－××(某部规章号)－AA－××××(年号)－*－×××(顺序号)编号,在此简要介绍依据《民用航空产品和零部件合格审定规定》(CCAR－21)颁布的适航管理程序情况。目前,为此规章发布了23 份管理程序,编号为 AP－21－×××,以指导各类证件的适航审定工作。TC证的管理程序为《航空器型号合格审定程序》(AP－21－AA－2011－03－R4),PC证的管理程序为《生产批准和监督程序》(AP－21－AA－2019－31),AC 证的管理程序为《民用航空器及其相关产品适航审定程序》(AP－21－AA－2008－05R2)。

(注:标有 * 的内容为后期增加的标识。)

2019 年 8 月 21 日,中国民用航空局航空器适航审定司发布通知,明确基于CCAR－21 管理程序的具体内容,将管理程序分为"设计""生产""单机""认可"和"管理"五种类别。目前,按新编号发布的管理程序,"设计"类的有替代《民用航空材料、零部件和机载设备的合格审定程序》(AP－21－06R3)的《技术标准规定项目批准书合格审定程序》(AP－21－AA－2020－12)和《零部件制造人批准书合格审定程序》(AP－21－AA－2020－13);"生产"类的有替代《生产批准和监督程序》(AP－21－AA－2010－04R4)的《生产批准和监督程序》(AP－21－AA－2019－31)和替代《轻型运动航空器生产批准及适航审定程序》(AP－21－AA－2015－23)的《轻小型航空器生产许可及适航批准审定程序》(AP－21－AA－2019－32),其他程序均在修订过程中①。另外,废止了 1 份程序,还将 1 份程序修改后转换为内部工作手册。

这些管理程序明确了适航当局审查,确认民用航空器主制造商申请相关适航证件需开展的工作流程、内容和要求,民用航空器主制造商必须依据这些工作流程、内容和要求,确定作为申请方开展相关适航证件申请、验证和接受适航当局审查的工作流程、内容和要求,以此作为开发适航信息化系统的输入条件。

2) 咨询通告

咨询通告(AC),是适航当局向公众公开发布的,对适航管理工作的政策以及对某些适航规章条款所做的解释性、说明性的文件,是申请方和审查方开展适航

---

① 在本书完成之际,CAAC 发布了多份 AP 程序,见第 6 章。

业务工作的重要参考文件。美国联邦航空管理局(FAA)通常针对 23、27、29 部发布的 AC 编号为 AC 20-×××,事实上,多数也适用于 25 部,如,AC 20-7D,此为针对飞行的要求。针对 25 部的 AC 编号为 AC 25—×××。针对具体条款的 AC 编号中带条款号,如,AC 25.773-1,此 AC 就是针对 25.773 条款的符合性方法说明。中国适航当局发布的 AC 编号为 AC-×××(某部规章号)-AA-××××(年号)-×××(顺序号),如 AC 21-13《在 RVSM 空域实施 300 米(1 000 英尺)垂直间隔标准运行的航空器适航批准》。目前,中国适航当局针对适航标准发布的 AC 不多,审查过程中均采用 FAA 颁布的相应 AC,如 AC 25-25A《结冰条件下的飞机性能和操纵特性》,此 AC 用于指导验证 25 部 B 分部的相关条款。

2.2.3.5　其他

1) 问题纪要(issue paper,IP)

适航审查过程中,通常采用问题纪要来确认和解决发生的有关技术、规章和管理的重要或有争议问题,问题纪要是作为申请方和审查方处理问题和管理问题处理进展情况的一种手段。一般情况下,问题纪要形成需经历 4 个阶段,从问题说明和背景开始,依次经过"审查方立场""申请方立场"和"结论"阶段。第 1 阶段的目标是提出重要的或有争议的问题,以引起审查组和申请方的关注。第 2 阶段的目标是确定审查方立场。在本阶段,审查方形成对问题的要求及所需的符合性验证活动的意见。第 3 阶段的目标是确定申请方立场。在本阶段,审查方根据申请方反馈的意见形成申请方立场。第 4 阶段的目标是形成解决问题的结论。每份问题纪要必须给出结论,并签署。

问题纪要有如下分类:

(1) 符合性方法(MC)。此类问题纪要是常见的问题纪要,用于记录由于型号设计的独特性而需制定的特殊的符合性方法或由于表明符合性而需规定的特定条件或特殊环境。

(2) 等效安全(ELOS)。此类问题纪要用于记录对申请方请求的等效安全进行评审的过程和得出的等效安全结论。

(3) 建议的专用条件(SC)。此类问题纪要用于记录产生专用条件的基础、必要性和建议的专用条件文本。

(4) 审定基础(G01)。此类问题纪要用于明确适用的适航规章、环境保护要求,以及必要的专用条件、等效安全结论和豁免。

(5) 符合性确定(G02)。此类问题纪要用于说明审定程序要求,包括明确申请方表明符合性的责任,形成"符合性检查单"。该检查单说明了规章要求和申请人建议的、对审定基础中每条规章要求的符合性方法。

（6）环境考虑（G03）。此类问题纪要用于确定适用的环境保护要求，即航空器噪声和涡轮发动机飞机燃油排泄和排气排出物的规章要求。

（7）其他。通常定期会将某型号适用的所有问题纪要汇编成册，称为问题纪要汇编（issue paper book）。

2）审定信函

审查方使用审定信函通知审查方和申请方各类事项，也用于批准申请方的设计保证手册及相应的程序文件。

2.2.4　适航双边政策

适航双边协议或备忘录：指两个国家在适航审定领域确定的合作关系。在双方签署的协议中，界定相互接受对方民用航空产品的范围和方式。如双边适航协议（BAA）或双边航空安全协议（BASA）等。通常，两国适航当局要按照适航协议所确定的原则，签署相应的双边适航执行程序，如实施程序细则（SIP）、适航实施程序（IPA）等。这些程序规定了两国适航当局在设计认可批准、生产活动、出口适航批准、各种证后活动和技术支援等方面的约定和安排等。在此基础上，两国适航当局相互认可对方已审定颁发的适航证件。

目前，中国与 37 个国家或地区签署了适航双边协议，这些国家是美国、加拿大、俄罗斯、德国、法国、澳大利亚、欧洲航空安全局（EASA）、南非、巴西、新西兰、老挝等。

中美两国于 2017 年 10 月 17 日签署并生效了适航实施程序（Implementation Procedures of Airworthiness，IPA），该 IPA 是中美于 2005 年 10 月 20 日在华盛顿签署的双边民用航空安全协议（BASA）的实施程序（根据 BASA 第三条规定发布），该 IPA 涵盖了航空器及部件的设计批准的认可、生产及监督、出口适航批准、证后及技术协助活动等方面的要求。

中国与欧盟于 2020 年 9 月签署适航实施技术协议（Technical Implementation Procedures for Airworthiness and Environmental Certification，TIP），该 TIP 与上述 IPA 具备类似的作用，该 TIP 提供双方技术机构对航空产品开展认可与相互接受的方法。

2.3　适航证件取证过程管理

依据适航当局对适航证件的管理过程，可归纳为受理（含申请）、审查、颁证和管理这4大类,每个大类均可定义成一个小过程,涉及多项活动。本节以此为基础,梳理、分析和描述民用航空器主制造商开展民用航空器研制过程中,按CCAR-21部获取适航证件的适航取证及其管理过程(以下将民用航空器主制造商在民用航空器型号研制中各种适航证件证前、证后的验证过程描述为适航取证过程),同时描述参与航空器评审委员会(AEG)评审的过程、客户服务文件编制审批等适航业务过程。另外,描述民用航空器国籍登记证和无线电执照申请及管理过程。

2.3.1 型号合格证取证过程

依据《民用航空产品和零部件合格审定规定》(CCAR-21-R4)第21.2D条(三)的规定,中国民用航空局负责型号合格证(TC证)的受理、审查、颁发和管理。即民用航空器主制造商向中国民用航空局提交TC证申请,在获得其受理后,接受其审查,接收其经审查合格后颁发的型号合格证(TC证)和型号合格数据单(TCDS),接受其实施的TC证证后管理。

2.3.1.1 基本概念

1) 设计批准

依据《民用航空产品和零部件合格审定规定》(CCAR-21-R4)第21.2B条,设计批准指适航当局颁发的用以表明该航空产品或者零部件设计符合相关适航规章和要求的证件,其形式可以是型号合格证、型号认可证、型号合格证更改、型号认可证更改、补充型号合格证、改装设计批准书、补充型号认可证、零部件设计批准认可证或者零部件制造人批准书、技术标准规定项目批准书对设计部分的批准或者其他方式对设计的批准。

2) 型号合格审定

依据《型号合格审定程序》(AP-21-AA-2022-11),型号合格审定(type certification, TC)是对中国民用航空局(CAAC)民用航空产品(指民用航空器、航空发动机或螺旋桨)进行设计批准的过程(包括颁发型号合格证及对型号设计更改的批准)。

3) 型号合格审定委员会(TCB)

TCB是型号合格审定项目的管理团队,负责监控型号合格审定项目的审查工作,解决审查中出现的重大问题。TCB由委员会主任和成员组成,通过召开TCB会议的方式监控型号合格审定工作和审议重大事项,其主要职责:审议型号合格审定审查组成员的资格与专业/专题审查小组的设置;审议型号合格审定基础,包括审议可能涉及的专用条件和豁免,审批等效安全;审议审定计划(CP)或专项合格审定计划(PSCP);对审查过程中出现的有争议的重大问题,听取申请方的申诉和型号合格审定审查组的意见,进行协调解决;按《民用航空产品和零部件合格审定规定》(CCAR - 21)第 21.21 条(一)的要求,对提交审查的型号合格审定项目做出是否满足审定基础的结论。

4) 型号合格审定委员会(TCB)会议

TCB 会议是型号合格审定委员会主任为履行 TCB 职责所组织召开的会议。整个 TC 审定过程中至少组织 3 次 TCB 会议,分别为首次、审定飞行试验前和最终会议;TCB 主任认为必要时可以组织召开中间 TCB 会议,可视情况按专业、专题或系统分别召开。

5) 型号合格审定审查组

型号合格审定委员会(TCB)下设的审查团队,可组建若干个专业或专题审查小组。审查小组成员为审查代表,分为工程审查代表和制造审查代表(简称工程代表和制造代表)。审查组在型号合格审定委员会(TCB)的领导下,就具体项目的型号合格审定工作与申请方沟通、联络和协调,审查审定计划(CP),与申请方一起完成专项合格审定计划(PSCP),并按计划实施专业或专题审查。具体如下:审查批准型号资料(包括工艺规范或说明书);开展制造符合性检查;审查批准验证试验大纲(包括试验室试验、地面试验和飞行试验),现场目击重要验证试验;签发型号检查核准书(TIA);审查《航空器飞行手册》;编写问题纪要;编写型号合格证数据单(草案);审查设计保证手册和设计保证系统;编写型号检查报告(TIR);编写型号审查报告和型号合格审定总结报告。

6) 委任代表

依据《民用航空适航委任代表和委任单位代表管理规定》(CCAR - 183AA - R1,2018 年 3 月 1 日起生效),委任代表指中国民用航空行政机关委派的中国民用航空行政机关以外、在授权范围内从事适航管理中有关审定、检验工作的个人。委任代表为中国民用航空行政机关颁发适航证件进行技术检查所出具的技术检查结果,作为中国民用航空行政机关颁发适航证件的依据。委任代表分为委任工程代表和委任制造代表。

7) 型号设计

依据《民用航空产品和零部件合格审定规定》(CCAR - 21 - R4)第 21.31条,型号设计如下:

(一)定义民用航空产品构型和设计特征符合有关适航规章和环境保护要

求所需要的图纸、技术规范及其清单;

(二)确定民用航空产品结构强度所需要的尺寸、材料和工艺资料;

(三)(各适航标准)要求的持续适航文件中的适航性限制部分;

(四)通过对比法来确定同一型号后续民用航空产品的适航性和适用的环境保护特性所必需的其他资料。

8) 型号设计更改

型号设计更改指民用航空器获得型号合格证后,针对已批准的型号设计,基于改进产品性能、功能、生产工艺、维修方法和提升产品安全水平等所进行的修改与完善。

9) 型号设计更改的分类

依据《民用航空产品和零部件合格审定规定》(CCAR - 21 - R4)第21.93条,型号设计更改的分类如下:

(一)型号设计更改分为"小改"和"大改":

1. "小改"指对民用航空产品的重量、平衡、结构强度、可靠性、使用特性以及对民用航空产品适航性没有显著影响的更改;

2. "大改"指除"小改"以外的其他更改。

(二)型号设计更改还可以分为"声学更改"和"非声学更改"。"声学更改"指可能增加航空器噪声级的自愿的航空器的型号设计更改。

(三)型号设计更改还可以分为"排放更改"和"非排放更改"。"排放更改"指在飞机或者发动机设计中可能增加燃油排泄或者燃气排放的型号设计更改。

10) 设计符合性

指民用航空器和零部件的设计符合规定的适航规章和要求。

11) 制造符合性

指民用航空器和零部件的制造、试验和安装等符合经批准的设计。

12) 型号合格审定基础

由申请方提出并经型号合格审定委员审议的、对某一产品进行型号合格审定所依据的标准,型号合格审定基础包括适航标准条款、专用条件、等效安全、豁免以及环保要求。

13) 符合性方法

型号合格审查过程中,为了获得所需的证据资料以表明适航条款的符合性,申请方通常需要采用不同的方法来表明对审定基础的符合性,而这些方法统称为符合性验证方法(简称符合性方法)。目前,中国适航当局在整理以前的审查经验和借鉴国外的管理成果的基础上,将符合性方法汇总为十种。实施中根据适航条款的具体要求选取其中的一种或多种组合的方式来满足条款的要求。符合性方法说明如表 2-2 所示(新修订的符合性方法说明表见 6.2 节)。

表 2-2　符合性方法说明

代码	名称	使用说明
MC0	符合性声明	通常在符合性记录文件中直接给出
MC1	说明性文件	如技术说明,安装图纸,计算方法,技术方案,航空器飞行手册
MC2	分析/计算	如载荷、静强度和疲劳强度,性能,统计数据分析,与以往型号的相似性
MC3	安全评估	如功能危害性评估(FHA)、系统安全性分析(SSA)等用于规定安全目标和演示已经达到这些安全目标的文件
MC4	试验室试验	如静力和疲劳试验,环境试验……试验可以在零部件、分组件和完整组件上进行
MC5	地面试验	如旋翼和减速器的耐久性试验,环境等试验
MC6	飞行试验	规章明确要求时,或用其他方法无法完全演示符合性时采用
MC7	航空器检查	如系统的隔离检查,维修规定的检查
MC8	模拟器试验	如评估潜在危险的失效情况,驾驶舱评估
MC9	设备合格性	除设备鉴定外,还包括相似性分析、机载软硬件鉴定和 CTSOA

14) 全机级的专项合格审定计划(PSCP)

审查方和申请方共同制定的规划,旨在整个项目层面规范与管理某一型号的型号合格证验证与审定工作、生产许可证验证与审定工作,经双方签署后共同遵照执行。主要内容有产品合格审定(项目描述、项目进度表、型号合格审定基础、符合性方法、沟通和协调机制、授权方案、试验计划、符合性文件规划)、生产许可审定(项目描述、项目进度表、质量体系评审计划、评审报告)、证后要求(符合性总结文件、持续适航文件、持续适航管理)、项目问题计划、持续改进(概述、项目执行情况评价指标及评价、阶段评估检查单)。

15) 系统/专业/专题级的合格审定计划(CP)

按系统或专业或专题制定的型号合格证验证与审定的具体工作计划,由申请方编制,审查方批准,双方据此开展具体的符合性验证与审定活动。主要内容为详细的系统描述、系统构型控制文件、供应商验证与审定活动及管理、预期的运行类型和相关的运行规章要求及其符合性考虑、审定基础及符合性方法、用于生成符合性验证数据/资料的试验件和试验所需设备的清单、包括详细试验计划的试验项目、表明对审定基础符合性的文件清单以及对持续适航问题的说明。

16) 符合性验证及审定的工作原则

按照系统/专业/专题开展符合性验证和审查(具体依据 CP 开展),按照审定基础确定的适用条款确认符合性验证与审定工作的完整性与有效性,以条款衡量,用数据说话。

17) TC 证适航审查阶段①

依据《航空器型号合格审定程序》(AP - 21 - AA - 2011 - 03 - R4),TC 证适航审查分为五个阶段:概念设计阶段,该阶段为提交 TC 证申请前,潜在 TC 证申请方和审查方,沟通拟提交 TC 证申请的机型信息,对规章及标准相关要求的符合性达成共识;要求确定阶段,该阶段为提交 TC 证申请后,双方确定需要满足的具体规章要求和符合性方法,并编制初步的专项合格审定计划(PSCP);符合性计划制定阶段,该阶段为基本需求确定后,双方依据设计工作的进展确定符合性验证的具体工作内容,形成符合性验证计划[审定计划(CP)];计划实施阶段,该阶段为双方确定 CP 后,申请方开展适航符合性验证,审查方开展审查,形成 TC 证;证后阶段,该阶段为取得 TC 证后,双方共同开展证后设计更改的适航符合性验证与审查、持续适航事件的风险分析评估与审查、服务通告(SB)/超手册修理方案的编制、审查和实施及监控。以上各阶段完成均需要进行评估,评估结论符合要求后,转入下一阶段工作,如图 2 - 3 所示。

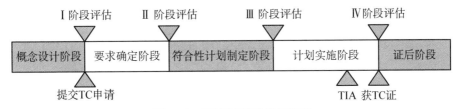

图 2 - 3 TC 证审查阶段示意图

18) 型号检查核准书(TIA)

型号检查核准书(TIA)是型号合格审定审查组组长签发的,批准审查代表

---

① 此为老编号的适航管理程序中的定义,新定义见 6.2 节。

(含委任代表)对航空器原型机进行审定飞行试验前检查、现场目击或进行飞行试验的文件。型号检查核准书(TIA)中明确了检查和审定飞行试验审查的具体要求。通常,民用航空器研制进入 TIA,是指局方试飞员开展审定试飞工作,标志着民用航空器的研制型号合格审定进入最后关键阶段。

19) 型号检查报告(TIR)

型号检查报告(TIR)是审查代表按分工编写的、为了证实民用航空器原型机符合适航规章而进行检查和试验的正式记录,记录在检查和试验期间所发现的所有重要情况。航空器型号检查报告分为地面检查和飞行试验两部分。是民用航空器型号合格审查过程中关键的证据文件。

20) 项目工程师(PE)

项目工程师(PE)是对获得型号合格证后的民用航空器设计状态变更和制造过程中出现的设计构型偏离进行日常管理和监控,并对设计保证系统进行日常监察的人员。

2.3.1.2 流程分析

中国适航当局颁发的规范性文件《型号合格审定程序》(AP - 21 - AA - 2022 - 11)规定了民用航空产品型号合格证的申请、受理、审查、颁发和证后管理。依据该文件,TC 证验证与审查过程划分为申请、受理、审查/验证、颁证和证后管理,TC 证取证过程如图 2 - 4 所示。

图 2 - 4   TC 证取证过程示意图

按此过程划分,梳理得到申请方和审查方需开展的主要工作,如表 2 - 3 所示。

表 2 - 3   TC 证过程申请方和审查方主要工作

过程	申请方主要工作	审查方主要工作
申请	提交 TC 申请、型号设计定义资料、符合性验证计划和设计保证手册初稿	接收申请,初步评审型号设计定义资料、符合性验证计划和设计保证手册初稿
受理	接收《受理申请通知书》、对应型号合格审定委员会(TCB)和 TCT(MRB、AEG、FSB、FOEB)成立取证团队全面负责项目的验证工作	发出《受理申请通知书》、组成型号合格审定委员会(TCB)负责项目审定的全面技术评审工作、成立 TCT 等全面负责项目的审查工作(MRB、AEG、FSB、FOEB)

（续表）

过程	申请方主要工作	审查方主要工作
审查	开展符合性设计与验证，为 TCB 会议准备材料、完成符合性技术资料并提交评审	首次 TCB 会议、工程审查、中间 TCB 会、试飞审查、最终技术资料评审、最终 TCB 会
颁证	提交航空器飞行手册、主最低设备清单、维修大纲等持续适航文件、提交型号合格数据单草稿、接收 TC 证	适航司批准航空器飞行手册、主最低设备清单、维修大纲中的适航限制章节，适航司颁发型号合格证和型号合格数据单
证后管理	证后设计更改验证、补充型号合格证（STC 证）、服务通告（SB）、维修、持续适航体系运行	颁发 TC 证后，遗留项目由审查组长和项目审查代表负责，证后管理工作由审查组移至经授权的审查部门负责，持续适航监控

依据上述 TC 证验证与审查过程中申请方和审查方的主要工作，整理出 TC 证前按关键要素、主要节点和具体事项列举的关注点，如表 2-4 所示。

表 2-4 TC 证前申请方和审查方关注点

项目	申请方	审查方
关键要素	1. 按照适航要求研制飞机 2. 制定型号取证工作规划和计划 3. 建立设计保证系统、编制相应程序	1. 监控飞机的研制过程 2. 制定审定工作规划和计划 3. 评审设计保证系统及相应程序
主要节点	1. 提交 TC 申请 2. 完成型号设计 3. 完成符合性验证 4. 接受 TC 证	1. TC 申请受理 2. TCB 会议 3. TIA 4. TC 批准及颁证
具体事项	1. 设计符合性验证 2. 制造符合性验证 3. 试验/试飞试验验证 4. 编制符合性文件	1. 设计符合性审定确认 2. 制造符合性检查确认 3. 试验/试飞目击，审定试飞 4. 符合性文件审批

作为关键要素，审查方监控民用航空器的研制过程，就是要求申请方民用航空器主制造商严格按适航要求研制飞机；审查方制定审定工作规划和计划，申请方制定型号取证工作规划和计划，最终形成一份 PSCP 和若干份 CP；审查方评审设计保证系统及相应程序必须基于申请方建立了设计保证系统并编制了相应程序。

作为主要节点，审查方受理 TC 证申请的时间点，是申请方提交 TC 证申请后的 90 天内;审查方召开任何一次 TCB 会议,都需申请方的型号设计达到一定的状态,并配合准备相关资料;审查方颁发 TIA,进入审定试飞,必须基于申请方的型号设计达到 TC 证构型状态、完成一定程度的适航符合性验证工作;审查方批准 TC 证,必须申请方完成型号设计、符合性验证和准备好持续适航文件;审查方颁发 TC 证,申请方才能接收 TC 证。

作为具体事项,审查方完成设计符合性审定确认和制造符合性检查确认,必须在申请方开展设计符合性和制造符合性验证的过程中;审查方开展试验和试飞目击,必须与申请方实施试验和试飞验证同步,审查方开展审定试飞,是进入 TIA 后,申请方完成相应的表明符合性飞行试验后或并行开展的;审查方审批适航符合性文件,必须在申请方编制完成并提交适航符合性文件之后。

依据表 2-3 中 TC 证后的主要工作有证后设计更改验证、STC 证、SB、维修、持续适航体系运行,在此仅描述型号设计更改所涉及的适航业务,SB、STC 证及持续适航体系运行等见后续章节。TC 证后,针对每一项型号设计更改,持证人向 TC 证后监管方(项目工程师带领的审查方)提出 TC 证更改申请,监管方受理后,持证人编制型号设计更改的审定计划 CP,监管方审批 CP 后,持证人按此 CP 开展符合性验证,监管方开展符合性审查和确认,持证人完成 CP 所有工作后,向监管方提交证后型号设计更改符合性声明,监管方批准该型号设计更改资料,持证人将批准的型号设计更改纳入生产,双方共同定期更新型号合格数据单 TCDS。

经上述分析可知,在 TC 证过程中双方围绕关键事项开展的活动是互动的,需要找出对接点,厘清双方的关系,辨识输入与输出,确定控制方法,提出过程模型建立的需求,最终以信息化的方式呈现。

依据上述分析,将民用航空器主制造商获取 TC 证的过程划分为下述子过程:TC 证验证任务管理;证件管理(TC 证申请、受理、证件);会议管理(TCB 会、审查会、其他会);信函管理;问题纪要管理;团队管理(申请方验证团队、审查方审查团队);资料传递管理;证据管理;型号合格数据单(TCDS)管理;设计更改适航验证管理;知识管理;规章管理。这些子过程的相互关系如图 2-5 所示。此图中定义的子过程编号及名称,在以下各类适航证件的章节中除核心业务 TC 证验证任务管理和设计更改适航验证管理与特有业务型号合格数据单管理的名称有变化外,其他均相同,若某适航证件无此子过程,则标识为(不适用),示例为"问题纪要管理(不适用)"。

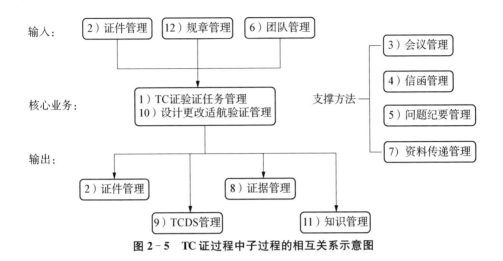

图 2 - 5　TC 证过程中子过程的相互关系示意图

1）TC 证验证任务管理

这是 TC 证过程最核心的内容,需先定义 TC 证验证任务,这一定义过程就是确定审定计划(CP)中验证任务的过程,此过程包含依据型号设计特征按专业(通常以 ATA 表示专业)确认适用的适航标准条款,建立起 ATA 与适航条款间的关系,包括确定专用条件、等效安全和豁免,在与审查组讨论后确定审定基础、进一步确定审定基础里每一适用适航标准条款(包含专用条件、等效安全和豁免)用于验证的符合性方法,依据审查组的分工,申请方的分工,定义出每一条款下每一符合性方法开展验证需完成的任务,将上述审定基础、符合性方法和验证任务按专业或专题组合,形成审定计划中的验证任务。在定义好的 TC 证验证任务基础上,增加计划的管控要素,时间、责任人、完成形式等形成审定计划实施计划 CPI,按每一份 CPI 开展验证,在验证任务完成到一定程度时,再按审定基础中的每一适用条款确认所涉及的适航符合性验证工作的合理性、充分性与完整性,此操作过程称为条款关闭。需按下述操作制定条款关闭计划,汇总所有 CPI,按每一条款列出各 CPI 中的计划,增加编制条款综述报告和单条款符合性检查单两项任务,以形成每一条款的单条款关闭计划。审定基础中所有条款的单条款关闭计划整理后形成全机的条款关闭计划。每一条款的条款关闭计划的完成,以申请方编制条款综述报告和符合性检查单(CCL)获得审查方批准与认可作为判别准则。所有单条款的条款关闭计划均完成,全机条款关闭计划完成,TC 证验证任务完成。

上述过程中审查方和申请方的工作内容与工作输出如表 2-5 所示。

表 2-5   TC 证过程双方工作内容与输出示例

序号	申请方		审查方	
	工作内容	工作输出	工作内容	工作输出
1	确定审定基础	审定基础文件	确定审定基础	用问题纪要 G01 确认
2	确定符合性方法	符合性方法表文件	确定符合性方法	认可表
3	确定制造检查及试验项目	制造符合性检查项目清单文件	确定制造检查项目	批准表
4	确定验证活动计划	1. 审定计划（CP）文件 2. 审定计划实施计划(CPI)	确定审定活动计划	1. 批准表 2. 确认
5	完成型号设计	型号设计资料	完成型号设计资料审批	批准表
6	完成制造 完成自检	试验件 制造符合性声明	完成制造符合性检查	1. 检查记录 2. 适航标签 3. 不符合项通知
7	完成验证试验与试飞	1. 试验/试飞大纲 2. 试验/试飞报告 3. 试验/试飞分析报告	1. 完成试验/试飞目击 2. TIA 3. 完成审定试飞	1. 试验/试飞大纲批准表 2. 试验/试飞分析报告批准表 3. 审定试飞报告 4. TIA 5. TIR
8	完成符合性文件	符合性文件	完成符合性文件审批	批准表
9	条款关闭表明符合性	1. 条款综述报告 2. 条款符合性检查单	条款关闭审查确认符合性	认可表

TC 证验证任务管理子过程由审定基础管理、符合性方法管理、CP 验证任务管理、CPI 管理、制造符合性检查管理、条款关闭计划管理等次子过程支撑，这些次子过程的相互关系如图 2-6 所示。次子过程的描述见后。

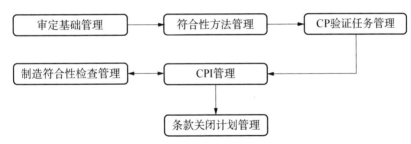

图 2‑6 TC 证验证任务管理中次子过程相互关系

（1）审定基础管理。

确定审定基础，首先需确定适航标准的版本，确定适航标准中适用的条款，在此基础上确定专用条件、等效安全和豁免。

确定适航规章标准的版本，分为取 TC 证和 TC 证后设计更改（包含 TC 证更改、STC 证等），取 TC 证的适航规章的版本，就是选取提交 TC 证申请之日适航标准的有效版本；证后设计更改适航规章标准的版本确定涉及设计更改的分类、设计更改受影响区域等因素，较为复杂，具体见设计更改适航验证管理子过程。

民用运输类飞机适用的适航标准为 CCAR‑25 部、CCAR‑26 部、CCAR‑34 部、CCAR‑36 部，在确定了上述适航标准的版本后，对照所确定版本的这些标准的每一条款，依据型号设计特征按专业，通常以 ATA 表示专业，确认适用的适航标准条款，建立起 ATA 与适航标准中所适用条款间的关系，当与审查方讨论达成一致后，形成某型号的审定基础中适用的适航标准条款，还需确定需纳入的专用条件、等效安全和豁免（见后描述），编制一份审定基础草案提交审查方，审查方在 TCB 会议上审议后，由审查组组长签发审定基础类问题纪要 G01，确定该型号的审定基础。型号研制过程中，一方面，因设计方案等变化导致适用的适航标准条款不再适用，不适用的适航标准条款变为适用，包括产生新的专用条件、等效安全和豁免等，此时需修改审定基础，生成新版审定基础文件，提交审查方，重新走审定基础确定流程。另一方面，适航标准也可能变化，此时需重新确定所变化适航标准的适用性，相应修改审定基础，生成新版审定基础文件，提交审查方，重新走审定基础确定流程。审定基础确定流程如图 2‑7 所示。

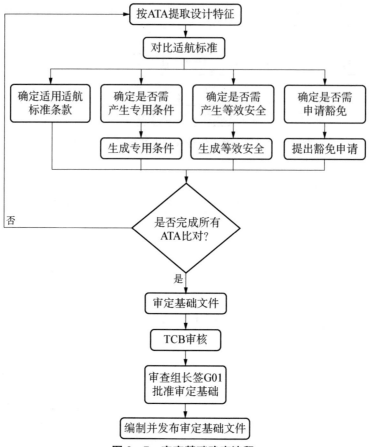

图 2-7   审定基础确定流程

审定基础中专用条件、等效安全和豁免的确定如下:

专用条件是中国民用航空局适航司针对民用航空器具有新颖或独特的设计特点、民用航空器的预期用途为非常规、从使用中的类似民用航空产品或具有类似设计特点的民用航空器得到的经验表明可能产生不安全状况而制定并颁发的补充安全要求。采用问题纪要的形式生成专用条件,具体流程参见后文"问题纪要管理"相关内容。

等效安全是指虽不能表明符合条款的字面要求,但存在补偿措施并可达到等效的安全水平。采用问题纪要的形式生成等效安全,具体流程参见后文"问题纪要管理"相关内容。

豁免是指根据《民用航空产品和零部件合格审定规定》(CCAR‑21)第21.3条的规定,受适航规章和环境保护要求中有关条款约束的人,可以因技术原因向中国民用航空局申请暂时或者永久豁免某些条款。中国民用航空局做出是否批准豁免的决定,必要时在批准前征求公众意见。民用航空器主制造商须向中国民用航空局提交申请豁免的报告。相应流程如图2‑8所示。

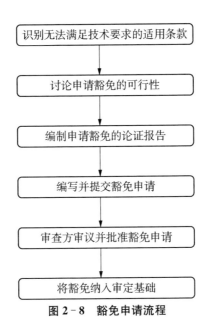

图 2‑8　豁免申请流程

(2) 符合性方法管理。

当确定审定基础后,各ATA专业需依据适用条款的要求,按其专业的特征确定每一适用条款(包含专用条件、等效安全和豁免)需采纳用于验证的符合性方法,MC0到MC9,建立条款与符合性方法间的关系,从而建立ATA专业与适用条款间再到符合性方法间的关系,所有ATA专业均完成后,汇总形成全机的符合性方法表,形成型号符合性方法表文件,提交审查方认可。在型号研制过程中,各ATA专业适用条款的符合性方法会随着研制的进程发生增加与减少的情况,此时需更新符合性方法表文件,提交审查方再次认可。符合性方法确定流程如图2‑9所示。

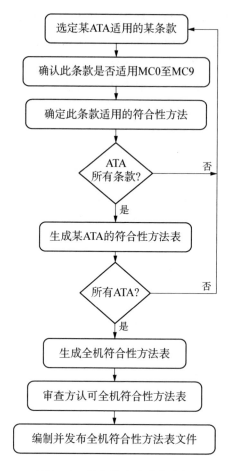

图 2-9 符合性方法确定流程

（3）CP 验证任务管理。

在型号取证项目开始时,依据民用航空器主制造商的专业设置状态、审查方专业/专题组划分的情况策划出某型号合格证项目编制审定计划(CP)数量及各CP 中包含的 ATA 数量。在确定符合性方法后,已经建立了审定基础中每一适用条款(含专用条件、等效安全和豁免)与 ATA 之间的关系,与 MC0 到 MC9 符合性方法间的关系。此时以 CP 为单元,按 CP 中涉及的 ATA 专业,按每一条款、按 MC0 到 MC9 每一符合性方法,逐一确定某 ATA 专业需开展的验证活动,CP 中所有 ATA 均确定完验证任务后,即形成该 CP 的验证任务,此为 CP 文件中验证项目规划章节的内容。TC 证过程均按 CP 对验证任务实施管理。

CP 验证任务的增减包括研制过程中对本 CP 验证任务的增加与减少,还包括因审定基础条款变化而引起的任务增减,以及因符合性方法变化引起的增减。CP 验证任务管理流程如图 2-10 所示。

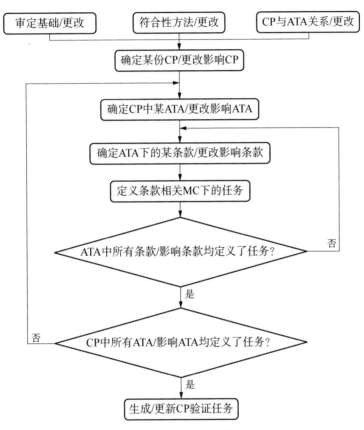

图 2-10　CP 验证任务管理流程

CP、ATA、条款、符合性方法与验证任务关系如表 2-6 所示。

表 2-6　CP、ATA、条款、符合性方法与验证任务关系

序号	CP	ATA	条款	MC	验证任务	备注
1	CP1	ATA11	条款 111	0	编写条款 111 符合性检查单	
2				1	编写××技术说明	
3				1	编写××设计方案	
4				1	编制××系统描述文档	

（续表）

序号	CP	ATA	条款	MC	验证任务	备注
5				1	编写××计算方法	
6				1	绘制××图纸/数模	
7				1	编制××手册	
8				1	编制××产品构型索引	
9				1	编制××清单	
10				2	编写××计算分析报告	
11				2	编写××分析报告	
12				2	编写××计算报告	
13				3	编写××功能危害性分析报告 FHA	
14				3	编写××初步安全性分析报告(PSSA/PASA)	
15				3	编写××安全性分析报告(SSA/ASA)	
16				3	编写××区域安全性分析报告(ZSA)	
17				3	编写××共模分析报告(CMA)	
18				3	编写××特定风险分析报告(PRA)	
19				3	编写××	
20				4	编写××试验大纲	
21				4	绘制试验件数模(按需)	
22				4	编写××试验件制造检查要求(按需)	
23				4	确定××试验制造检查项目	
24				4	制造××试验试验件	
25				4	开展××试验件制造符合性检查	
26				4	开展××试验前制造符合性检查	
27				4	编制××试验构型评估报告	
28				4	协调局方开展××试验目击	
29				4	编写××试验报告	
30				5	编写××地面试验大纲	
31				5	编制××地面试验构型评估报告	
32				5	开展××地面试验前制造符合性检查	

（续表）

序号	CP	ATA	条款	MC	验证任务	备注
33				5	协调局方开展××地面试验目击	
34				5	编写××地面试验报告	
35				6	编写××试飞大纲	
36				6	编制××试飞试验构型评估报告	
37				6	开展××试飞试验前制造符合性检查	
38				6	协调局方开展××试飞试验目击	
39				6	编写××试飞报告	
40				7	编写××机上检查大纲	
41				7	协调局方开展××机上检查目击	
42				7	编写××机上检查报告	
43				8	编写××模拟器试验大纲	
44				8	开展××模拟器试验前制造符合性检查	
45				8	协调局方开展××模拟器试验目击	
46				8	编写××模拟器试验报告	
47				9	编写××设备鉴定试验大纲	
48				9	开展××设备鉴定试验前制造符合性检查（按需）	
49				9	协调局方开展××设备鉴定试验目击（按需）	
50				9	编写××设备鉴定试验报告	
51				9	编写××相似性分析报告	
52				9	编写××机载软件合格审定计划	
53				9	编写××电子硬件合格审定计划	
54				9	编写××机载软件构型索引文件	
55				9	编写××机载软件完成综述	
56				9	编写××电子硬件构型索引文件	
57				9	编写××电子硬件完成综述	
58				9	编写××电子硬件验证计划	
59				9	编写××工具鉴定计划	

（续表）

序号	CP	ATA	条款	MC	验证任务	备注
60				9	编写××工具鉴定报告	
61				9	取得××证件(CTSOA、TC等)	
62				9	编制××软件 SOI1 适航评审报告	
63				9	编制××软件 SOI2 适航评审报告	
64				9	编制××软件 SOI3 适航评审报告	
65				9	编制××软件 SOI4 适航评审报告	
66				9	编制××软件 SOI1 工程评审报告	
67				9	编制××软件 SOI2 工程评审报告	
68				9	编制××软件 SOI3 工程评审报告	
69				9	编制××软件 SOI4 工程评审报告	
70				9	编制××硬件 SOI1 适航评审报告	
71				9	编制××硬件 SOI2 适航评审报告	
72				9	编制××硬件 SOI3 适航评审报告	
73				9	编制××硬件 SOI4 适航评审报告	
74				9	编制××硬件 SOI1 工程评审报告	
75				9	编制××硬件 SOI2 工程评审报告	
76				9	编制××硬件 SOI3 工程评审报告	
77				9	编制××硬件 SOI4 工程评审报告	
78		ATA11	条款 112	0	编写条款 112 符合性检查单	
79				1	省略,同条款 111	
80				...		
81		ATA11	条款 $11n$	...		
82		ATA12	条款 121	0	编写条款 121 符合性检查单	
83				1	省略,同条款 111	
84				...		
85		ATA12	条款 $12n$	...		
86		ATA1n	条款 $1n1$	...		
87				...		
88		ATA1n	条款 $1nn$	...		

（续表）

序号	CP	ATA	条款	MC	验证任务	备注
89	CP2	ATA21	条款 211	…		
90				…		
91		ATA2n	条款 2nn	…		
92				…		

（4）CPI 管理。

CP 验证任务确定后，对每一项验证任务确定申请方责任团队、责任人、责任副总设计师、责任审查方代表（包括工程代表和制造代表），设置任务计划的开始与结束时间、任务完成形式，在确定一份 CP 内各项任务的前后顺序和与其他 CP 任务顺序关系的情况下，协调好 CP 各项任务的时间安排，再将验证任务分成文件验证和试验（现场）验证，形成审定计划实施计划 CPI。CPI 随型号研制进程，不仅可更新计划的所有要素，还需要按审定基础、符合性方法、CP 验证任务的变化而加以更新。CPI 管理流程如图 2 - 11 所示。

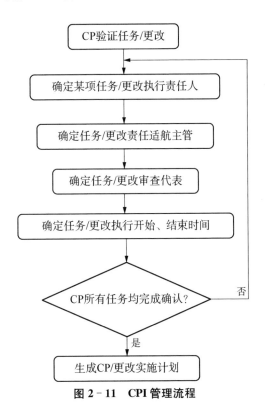

图 2 - 11　CPI 管理流程

（5）制造符合性检查管理。

制造符合性检查是审查方制造代表依据工程代表的请求,确认申请方在 TC 证验证过程中所生产用于适航符合性验证试验所需试验件的质量状态及与型号设计资料符合性的过程、同时也是确认用于适航符合性验证试验的试验装置的质量状态及对试验要求符合性的过程。此项工作是 CP 验证任务的一类,针对检查对象分为试验件制造符合性检查和试验前制造符合性检查,两者的差异为后者不需要签发批准放行证书/适航批准标签。此项验证任务涉及确定制造符合性检查项目、编写并提交制造符合性检查请求单、编写并提交制造符合性声明、实施制造符合性检查并编写制造符合性检查记录、签发试验件批准放行证书/适航批准标签等次子过程,另外,如在检查过程中出现问题,审查方发出不满意项通知,申请方提交不满意项原因分析、整改措施及整改落实情况,审查方确认整改结果。制造符合性检查管理流程如图 2 - 12 所示。以下详述各次子过程。

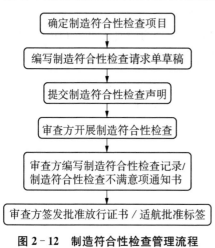

图 2 - 12　制造符合性检查管理流程

a. 确定制造符合性检查项目

民用航空器研制中所有用于适航验证试验的试验件均需完成制造符合性检查,但鉴于民用航空器的复杂性,产品数量巨大,按照国际惯例,通常选取一定数量典型的、关键的和重要的试验件由审查方开展制造符合性检查,由此产生确定制造符合性检查项目这项工作。此工作由申请方针对用于验证试验项目的试验件,考虑试验件中对试验结果有重要影响的特征、属性和零部件等因素,提出需审查方进行制造符合性检查的建议项目清单,形成清单文件,提交审查方,工程代表与制造代表共同在申请方建议项目清单的基础上,确定制造符合性检查项目及需检查的属性,批准制造符合性检查清单文件。此检查项目清单依据型号研制进程的推进将产生变化,更新的制造符合性检查项目清单文件需再次提交审查方批准。制造符合性检查项目确定流程如图 2 - 13 所示。

b. 制定制造符合性检查计划(conformity inspection plan, CIP)

申请方依据每一制造符合性检查项目制定一份制造符合性检查计划,针对每一制造符合性检查项目所涉及的各项活动明确检查活动地点、计划开始与结

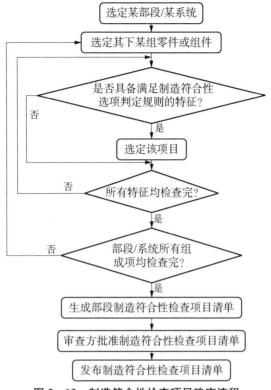

图 2 - 13 制造符合性检查项目确定流程

束时间、涉及的审查代表(包含工程代表、制造代表或委任代表),计划编制完成后提交审查方确认后执行。计划需依据型号研制进程推进,不仅更新计划要素,还需依据检查项目的变化而更新。该计划可细化至相应的制造工序级别。制定制造符合性检查计划流程如图 2 - 14 所示。

c. 制造符合性检查请求单

依据《航空器型号合格审定程序》(AP - 21 - AA - 2011 - 03 - R4)的规定,制造符合性检查请求单是审查方工程代表编制并发给制造代表,用于请求开展一项制造符合性检查的表单,其上明

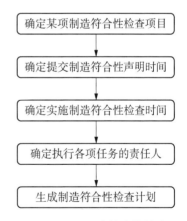

图 2 - 14 制造符合性检查计划编制流程

确请求制造代表检查的项目、检查依据、检查要求及检查结果方式。此份请求单通常由申请方起草,将草稿提交相应工程代表签署后,再提交给相应的制造代

表,申请方亦依据此请求单开展后续工作。依据已确定的制造符合性检查项目或试验按某项检查项目或某项试验编制,制造符合性检查请求单编制流程如图 2-15 所示。制造符合性检查请求单还有一种用途,由审查方工程代表签发请求单,请求制造代表或其他工程代表或委任工程代表代替其目击适航符合性验证试验。此请求单可直接由审查方工程代表编制,也可由民用航空器主制造商的适航主管代为起草,此类请求单需作为工作文件给予保存。

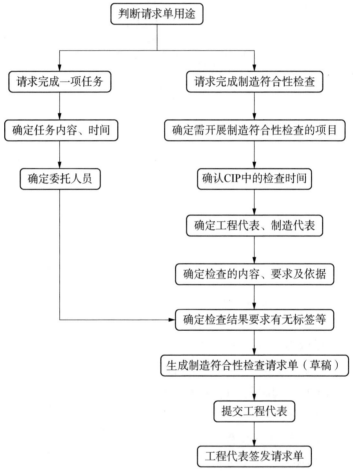

图 2-15 制造符合性检查请求单编制流程

d. 制造符合性声明

制造符合性声明是申请方用以表明并保证试验件和试验装置符合型号设计资料并处于安全可用状态的文件。按《民用航空产品和零部件合格审定规定》(CCAR-21)第 21.33 条和第 21.53 条的要求,申请方对试验件和试验装置进行了制造符合性检查,认为试验件和试验装置满足制造符合性要求,在提交型号合格审定审查组进行验证试验和进行制造符合性检查前,向型号合格审定审查组提交书面声明。制造符合性声明依据已确定的制造符合性检查项目或试验,按某项检查项目或某项试验编制,制造符合性声明编制流程如图 2 - 16 所示。

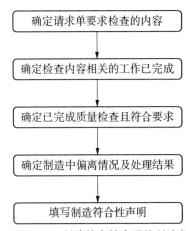

图 2 - 16　制造符合性声明编制流程

e. 制造符合性检查记录

制造符合性检查记录用于记录试验件和试验装置制造符合性检查结果的表格。由审查方制造代表或委任制造代表依据对试验件或试验装置进行检查的要求,将检查的状态记录于此表中,作为检查结果反馈到工程代表,同时发送给申请方。申请方接收审查方制造代表完成的制造符合性检查记录。制造符合性检查记录传递到申请方的流程参见后文资料传递管理相关内容。

f. 制造符合性检查不满意项通知书

审查方制造代表在实施制造符合性检查中,发现产品不符合型号设计的制造偏离和其他孤立的或系统性的不符合问题,采用信函的形式发给申请方,要求申请方落实整改,整改需制造代表确认有效后,该不满意项关闭,制造符合性检查结果有效。申请方接受此通知后,制定纠正措施并执行,确认问题整改有效后,提交审查方确认并关闭此不满意项。制造符合性检查不满意项通知书管理的流程如图 2 - 17 所示。

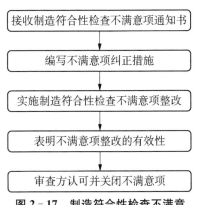

图 2 - 17　制造符合性检查不满意项通知书管理流程

g. 批准放行证书/适航批准标签

批准放行证书/适航批准标签为 CCAR - 21 - R4 中定义的 14 个证件之一,该证件有两种作用,一是表示研制阶段的试验件经制造符合性检查合格,而该试验件需要从甲地运送到乙地,此时由制造代表签发批准放行证书/适航批准标签,并勾选此证上的符合性选项;二是,表示证后生产的产品件具备适航性,此时由中国民用航空地方管理局签发批准放行证书/适航批准标签,并勾选此证上的适航性选项，其流程见 2.3.4 节其他适航证件取证过程中的描述。

（6）条款关闭计划管理。

条款关闭是从条款衡量的视角，以条款的要求来确认型号合格证验证与审查的合理性、充分性和完整性。从前面的描述可知，TC 证过程以 CP 为单元开展验证与审查，所定义的 CP 验证任务及 CPI 中都建立了条款与验证任务计划间的关系，是以 CP 为单元管理计划执行状态，而到条款关闭时，则汇总所有 CPI 计划，以条款为单元编制每一条款的符合性验证计划，即按每一条款列出各 CPI 中的计划，增加编制条款综述报告和编制符合性检查单两项任务计划，形成每一条款的单条款关闭计划。依据审定基础，汇总所有条款的条款关闭计划，通过检查条款相互间关系，条款关闭计划中各项任务计划完成的先后顺序，涉及多 ATA 专业的条款在各 ATA 专业验证的逻辑性，以此来协调审定基础中所有条款的单条款关闭计划，增加编制全机符合性声明的任务，整理形成全机的条款关闭计划。以申请方编制的条款综述报告和符合性检查单（CCL）获得审查方批准与认可作为判别每一条款的条款关闭计划完成的准则。审定基础中所有单条款的条款关闭计划均完成，全机条款关闭计划完成，TC 证验证任务完成。条款关闭计划，不仅随型号研制的推进而持续更新，还随审定基础、符合性方法、CP 验证任务及 CPI 的变化而持续更新。条款关闭计划管理流程如图 2-18 所示。

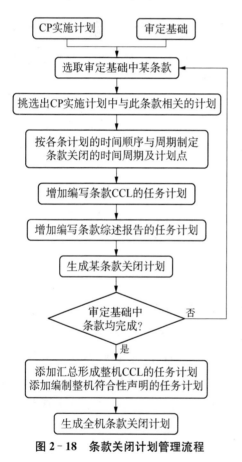

图 2-18　条款关闭计划管理流程

2）证件管理（含申请、受理）

依据《型号合格审定程序》(AP-21-AA-2022-11)，申请方按此程序规定的表格，填写型号合格证申请，提交中国民用航空局，随申请表提交的有型号设计定义资料、符合性验证计划草案和设计保证手册初稿。中国民用航空局收到申请后,初步评审型号设计定义资料和符合性验证计划草案,评估此申请所涉及的型号合格审定的工作量、技术难度及时间周期等,最终做出是否受理申请的决定。若受理,则向申请方签发受理通知;不受理,则起草明传电报(一种工作函件)说明理由,反馈至申请方;或者回复申请方需再补充提交某类资料及说明,以便做进一步评估。受理时,中国民用航空局需审核申请方提交的《设计保证手册》初稿,用审定信函反馈修改意见与建议。TC 证申请、受理及管理的流程如图 2-19 所示。

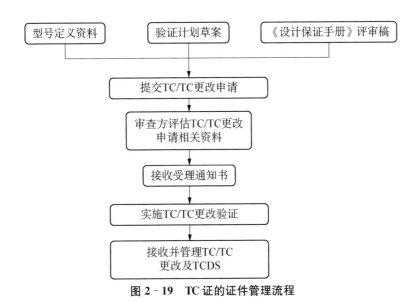

图 2-19 TC 证的证件管理流程

3) 会议管理(TCB 会议、审查会)

在 TC 证过程中,采用会议的方式开展审查活动,这些会议有审查会、TCB 会议。在 TC 证过程中,申请方与审查方之间通过双方高层工作会议的形式,共同促进项目进展,协调解决关键问题和决策等重大事项。申请方和审查方均采用内部会议的形式沟通协调验证或审定工作开展过程中的问题,决策解决问题。申请方或审查方各自召开的内部会议无须与对方沟通,而无论申请方还是审查方发起的涉及双方的会议,均需要会议信息的传递。会议的管理流程相同,仅会议处理的事项不同。会议管理的流程如图 2-20 所示。

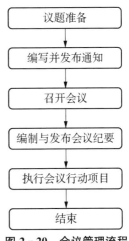

图 2-20 会议管理流程

型号合格审定委员会(TCB)会议是 TC 证过程申请方和审查方最为重要的会议。一般项目的 TCB 会议为 3 次,首次、审定飞行试验前和最终会议,可依据项目的复杂程度视情召开中间 TCB 会议,可召开多次中间 TCB 会议。型号合格审定委员会(TCB)主任负责组织召开 TCB 会议,并将会议议程、日期和地点以"型号合格审定信函"通知型号合格审定委员会(TCB)成员、申请人和拟邀请参加 TCB 会议的参加人员。TCB 的会议纪要经 TCB 主任签署后,适航司用明传电报送到 TCB 成员、申请方和审查组。

首次 TCB 会议:在受理 TC 证申请后召开,此次会议讨论确定 TCB 主任、成员;审议审查组成员的资格与专业/专题审查小组的设置,即成立 TC 证审查团队;拟定型号合格审定基础草案;审议申请方提出的审定计划 CP 草案;初步判定型号设计中可能存在的新颖的或独特的设计特征、新材料或新工艺,准备拟产生专用条件的问题纪要。

中间 TCB 会议:根据审查项目的复杂程度,由 TCB 主任确定是否视情召开,讨论有关适用规章、问题纪要、专用条件等未解决的问题,最终审议审定基础。同时,可通过召开中间 TCB 会议来审议审定计划(CP)或专项合格审定计划(PSCP),评估项目进入符合性计划实施阶段的审定风险,解决项目需求资源的重大调整、相关成员未完全理解符合性的表明方法和计划中存在的模糊不清问题,促使审查方与申请方对审定计划(CP)或专项合格审定计划(PSCP)达成共识。审定计划(CP)由审查组组长(系统级或专业专题级的审定计划可由专业/专题组组长批准)以型号合格审定信函的方式批准,专项合格审定计划(PSCP)由审查组组长与申请方的授权人员共同签署。

审定飞行试验前 TCB 会议:在进入审定飞行试验前召开,会议讨论航空器型号检查核准书(TIA)签发前航空器存在的所有重大问题,做出处理结论;审议型号检查核准书;审议与验证飞行试验大纲有关的问题纪要,做出最终裁决;对设计符合性进行确认。此次 TCB 会议非常重要,是 TC 证过程最重要的环节,TIA 颁发的原则为飞行试验用飞机的构型冻结、预期安全、预期适航。申请方必须保证型号设计达到 TC 证构型状态、完成一定程度的适航符合性验证工作,以确保飞行试验用飞机达到预期安全、预期适航的状态。

最终 TCB 会议:在颁发 TC 证前召开,会议审核审查组的型号审查报告,重点关注所有问题纪要的处理状态和《航空器飞行手册》、持续适航文件的处理状态、设计保证系统的审查结论以及型号合格证数据单草案的正确性,做出是否建议颁发型号合格证的结论。

审查组应在最终 TCB 会议前完成下述工作:①对型号资料的审查状态进行核查,保证所有型号资料已经过审查认可或批准,所有纠正措施已经得到落实;②用符合性检查清单检查所有适用的适航规章条款是否满足;③确认所有问题纪要均已关闭;④起草型号合格证数据单;⑤完成型号检查报告;⑥对设计保证手册和设计保证系统给出审查结论;⑦编写型号审查报告。

审查会:审查会是 TC 证审查过程一种常见的审查活动方式。主要审查申请方提交的型号设计和符合性验证资料,对这些资料的符合性给出认可/批准的结论。可在审查组层面召开,亦可在专业专题审查组层面召开。审查会形成的会议纪要经申请方和审查方共同签字后发布,可作为审查的证据。

其他会议:围绕 TC 证取证过程组织召开的各类会议,包括申请方和审查方高层工作会,申请方、审查方各自的内部工作协调会等。

4) 信函管理

审定信函是审查方用于与申请方、运营方和其内部沟通协调的文件。在 TC 证过程中,审查方采用审定信函的方式:①发布召开 TCB 会议通知,此类审定信函由 TCB 主任签署;②批准审定计划(CP),此类审定信函由审查组组长签发,如果将 CP 进行拆分,则系统级或专业专题级的审定计划可由专业/专题组组长签发;③提出审查过程中发现的问题(包含设计保证系统的问题)或要求,此类审定信函可由审查组组长签发,也可由专业/专题组组长签发;④传递型号检查核准书(TIA),此类审定信函由审查组组长在批准 TIA 时签发;⑤认可申请方设计保证系统的程序文件,此类审定信函由设计保证审查组组长签发;⑥批准申请方的《设计保证手册》,认可申请方的设计保证系统,此类审定信函由审查组组长签发。

作为审查方的中国民用航空局适航司采用明传电报这种函件方式发出通知。如发布 TCB 的会议纪要。

申请方也采用信函的方式向审查方提出请求、传递信息等。

信函管理的流程如图 2 - 21 所示。

图 2 - 21
信函管理流程

5) 问题纪要管理

适航审查过程中,通常采用问题纪要(IP)来确认和解决发生的有关技术、规章和管理的重要或有争议问题,作为申请方和审查方处理问题和管理问题处理进展情况的一种手段。问题纪要形成需经历 4 个阶段,从"问题说明和背景"开始,依次经过"审查方立场""申请方立场"和"结论"阶段。第 1 阶段的目标是提出重要的或有争议的问题,以引起审查组和申请人的关注;第2阶段的目标是确定审查方立场,在本阶段,审查方形成对问题的要求及所需的符合性验证活动的意见;第3阶段的目标是确定申请方立场,在本阶段,审查方根据申请方反馈的意见形成申请方立场;第4阶段的目标是形成解决问题的结论。当问题纪要完成4个阶段工作,给出结论,并签署后,此时,问题纪要称为关闭,关闭后的问题纪要可依据需求修订各阶段的内容,此操作称为将问题纪要打开,打开后的问题纪要需要重新关闭。问题纪要管理包含问题纪要生成的4个阶段的管理,也包括问题纪要打开的管理。型号审定基础经TCB审议通过后,由审查组组长签署G01类的问题纪要表示批准型号审定基础。在TC证过程中,因各种原因型号审定基础会发生变化,此时需打开G01问题纪要,重新走型号审定基础审议与批准的流程,审查组组长签署升级版的G01问题纪要。审定基础中的专用条件、等效安全和豁免均采用问题纪要的形式生成。TC证过程中,还产生符合性方法G02类的问题纪要、记录申请方和审查方争议过程的其他类问题纪要。问题纪要管理的流程如图2‑22所示。

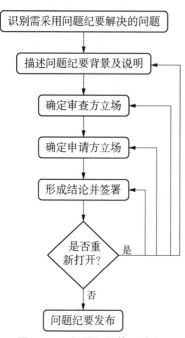

图 2‑22 问题纪要管理流程

6) 团队管理

TC证过程中,审查方建立有三个层面的组织以保证完成型号的适航审查任务,分别是型号合格审定委员会(TCB)、型号合格审查组(TCT)和型号合格审查专业/专题组(STCT),民用航空器主制造商对应此也成立适航取证团队,在此三个层面双方建立对口关系,以保证型号适航审查和取证工作顺利开展。具体如下:

第一层:在TCB层面,由民用航空器主制造商(申请方)的适航管理部门负责人与TCB主任建立对口关系,负责协调处理适航审查和取证的政策与方针。

第二层:在TCT审查组层面,申请方成立型号适航取证管理组(TCM),由主管型号适航工作的副总设计师与TCT审查组长建立对口关系,申请方适航部门相应负责人与审查方 TCT 审查组成员按职责分工建立对口关系,以协调各专业/专题组层面上的适航审查和取证的问题与困难。

第三层:在 TCT 各专业/专题审查组层面,由申请方适航职能部门人员担任的各专业/专题组组长/副组长与审查方对应的各专业/专题审查组建立对口关系,协调处理本专业/专题组内的适航审查和取证问题,协调组织本专业/专题组内的适航审查和取证工作。

执行适航任务的具体责任人,申请方为设计主管、适航主管(工程、制造)、适航取证管理组组长、专业/专题取证组组长、型号总设计师/副总设计师,审查方为工程代表、制造代表、委任工程代表、委任制造代表、审查组长、专业/专题审查组组长、TCB 主任。

TC 证过程的团队管理流程为设置人员角色、关联验证任务、关联审查任务和实施团队管理。团队管理的流程如图 2-23 所示。

图 2-23　团队管理流程

7) 资料传递管理

TC 证过程中,申请方和审查方均要产生大量资料,申请方产生的用于表明所研制民用航空器对适航标准符合性的型号设计与验证资料需审查方批准或认可;审查方用于确认申请方提交资料的符合性、批准型号设计资料和适航符合性验证资料的审查记录资料,还有双方在 TC 证过程中用于沟通的工作文件资料等,相关资料整理如表 2-7 所示。申请方产生的资料分为需审查方审查批准/认可类,此类资料为型号设计资料和符合性验证资料;不需审查方审查批准/认可类,此类资料为会议通知、回复信函等工作文件。审查方产生的资料分为审批记录类,此类资料为审批表、评审表等;非审批记录类,此类资料为审定信函、审查会通知等工作文件。申请方提交资料给审查方审批/认可,审查方的审批记录类资料将与其关联,此类资料均需作为适航符合性证据。不属此类的资料均视作传递信息的资料。需审查方审查批准/认可类资料管理的流程如图 2-24 所示。参考类资料管理的流程如图 2-25 所示。

表 2 - 7　TC 过程资料类别清单

序号	资料名称	资料产生	用途	类别	备注
1	型号资料批准表	审查方	1. 批准符合性文件,如试验大纲、试验构型偏离评估报告、试验测试改装方案、工程图纸(按需)、试验完成后的试验报告、试验分析报告等 2. 批准制造偏离处理单等	审查资料	
2	制造符合性检查请求单	审查方	1. 请求制造检查代表进行制造符合性检查 2. 委托制造符合性检查代表或其他工程代表、DER 目击试验	审查资料	
3	制造符合性检查记录表	审查方	记录制造符合性检查过程,确保试验产品和试验装置符合工程图纸和试验大纲	审查资料	
4	适航批准标签	审查方	将被检试验件从检查地搬移或装运至另一地,并且需要提供制造符合性证据的情况,或作为试验前试验件制造符合性的证据	审查资料	
5	试验观察问题记录单	审查方	记录审查代表在目击试验过程中发现的问题	审查资料	
6	试验观察报告	审查方	用于简述试验结果和发现的问题及申请方的处理措施	审查资料	
7	型号资料评审表	审查方	记录符合性文件评审过程。针对未能获得批准的符合性文件,此表作为评审意见反馈给申请方	审查资料	
8	问题纪要	审查方+申请方	记录试验相关文件评审过程中发现的重要的或有争议问题的解决过程	审查资料	
9	制造符合性检查不满意通知信函	审查方	用于通知申请方,审查方在制造符合性检查过程中发现的问题	审查资料	
10	审定信函	审查方		审查资料	

（续表）

序号	资料名称	资料产生	用途	类别	备注
11	委任工程代表型号资料审查表(已取消)	审查方DER	DER记录符合性文件评审过程,给出建议批准或批准的意见	审查资料	
12	型号检查核准书(TIA)	审查方		审查资料	
13	型号合格证数据单	审查方		审查资料	
14	审查会纪要	审查方		审查资料	
15	审查会通知	审查方		工作文件	
16	型号设计资料	申请方	设计部门编制	型号设计	
17	符合性文件(由MC1~MC3产生)	申请方	设计部门编制,用于说明产品的适航符合性	验证资料	
18	专项合格审定计划(PSCP)	申请方+审查方		验证资料	
19	系统级符合性验证计划	申请方		验证资料	
20	试验大纲	申请方	试验负责单位编制,用以保证试验能够有序地全部完成	验证资料	
21	试验件及其安装图样、测试改装图纸	申请方	用于明确试验构型要求,状态	验证资料	
22	制造符合性声明及相关支持文件	申请方	用以表明并保证试验产品或试验装置符合型号资料并处于安全可用状态	验证资料	
23	制造符合性检查计划	申请方+审查方	用于确定制造符合性检查项目和范围、制造符合性检查日程计划、规定申请方和审查方间的联系方式等	工作文件	
24	试验报告	申请方	用于真实记录试验过程和数据	验证资料	
25	试验分析报告	申请方	用于说明试验是否按试验大纲的步骤进行,分析试验结果,并对试验是否满足适航条款要求做出判断	验证资料	

（续表）

序号	资料名称	资料产生	用途	类别	备注
26	制造符合性检查不满意项答复表	申请方		验证资料	
27	型号资料评审表的答复单	申请方		验证资料	
28	其他会议通知	申请方＋审查方		工作文件	
29	其他会议记录	申请方＋审查方		工作文件	
30	行动项目计划	申请方		工作文件	
31	AEG 评审材料	审查方		审查资料	

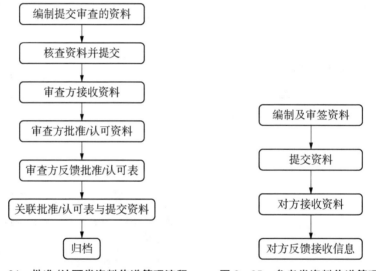

图 2‑24 批准/认可类资料传递管理流程　　**图 2‑25 参考类资料传递管理流程**

8）证据管理

民用航空器的开发过程要求按照先自顶向下的需求捕获、分解、传递和确认，再自底向上的验证过程。1996 年发布的 ARP4754 详细定义了相关流程，2010 年 12 月发布的 ARP4754A 更进一步、更系统、更清晰地描述了这种系统工程的理念和方法。ARP4754A 所确立的这种民用航空器及系统研制流程，在 2011 年 9 月被 FAA 以咨询通告（AC 20‑174）形式予以确认和接受，成为民用航空器研制的标准流程。全面贯彻 ARP4754A 定义的双 V 流程是充分运用系统工程理念和思想,实现国产民用航空器研制与国际接轨,满足各国适航当局对民用航空器开展型号合格审定要求的根本方法,也是国产民用航空器研制彻底摆脱测仿和反向设计模式,逐步走向自主创新发展模式的必由之路。飞机及系统开发的双 V 过程,也是适航符合性证据的产生过程。以双 V 过程为基础定义的适航符合性证据,体现了系统开发过程的内在逻辑和时间先后序列关系,以双 V 过程为主线去进行符合性思路的表述及其符合性证据的提取和组织,是各国适航当局对型号适航符合性验证过程中确定符合性证据的基本原则。结合各研制阶段划分和研制流程,确立相应阶段型号设计与验证的具体工作内容、产生的设计与验证数据,构建出适航符合性证据数据,生成适航符合性证据文件及其符合性证据的合格判据,从而形成适航符合性证据体系,其结构如图 2 - 26 所示。

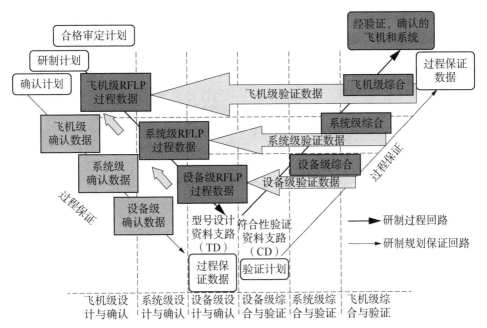

图 2 - 26　适航符合性证据体系结构

依据双 V 过程的适航符合性证据管理流程如图 2 - 27 所示。

9) 型号合格数据单管理

型号合格数据单(TCDS)是型号合格证的组成部分,其规定符合中国民用航空局的适航要求所颁发型号合格证的产品的状态和限制。包含产品型别和批准日期、型号合格审定基础和生产依据、技术特性和使用限制以及批准的技术资

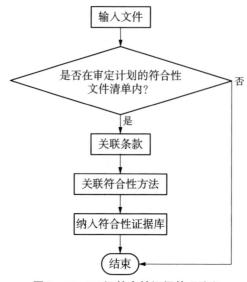

图 2 - 27　TC 证符合性证据管理流程

料等内容。TC 证前,TCDS 由申请方编制草稿,形成初稿文件,提交审查方审核,随 TC 证批准而批准。TC 证后,由于型号设计更改而更新 TCDS,此时换版

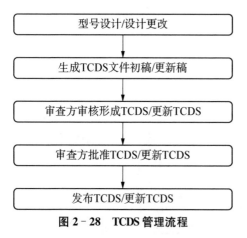

图 2 - 28　TCDS 管理流程

TCDS 文件,再提交审查方审核并批准。TC 证前,型号合格数据单需依据型号研制与适航验证情况生成,从便于信息化管理出发,采用结构化方式关联相关型号设计数据和适航符合性验证数据,最终生成文件。TC 证后,需依据型号设计更改的内容数据和适航验证过程数据,快速定位更改的部分,更新 TCDS,生成新的 TCDS 文件。TCDS 管理的流程如图 2 - 28 所示。

10) 设计更改适航验证管理

TC 证后,针对型号设计民用航空器主制造商作为 TC 证持证人,依据民用航空器的运营情况、新技术与工艺的应用、新修订的适航规章、对民用航空器新的需求以及按 CCAR - 21 - R4 第 21.99 条要求的设计更改,即适航当局颁发的适航指令涉及的民用航空器需要进行设计更改以纠正民用航空器的不安全状况;虽目前没有不安全状态,但根据使用经验确定设计更改将对该民用航空器的

安全性有帮助等,不断实施设计更改,这些设计更改是否会影响民用航空器的适航性,必须通过验证来确认适航性的改变。故此,必须确定获得 TC 证时审定基础的适用性,以此为基础验证受到影响的审定基础部分,经一种或多种符合性方法组合验证后,监管方最终确认民用航空器新的适航符合性,批准型号设计更改,TC 证持证人将设计更改纳入生产,保持民用航空器的适航性。

证后设计更改适航的批准方式有重新申请 TC 证、TC 证更改和申请 STC 证或 MDA 证。重新申请 TC 证,按前面章节所述 TC 证过程完成新一轮的 TC 证申请以及验证和审查;申请 STC 证或 MDA 证,见 2.3.4 节其他适航证件取证过程。在此仅描述 TC 证更改的过程。

证后设计更改,由持证人提出设计更改方案,说明更改的设计特征和具体内容,按 CCAR‐21‐R4 第 21.93 条,型号设计更改的"小改"和"大改"要求,判定设计更改为大改或是小改,判定为大改时,还需确定出是实质性更改、重大更改还是非重大更改;判定为小改时,还需确定出是需补充适航符合性验证的小改还是不需补充适航符合性验证的小改。典型的小改有公差微小变化,圆角半径合理加大,允许厚度增加无有害影响,次要零件材料的代用与改进,热处理改进(不降低经受高应力零件的延伸率),次要零件设计方面的小改。典型的大改有民用航空器机身加长,更换新型发动机,推进方式的改变,发动机数目的变化,重要的机载设备的换装,其他零部件材料的任何更改,从可靠性、耐久性的观点看不能确切判断对安全性的影响等情况。

确定好设计更改的类别后,依据 CCAR‐21‐R4 第 21.101 条适用规章的规定,按型号设计更改的分类,确定设计更改需符合的适航规章版本及适用条款,最终形成设计更改的审定基础。

审定基础包含设计更改所适用的适航规章条款、环境保护要求、专用条件、等效安全以及豁免。与 TC 证前确定审定基础不同,必须依据获取 TC 证时的审定基础中适航规章的版本和设计更改时现行有效的适航规章的版本,确定出该设计更改适用的适航规章的版本;如果设计更改时现行有效的新版本适航规章具备追溯性,无论是型号设计大改还是小改,都适用该新版本的适航规章。设计更改适用的适航规章的版本确定过程如下:

首先,确定型号设计更改的类别,即判断出型号设计更改为实质性更改、重大更改、非重大更改和小改。实质性更改必须使用最新版本的适航规章;型号设计小改可分为不需要对适航规章补充适航符合性验证和需要对适航规章进行符合性验证,上述两种情况,均适用型号取证时的适航规章,即原审定基础。

其次,确定设计更改受影响区域。针对重大更改和非重大更改,均需要判断设计更改受影响区域,对于不受设计更改影响的区域无须考虑其适用的适航条款及版本。判断设计更改受影响区域之后,需要进一步判断受设计更改影响的重要更改区域、适应性更改区域或者受影响区域的次级区域;受影响区域的次级区域无须考虑其适用的适航条款及版本。针对非重大更改的受影响区域可使用较早的适航规章,但不能早于型号取证时的适航规章版本。针对重大更改受影响区域中的适应性更改区域,可使用较早的适航规章,但不能早于型号取证时的适航规章版本。

然后,针对重大更改中的重要更改区域,需要确定其使用最新适航规章是否可实质性提升安全性,判断结果为"否",可使用较早的适航规章,但不能早于型号取证时的适航规章版本;判断结果为"是",则需要进一步判断其使用最新版本适航规章是否切合实际。如果进一步判断的结果为"否",可使用较早的适航规章,但不能早于型号取证时的适航规章版本;如果进一步判断的结果为"是",则必须使用最新版本的适航规章。

最后,通过上述一系列的分析与判断,即可得出设计更改适用的适航规章版本。在此基础上,确定设计更改适用的规章条款、专用条件、等效安全和豁免。形成设计更改的审定基础。

按确定的审定基础,确定相应的符合性方法和验证任务。

证后,针对每一项型号设计更改,持证人向 TC 证后监管方提出 TC 证更改申请,监管方受理后,持证人编制型号设计更改的审定计划(CP),监管方审批 CP 后,持证人按此 CP 开展符合性验证,监管方开展符合性审查与确认,持证人完成 CP 所有工作后,向监管方提交证后型号设计更改符合性声明,监管方批准该型号设计更改资料,持证人将批准的型号设计更改纳入生产,定期更新型号合格数据单(TCDS)。当民用航空器主制造商建立的设计保证系统获得适航当局的批准后,证后设计更改小改由授权适航工程师(designated airworthiness engineer,DAE)批准,详细描述见 2.4.1 节。

持证人以某项证后设计更改为单元编制设计更改 CP,并开展符合性验证。视设计更改的复杂程度、涉及的 ATA 专业情况及是否需进一步验证,可编制一份 CP,也可编制多份 CP,如无须进一步的验证,则可不编制 CP。按 CP 实施验证并表明符合性,此过程与证前相同。证后设计更改适航验证管理的流程如图 2-29 所示。

11) 知识管理

知识管理是 20 世纪 90 年代逐步兴起的先进管理理念,是通过对企业各类数据的获得、创造、分享、整合、记录、存取、更新、创新等过程,形成知识的持续积累与循环,成为管理与应用的智慧资本,有助于企业的管理和决策。知识及知识管理是企业核心竞争力构成的关键因素,是企业保证持续竞争力的基础。世界先进企业均十分重视知识管理,波音、空客等知名国际航空企业将知识管理目标与企业发展目标结合,充分发挥知识及知识管理的作用,知识驱动创新,持续不断创造技术与管理竞争优势,从而提高了企业的效益和竞争力。

当前,国内学术界和工业界对于知识管理相关的理论方法已有一定的研究,国内企业知识管理及应用方面还处于起步阶段,尤其是民用航空器主制造商刚启动探索适航知识管理及应用的方式与方法。

民用航空器型号适航取证过程产生的数据种类众多,各类数据的来源、载体、形

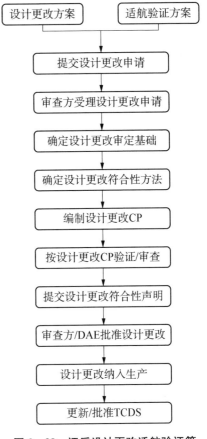

图 2-29　证后设计更改适航验证管理流程

式等各不相同,这些数据作为型号适航取证过程知识管理及应用,必须明确哪些数据需要收集、整理、分析,数据收集、整理、分析的具体要求和方式是什么,这是民用航空器主制造商开展适航知识管理必须首先解决的问题。

民用航空器型号合格取证过程中,产生了大量适航取证文档资料和相关数据。一方面,这些数据必须得到有效保存,根据中国民用航空局(CAAC)的规定,型号设计资料和符合性验证相关的所有资料必须保存至该型所有航空器永久退役;另一方面,如何有效地利用这些数据资源,并以一种清晰的、条理化的形式对其进行分析和梳理,从而形成能够支持和指导民用航空器主制造商开展型号适航取证工作、适航取证过程管理和决策的知识,具有十分重要的意义。

型号适航取证过程数据管理是适航知识管理的基础。型号适航取证过程中产生的大量适航取证数据,对其进行有效的分析、梳理和表达,并开发相应的数

据管理系统,一方面,能提高民用航空器主制造商对于型号研制的适航管理水平;另一方面,还能以一种清晰、全面和系统的方式向适航当局表明所研制民用航空器型号适航取证资料的完整性,有利于适航当局审核与确认型号验证资料,快速判定适航符合性;更进一步,经过分析、整理和挖掘的型号取证数据均可作为后续研制型号适航取证工作中加以应用的知识。

依据《航空器型号合格审定程序》(AP-21-AA-2011-03-R4)附录 G,要求保存的 TC 证过程资料如下。

(1) 项目记录。

a. 型号合格证(TC)申请书,包括所有初始数据或图纸和有关函件;

b. 合格审定项目受理申请通知书;

c. 型号合格审定委员会(TCB)会议(首次、中间、审定飞行试验前和最终会议)纪要;

d. 专项合格审定计划(PSCP)和审定计划;

e. 等效安全结论;

f. 专用条件;

g. 豁免;

h. 问题纪要汇编;

i. 型号合格审定阶段评估检查单;

j. 型号资料评审表、委任工程代表型号资料审查表和型号资料批准表;

k. 制造符合性检查请求单和制造符合性声明;

l. 制造符合性检查记录表;

m. 为制造符合性检查签发的适航批准标签;

n. 完整的符合性检查清单;

o. 型号检查核准书;

p. 型号检查报告;

q. 特许飞行证申请书;

r. 特许飞行证和使用限制;

s. 与航空器评审组(AEG)的往来信函;

t. 飞行手册批准页;

u. 型号合格证数据单(TCDS);

v. 型号合格证;

w. 型号合格审定总结报告(CSR)。

（2）型号资料。

a. 型号设计数据、图纸、工艺、材料规范、使用限制；

b. 试验大纲（终批准的版次，以及所有批准的修订）；

c. 试验和分析报告；

d. 所批准手册（飞行手册）的初版及所有修订；

e. 所有已认可手册（持续适航文件，发动机或螺旋桨安装说明书）的初版；

f. 服务通告（包括紧急服务通告、服务信函、所有营运商函件等）。

（3）工作文件。

a. 项目工作信息（如事件节点）；

b. 技术会议中的个人笔记；

c. 未形成审查方决定、行动或立场的问题纪要和往来信函、邮件；

d. 进度安排；

e. 从制造商电子数据库下载的数据或图纸；

f. 所提交资料的影印件。

以知识管理的思路将上述要求整理成分层级的类别，将型号适航取证资料划分为如图 2 - 30 所示的四类：型号资料、审查资料、证件资料和函件资料，还可依据这些类别往下再划分，如型号资料划分为型号设计资料和符合性验证资料，另外，将上述工作文件部分的内容划入其他类别，这也是适航取证过程中可获取知识的来源。

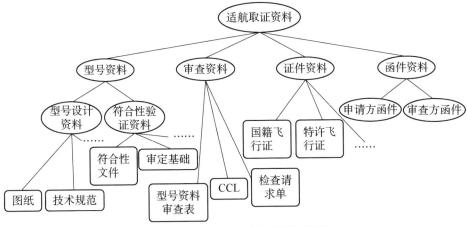

图 2 - 30　TC 证过程知识管理示意图

TC 证过程中资料归类表如表 2-8 所示。

表 2-8　TC 证过程中资料归类表

1. 其他文件	审查方:TCT 审查结论、最终 TCB 审议意见、型号合格审定总结报告
	申请方:设计保证手册及程序文件
2. 型号设计资料(申请方)	型号取证构型文件、图纸、材料规范、工艺规范、技术规范及设计更改
	飞行手册、持续适航文件、供应商服务通告、评估报告等技术文件
	FRR 单、代料单
3. 符合性验证资料(申请方)	审定基础、符合性方法表、审定计划(CP)、专项合格审定计划
	符合性检查单(全机)、符合性文件(MC1~MC9)、MC4 验证试验
	MC5、7、8 验证试验,MC9 设备与软硬件鉴定试验,MC6 验证试飞试验
4. 审查资料(审查方)	型号资料审批表、条款符合性检查清单、制造符合性检查请求单
	制造符合性声明、制造符合性检查记录表、适航批准标签
	试验问题记录单、试验观察报告、型号检查核准书(TIA)、型号检查报告(TIR)
	审定试飞报告、TCB 会议纪要、审查会纪要、问题纪要
5. 证件	型号合格证及 TCDS、特许飞行证、国籍登记证、无线电执照
6. 函件	申请方函件:回复函
	审查方函件:民航适函、民传电报、审定信函
7. 申请、通知等	审查方:受理通知书、制造符合性检查不满意通知书、审查会通知
	申请方:TC 证申请书、设计更改申请、双方高层会通知
8. AEG 评审	AEG 过程文件、AEG 局方认可函、AEG 专题会议、AEG 综合会议

12）规章管理

获取型号合格证（TC 证）最重要的是确定审定基础，也就是依据设计特征确定某型号需执行的适航规章标准的条款。运输类民用航空器需执行的标准为 CCAR - 25 部、CCAR - 26 部、CCAR - 34 部、CCAR - 36 部等。此类适航规章标准通常细分为条、款、项、目四个层级，以 25 部的条款举例：25.783 为条，其下 25.783(d) 为款，其下 25.783(d)(6) 为项，再其下 25.783(d)(6)(i) 为目，某个专业适用的审定基础可以是这四个层级的任何一级，适应此需求，按此方式对适航规章标准进行数字化管理，建立规章的结构化数据，以提供型号研制确定的审定基础、编写审定计划、编写符合性文件所用。

适用于设计批准过程的咨询通告（AC）需纳入规章管理，由于中国局方发布的与适航标准对应的 AC 不多，型号合格审定过程中引用了大部分 FAA 发布的 AC，故在 AC 管理模块中既要包含中国局方发布的 AC 管理，也要包括 FAA 发布的 AC 以及 EASA 发布的 AMC 的管理，同时需可引用。

规章管理中需纳入国际民航组织（ICAO）、美国联邦航空管理局（FAA）、欧洲航空安全局（EASA）和国家间航空委员会（IAC）及俄罗斯联邦航空运输署（FATA）等国家或组织发布的与设计批准的相关的规章、程序等。

双边适航协议中有关的设计批准的内容也需纳入。

13）TC 证过程阶段评估管理

《航空器型号合格审定程序》（AP - 21 - AA - 2011 - 03 - R4）中型号合格审定划分为概念设计、需求确定、符合性计划制定、计划实施和证后五个阶段，每进入下一阶段工作，均需开展阶段性评估，TC 证审查过程阶段性评估检查单如表 2 - 9 所示。可依据此检查单内容建立一个标准库，设置与标准比对的操作程序，按阶段输出评估结果的表单，作为申请方或审查方阶段工作评估报告的附件。申请方需针对各阶段中自身开展的工作，对照表 2 - 9 中的评估单，编制申请方阶段工作评估报告，提交给审查方，审查方依据表 2 - 9 的要求在核对申请方提交的申请方阶段工作评估报告后，完成相应的审定工作阶段评估报告，该报告将作为 TC 证审查过程的证据被留存。申请方编制的申请方阶段工作评估报告作为资料和证据实施管理，此过程按资料传递管理，如图 2 - 25 参考类资料传递管理流程所示。新的 AP - 21 - AA - 2022 - 11 中已取消了此内容。

表 2 - 9　TC 证审查过程阶段性评估检查单

	概念设计	需求确定	计划制定	计划实施	证后
工作内容	按需签署或修订安全合作保障计划(PSP)	提交型号合格审定申请书	批准审定计划(CP)或签署专项合格审定计划(PSCP)	完成设计符合性和制造符合性的确认	型号合格审定总结报告
	用会议纪要和文件记录各种决策、协议、时间计划、里程碑以及行动项目	用会议纪要和文件记录各种决策、协议、时间计划、里程碑以及行动项目	用会议纪要和文件记录各种决策、协议、时间计划、里程碑以及行动项目	用会议纪要和文件记录各种决策、协议、时间计划、里程碑以及行动项目	用会议纪要和文件记录各种决策、协议、时间计划、里程碑以及行动项目
	结合考虑预期的符合性方法、初步安全性评估和有关的政策材料而编制审定计划(CP)草案	组建项目审定团队	制定项目的进度计划,其中包含审查组/申请人确定的里程碑节点。里程碑节点主要包括完成分析的节点、试验计划提交节点、型号检查核准书(TIA)签发的节点、制造符合性检查节点、飞行试验节点、设计保证系统审查节点、重要问题的解决计划,以及其他影响项目完成的节点	完成里程碑事件:分析的完成,试验大纲的提交,型号检查核准书(TIA)、制造符合性检查,航空器评审组(AEG)评估,重大问题解决方案以及其他影响项目完成的事项	型号检查报告(TIR)
	制定建议的审定基础草案	颁发受理通知书	修订审定基础(适用时)	完成问题纪要、专用条件、豁免以及等效安全结论的确认	持续适航文件

（续表）

	概念设计	需求确定	计划制定	计划实施	证后
	确定并计划重要问题的解决方案，例如新设计、新技术或新工艺，可能的专用条件、豁免或等效安全，以及可能会造成过度负担的合作生产或国外供应商协议等	完成审定项目计划（CPP）或专项合格审定计划（PSCP）草案，其中包括项目里程碑和诸如项目状态评估等相关事件节点	编制符合性检查清单	完成试验大纲/报告，制造符合性检查请求单、制造符合性检查的记录以及设计符合性验证等文件	持续适航管理计划
	确定核心团队致力于完善初始 PSP 的基本内容（要素），以确保连续性	确定型号合格审定基础，包括当时情况下的专用条件、等效安全结论、豁免等	完成所有问题纪要的问题说明及背景信息	颁发型号合格证书或型号设计批准书	
			确定型号研制所涉及的各方，包括供应商，发动机、螺旋桨或系统的安装厂商		
回答与本阶段有关的问题	不适用	1）PSCP 或 CP 中的里程碑节点是否按计划完成，并符合工作标准？如否，说明理由	1）PSCP 或 CP 中的里程碑节点是否按计划完成，并符合工作标准？如否，说明理由	1）PSCP 或 CP 中的里程碑节点是否按计划完成，并符合工作标准？如否，说明理由	1）PSCP 或 CP 中的里程碑节点是否按计划完成，并符合工作标准？如否，说明理由
	不适用	2）对于未按计划完成的里程碑节点是否经双方评估，并根据需要在整个项目实施过程中对 PSCP 或 CP 做定期确认和调整？	2）对于未按计划完成的里程碑节点是否经双方评估，并根据需要在整个项目实施过程中对 PSCP 或 CP 做定期确认和调整？	2）对于未按计划完成的里程碑节点是否经双方评估，并根据需要在整个项目实施过程中对 PSCP 或 CP 做定期确认和调整？	2）对于未按计划完成的里程碑节点是否经双方评估，并根据需要在整个项目实施过程中对 PSCP 或 CP 做定期确认和调整？

（续表）

概念设计	需求确定	计划制定	计划实施	证后
不适用	3) 对于按计划完成的里程碑节点,是否满足规定的要求?	3) 对于按计划完成的里程碑节点,是否满足规定的要求?	3) 对于按计划完成的里程碑节点,是否满足规定的要求?	3) 对于按计划完成的里程碑节点,是否满足规定的要求?
不适用	不适用	不适用	4) 委任代表计划是否得到遵循?哪些做得较好?哪些做得不好?	4) 委任代表计划是否得到遵循?哪些做得较好?哪些做得不好?
5) 是否建立了问题解决程序并在审定过程中使用?哪些做得较好?哪些做得不好?	5) 是否建立了问题解决程序并在审定过程中使用?哪些做得较好?哪些做得不好?	5) 是否建立了问题解决程序并在审定过程中使用?哪些做得较好?哪些做得不好?	5) 是否建立了问题解决程序并在审定过程中使用?哪些做得较好?哪些做得不好?	5) 是否建立了问题解决程序并在审定过程中使用?哪些做得较好?哪些做得不好?
6) 需要对下一阶段的各项工作做出更改吗?若需要,说明所需采取的行动	6) 需要对下一阶段的各项工作做出更改吗?若需要,说明所需采取的行动	6) 需要对下一阶段的各项工作做出更改吗?若需要,说明所需采取的行动	6) 需要对下一阶段的各项工作做出更改吗?若需要,说明所需采取的行动	6) 需要对下一阶段的各项工作做出更改吗?若需要,说明所需采取的行动

2.3.2　生产许可证取证过程

依据《民用航空产品和零部件合格审定规定》(CCAR-21-R4)第21.2D条(二)的规定,中国民用航空地区管理局负责生产许可证(PC证)的受理、审查、颁发和管理。即民用航空器主制造商向公司所在地的中国民用航空地区管理局提交生产许可证(PC证)申请,接受其审查,接收其经审查合格后颁发的生产许可证PC证,接受其实施的生产许可证(PC证)的证后日常管理与监督。

2.3.2.1　基本概念

1) 生产批准

依据《民用航空产品和零部件合格审定规定》(CCAR-21-R4)第21.2B条,生产批准是指局方颁发用以表明允许按照经批准的设计和经批准的质量系统生产民用航空器或者零部件的证件,其形式可以是生产许可证或者零部件制造人批准书、技术标准规定项目批准书对生产部分的批准。

2) 生产许可审定

依据《民用航空产品和零部件合格审定规定》(CCAR‐21‐R4)第 21.2B 条,生产许可审定是指局方对已获得民用航空器型号设计批准并欲重复生产该民用航空器的制造人所进行的资格性审定,以保证该民用航空器符合经批准的设计。生产许可审定的最终批准形式是颁发生产许可证。

生产许可证相关要求按照中国适航当局颁发的规范性文件《生产批准和监督程序》(AP‐21‐AA‐2019‐31)实施,该程序规定民用航空器生产许可证的申请、受理、审查和颁发以及对持有人的管理与监督。

3) 生产许可审定委员会

生产许可审定委员会(PCB)是由局方组织成立的,代表局方负责某一项目生产许可审定工作的最高审查机构。PCB 设主任 1 名,可视情设副主任 1~2 名,由中国民用航空地区管理局确定。PCB 有成员若干名,由 PCB 主任确定,中国民用航空局适航司相关人员可作为政策协调员加入 PCB。PCB 组建成立后,以"审定信函"的形式正式通知申请方和 PCB 成员所在工作单位。

4) 生产许可审定委员会会议

PCB 主任为履行 PCB 职责所组织召开的会议,负责决策 PC 审定过程中的重大事项,做出是否颁发生产许可证的决定。整个 PC 审定过程中至少组织 2 次 PCB 会议,分别为首次和最终会议;PCB 主任认为必要时可以组织召开中间 PCB 会议。

5) 生产许可审定审查组

生产许可审定审查组是 PCB 下设的审查团队。审查组由中国民用航空地区管理局负责组建,通常由 1 名组长、1~2 名副组长(视情)和若干名组员组成,成员由中国民用航空局适航司人员、其他中国民用航空地区管理局人员、局方相关单位内有经验的质量系统专家、产品审定工程人员/项目工程师(PE)等担任,负责实施。审查组在 PCB 的领导下,就具体项目的生产许可审定工作与申请方沟通、联络和协调,与申请方一起编制并实施生产许可审定评审计划,开展基于产品的系统审查。

6) 基于产品的系统审查

《生产批准和监督程序》(AP‐21‐AA‐2019‐31)管理程序中定义通过检查某特定产品,以判定生产许可证持有人或申请人的质量系统是否符合适用规章要求以及经批准质量系统文件的审查活动。这是一种有计划且生成记录的活动,最大可行地审查所选择的产品和零部件是否符合经批准的设计、持证人是否符合质量系统要求,包括为满足这些要求所建立的程序和特种工艺等。

7)质量系统审查准则

《生产批准和监督程序》(AP - 21 - AA - 2019 - 31)管理程序附录列出的开展质量系统审查活动的具体要求,由组织管理(4 个评审准则)、设计资料控制(10 个评审准则)、与设计批准书申请人或者持有人的协调(2 个评审准则)、文件控制(3 个评审准则)、人员能力和资格(2 个评审准则)、供应商控制(13 个评审准则)、制造过程控制(31 个评审准则)、检验和试验(33 个评审准则)、检验、测量和试验设备的校准和控制(6 个评审准则)、检验和试验状态(3 个评审准则)、不合格民用航空产品和零部件的控制(7 个评审准则)、纠正措施和预防措施(1 个评审准则)、搬运和存储(7 个评审准则)、质量记录的控制(1 个评审准则)、内部审核(2 个评审准则)、航空器维护(3 个评审准则)、使用反馈(4 个评审准则)、质量疏漏(2 个评审准则)、向局方的报告(2 个评审准则)19 个章节,135 个评审准则组成。这些评审准则构成民用航空器主制造商建立的质量系统必须满足的各种要求,也是制定 PC 审查的评审计划的依据。

8)生产许可证审查的评审计划

由民用航空器主制造商作为 PC 证申请方与中国民用航空地区管理局作为审查方共同制定的用于开展 PC 审查的详细安排,主要包括评审活动时间安排、被评审人的类别、被评审人的生产设施、指派的评审人员的数量和专业、评审项目的编号、负责评审的地区管理局审定处等内容。

9)日常管理与监督

日常管理与监督是局方按照 CCAR - 21 第 21.137 条开展的一种针对 PC 持证人质量系统要素所进行的有计划的、系统性的且基于产品的审查活动,目的是验证 PC 持证人是否有效地持续符合规章要求、适用的质量系统要求以及经局方批准的设计要求。日常管理与监督应选在 PC 持证人或其供应商的具有较高风险的生产设施处进行,通过质量系统复查(QSRA)、供应商控制审查(SCA)和主管检查员审查(PIA)实施。

10)零部件

零部件是任何用于民用航空产品或者拟在民用航空产品上使用和安装的材料、零件、部件、机载设备或者软件。

11) 生产批准书

颁发用以表明允许按照经批准的设计和经批准的质量系统生产民用航空产品或者零部件的证书，其形式可以是生产许可证（PC）、零部件制造人批准书（PMA）或技术标准规定项目批准书（CTSOA）。生产批准书持有人（PAH）是生产许可证（PC）、零部件制造人批准书（PMA）、技术标准规定项目批准书（CTSOA）持有人的统称。

12) 主管检查员（PI）

经局方指派，对某一生产批准书持有人进行管理与监督的局方监察员。

13) 质量系统文件

为满足民用航空规章中质量系统要求所建立的资料，包括民用航空产品和零部件生产所需的质量手册、管理程序、作业文件等（如制造方法、检验方法、工艺/检验/试验规范、图表、清册和表格等）。

14) 质量记录

民用航空器制造商按照质量系统要求开展工作所留下的记录，是阐明所取得的结果或提供所完成活动证据的文件，为获得必要的产品质量及有效实施各质量系统要素提供的客观证据。

15) 不符合项

在生产批准书持有人或申请人处发现的与规章、局方批准质量系统文件或内部程序不一致的情况。在生产批准书持有人或申请人供应商处发现的与生产批准书持有人或申请人采购订单要求不一致的情况，也应作为生产批准书持有人或申请人的不符合项。严重不符合项可能导致质量系统的整体失效或显著降低质量系统保证受控活动或产品符合要求的能力。

16) 许可生产项目

审查方经过基于产品的系统审查后，确认申请方的质量体系符合规章要求，可按经批准的设计稳定生产的产品项目。

2.3.2.2 流程分析

依据中国适航当局颁发的规范性文件《生产批准和监督程序》（AP‑21‑AA‑2019‑31），PC 证审查过程划分为申请、受理、验证/审查、颁证和证后监控，PC 证取证过程如图 2‑31 所示。

图 2‑31 PC 证取证过程

按此过程划分,梳理得到申请方和审查方需开展的主要工作,如表 2 - 10 所示。

表 2 - 10　PC 证过程申请方和审查方主要工作

过程	申请方主要工作	审查方主要工作
申请	提交 PC 证申请、质量手册、生产技术与工程保证能力说明	接收申请,初步评审申请人提交的相关资料和质量手册
受理	接收《受理申请通知书》、对应生产许可审定委员会(PCB)、审查组成立 PC 取证团队,全面负责项目的验证工作	发出《受理申请通知书》,组成生产许可审定委员会(PCB)负责项目审定的全面技术评审工作,成立由制造检查人员和工程人员组成的审查组全面负责项目的审查工作
审查	开展生产质量控制,为 PCB 会议准备材料、完成质量系统资料评审整改、不符合项纠正措施落实	首次 PCB 会议、制定评审计划、中间 PCB 会议、质量系统资料评审和批准、现场评审、不符合项与纠正措施、最终 PCB 会议
颁证	提交最终质量手册及相应的程序文件、不符合项纠正措施落实报告、接收 PC 证	审查组完成审查报告,中国民用航空地区管理局批准生产许可证 PC
证后管理	PC 更改管理、质量系统改进、接受局方对 PC 证的日常证件管理与监督	PC 证更改批准,中国民用航空地区管理局对 PC 证实施日常证件管理与监督、随机证件管理与监督

依据上述 PC 证验证与审查过程中申请方和审查方的主要工作,整理出 PC 证前按关键要素、主要节点和具体事项列举的关注点,如表 2 - 11 所示。

表 2 - 11　PC 证前申请方和审查方关注点

项目	申请方	审查方
关键要素	1. 按经批准的型号设计组织生产 2. 建立符合适航规章的质量系统 3. 制定评审计划 4. 落实不符合项纠正措施	1. 监控民用航空器的生产过程 2. 制定评审计划 3. 评审质量系统
主要节点	1. 提交 PC 申请 2. 完成质量系统整改 3. 获得 PC 证	1. PC 申请受理 2. PCB 会议 3. PC 批准
具体事项	1. 质量系统符合性验证 2. 接受现场评审 3. 不符合项纠正措施落实验证	1. 型号合格证确认 2. 质量系统文件评审和批准 3. 质量系统现场评审

　　作为关键要素,审查方监控民用航空器的生产过程,就是要求申请方民用航空器主制造商严格按经批准的型号设计生产民用航空器;审查方与申请方共同制定评审计划;审查方评审质量系统及相应程序必须是申请方建立了符合规章的质量系统保证系统并编制了相应程序,同时落实审查方评审质量系统提出不符合项的纠正措施。

　　作为主要节点,审查方受理 PC 证申请的时间点,是申请方提交 PC 证申请后的 10 天内;审查方召开任何一次 PCB 会议,都需申请方的质量系统整改落实达到一定的状态,并配合准备相关资料;审查方批准 PC 证,申请方必须完成质量系统符合性验证;审查方颁发 PC 证,申请方才能接受 PC 证。

　　作为具体事项,审查方完成型号合格证确认,必须在申请方获得 TC 证后;审查方开展质量系统现场评审,必须与申请方实施质量系统符合性验证和不符合项纠正措施落实验证同步;审查方评审和批准质量系统程序文件,必须在申请方编制完成并提交质量系统程序文件之后。

　　依据表 2-10 中证后的主要工作有生产许可证更改管理、质量系统改进、接受局方对 PC 证的日常证件管理与监督。依据《生产批准和监督程序》(AP-21-AA-2019-31),涉及生产许可证(包括生产许可证和许可生产项目单)上任何信息的更改,生产许可证持有人均应向所在地的中国民用航空地区管理局提交相应资料,申请颁发更改后的证件。若仅对其单位名称、注册地址、总装设施地址、质量手册(包括名称、编号)等任何证件信息实施更改,可单独申请生产许可证更改;若对准许其生产的每一民用航空产品的增加或变更,可单独申请许可生产项目单更改;亦可同时申请两者的更改。生产许可证持证人对质量系统改进纳入单独申请生产许可证更改的范围。民用航空器主制造商 PC 证后最重要的工作是接受局方对 PC 证的日常证件管理与监督。日常管理与监督是局方按照 CCAR-21-R4 第 21.137 条开展的一种针对生产许可证持证人质量系统要素所进行的有计划的、系统性的且基于产品的审查活动,目的是验证生产许可证持证人是否有效地持续符合规章要求、适用的质量系统要求以及经局方批准的设计要求。

　　从上述分析可知,在 PC 证过程中双方围绕关键事项开展的活动是互动的,需要找出对接点,厘清双方的关系,辨识输入与输出,确定控制方法,提出过程模型建立的需求,最终以信息化的方式呈现。

　　依据上述分析,将民用航空器主制造商获取 PC 证的过程划分为下述子过程:PC 证验证任务管理;证件管理(PC 证申请、受理、证件);会议管理(PCB 会议、审查会、其他会议);信函管理;团队管理(申请方取证、审查方审查);资料传递管理;证据管理;日常监督管理;知识管理;规章管理。这些子过程的相互关系如图 2 - 32 所示。

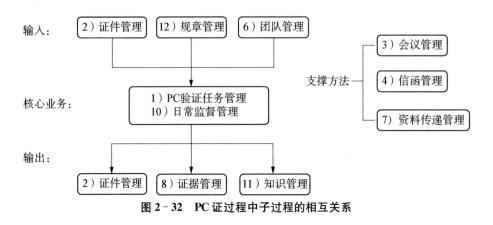

图 2 - 32　PC 证过程中子过程的相互关系

1) PC 证验证任务管理

这是民用航空器主制造商生产许可证验证的核心过程。依据《生产批准和监督程序》(AP - 21 - AA - 2019 - 31),民用航空器主制造商向所在地的中国民用航空地区管理局提交生产许可证申请,同时提交《民用航空产品和零部件合格审定规定》(CCAR - 21 - R4)第 21.138 条规定的质量手册,包含对第 21.137 条规定的各质量系统要素的管理方式,以及第 21.135 条规定的组织机构说明[至少应描述各个部门的职责和权限,责任经理、质量经理、所需的其他高级管理人员(如生产经理)及质量系统人员的职责和权限,以及质量部门与行政管理部门和其他部门的职能关系],另外还需提交型号合格证申请人或持有人的相关证明。中国民用航空地区管理局接到申请后,在 5 个工作日内由主管审查员完成对申请资料的审查,即初步审查申请方所提交申请资料的完整性和合理性,责任经理、质量经理及所需的其他高级管理人员(如生产经理)的相关工作经历和培训情况,并了解申请方对 CCAR - 21 - R4 第 21.137 条质量系统要求的符合性现状及现有的生产能力等,可按需在申请方生产设施处开展现场熟悉性技术审查,以确认申请资料的真实性,而后填报《生产许可证申请资料审查表》给出受理、补充资料后受理和不予受理的建议,经中国民用航空地区管理局确认申请资料齐全且符合要求时,受理该申请,并向申请方发出《中国民用航空局受理申请通知书》。受理后,由中国民用航空地区管理局依据项目的大小及复杂程度确定是否组建生产许可审定委员会,组建或不组建生产许可审定委员会,均需组建生产许可审定审查组。生产许可审定由文件审查和现场审查两部分组成,审查组与申请方依据基于产品的系统审查原则和质量系统审查准则,共同制定生产许可审定的评审计划,按评审计划申请方实施 PC 验证,审查方完成 PC 证审查。评审计划中所列项目即为 PC 证过程任务。质量系统审查准则共计 19 章(⓪组织管理;①设计资料控制;②与设计批准书申请人或者持有人的协调;③文件控制;④人员能力和资格;⑤供应商控制;⑥制造过程控制;⑦检验和试验;⑧检验、测量和试验设备的校准和控制;⑨检验和试验状态;⑩不合格民用航空产品和零部件的控制;⑪纠正措施和预防措施;⑫搬运和存储;⑬质量记录的控制;⑭内部审核;⑮航空器维护;⑯使用反馈;⑰质量疏漏;⑱向局方的报告),合计 135 准则。质量系统审查准则与 PC 证验证任务关系如表 2-12 所示(仅列出部分)。

表 2-12　质量系统审查准则与 PC 证验证任务关系

章节	名称	要素说明	审查准则 (有程序规定和有遵循既定程序的客观证据)	PC 证验证任务
0	组织管理	规定组织管理相关要求,包括证件展示、组织机构、职责和权限、质量手册等方面	001. 是否在主要办公地点的显著位置展示并妥善保管其生产批准书	1. 确认生产质量手册中规定了生产批准书展示位置和保管要求
			002. 是否在生产批准书规定的许可范围内开展生产活动	1. 编制生产活动的管理程序 2. 提交局方审批 3. 按程序检查并记录
			003. 是否向局方提交相关说明文件,以表明其组织机构及其后续更改符合规章要求	1. 编制生产许可证更改管理程序,纳入生产组织机构更改需检查符合规章并提交局方相关资料的要求和质量手册及更改需提交局方批准的要求 2. 提交局方审批
			004. 是否将客观真实描述其质量系统的质量手册及其后续更改提交局方批准,并表明符合局方要求	

（续表）

章节	名称	要素说明	审查准则 （有程序规定和有遵循既定程序的客观证据）	PC 证验证任务
1	设计资料控制	规定设计资料和技术资料及其后续更改的控制要求，以确保使用的设计资料和技术资料是现行有效的、准确无误的且已获得批准	101. 是否控制设计资料和技术资料及其更改	1. 编制设计资料和技术控制管理程序，明确资料存储、保护及使用等管理要求 2. 提交局方审批
			102. 是否对设计资料和技术资料进行存储、保护及使用等方面的管理	
			103. 对那些在经局方批准的设计中引用的技术资料〔如技术规范、安装说明（如适用）和机载软件文档等〕的更改，是否进行适当的记录并批准	1. 编制技术资料更改的管理程序 2. 提交局方审批
			104. 设计小改是否按照局方接受的方式获得批准	1. 编制设计更改（包含持续适航文件）管理程序，明确设计小改、设计大改局方批准的要求 2. 提交局方审批
			105. 设计大改，包括工艺规范大改，是否获得局方批准	
			106. 适用时，为消除不安全因素而必须进行的设计更改是否纳入局方批准的设计中并予以贯彻	
			107. 适用时，持续适航文件是否随设计更改进行更新，并提供给相关人员使用	
			108. 为贯彻适航指令或为提高产品安全性而对已获局方批准的设计进行更改时，是否向产品用户提供有关的说明性文件和资料	1. 编制设计更改（包含贯彻适航指令）向产品用户传递的管理程序 2. 提交局方审批
			109. 服务通告和维修手册及其更改是否经授权人员批准，并与局方工程人员协调	1. 编制服务通告和维修手册审批管理程序 2. 提交局方审批

（续表）

章节	名称	要素说明	审查准则 （有程序规定和有遵循既定程序的客观证据）	PC证验证任务
			110. 制造、质量及服务/支援部门是否参与设计资料和技术资料及其更改的评审	1. 编制设计更改受影响方评估程序 2. 提交局方审批
2	与设计批准书申请人或者持有人的协调	规定与设计批准书申请人或者持有人的协调要求，以确保PAH与设计批准书申请人或者持有人实现良好的合作，以顺利履行各自的职责	201. 是否与设计批准书申请人或者持有人进行协调，以实现良好的合作，并顺利履行各自的职责	不适用（目前民用航空器主制造商既是设计批准书申请人或持有人，也是生产批准申请人或持有人）
			202. 是否与设计批准书申请人或者持有人签订权益转让协议书，以确保实现良好的合作及履行各自的职责（仅适用于PAH与设计批准书申请人或者持有人分离的情况）	不适用
...				

依据质量系统审查准则确定的PC证验证任务，有编制相应的管理程序提交审查方审批，此类任务为文件评审；还有接受审查方的现场审查确认，此类任务为现场评审。依据PC证验证任务，列出所有文件评审和现场评审的各项任务，确定申请方和审查方的相关责任人，在确认各项任务关联性的基础上，给出时间节点，形成PC证验证任务计划，此管理流程参见图2－11 CPI管理流程，包括PC证验证任务的更改管理流程。通常，在提交生产许可证申请的同时，亦要提交生产质量手册与相关程序，实际的PC证验证任务为按已制定程序实施验证，并接受审查方现场评审。

2）证件管理（PC证申请、受理、证件）

民用航空器主制造商依据《生产批准和监督程序》（AP－21－AA－2019－31），填写《民用航空产品生产许可证申请书》，随质量手册及证明设计批准申请人或持有人的相关证明，提交给民用航空器主制造商注册地的中国民用航空地区管理局。经中国民用航空地区管理局确认申请资料齐全且符合要求时，受理该申请,并向申请方发出《中国民用航空局受理申请通知书》。中国民用航空地区管理局认为申请资料不符合完整性及合理性要求时,会要求申请人补充全部后受理。若不受理,以文件或函件通知申请方。当完成整个 PC 证过程验证与审查后,PCB 做出是否颁发生产许可证的建议,并由中国民用航空地区管理局签发生产许可证。生产许可证包含生产许可证和许可生产项目单,以及生产设施地址及生产能力范围清单。获得生产许可证后,民用航空器主制造商的质量系统、生产设施、生产项目、场地等发生更改,需提交生产许可证更改申请书,经审查符合要求后,更改生产许可证。生产许可证管理流程如图 2-33 所示。

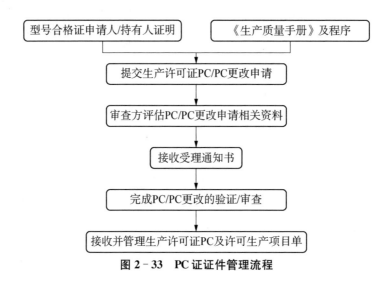

图 2-33   PC 证证件管理流程

3) 会议管理(PCB 会议、审查会、其他会议)

在 PC 证过程中,采用会议的方式开展审查活动,这些会议有审查会、PCB会议。在 PC 证过程中,申请方与审查方之间通过双方高层工作会议的形式,共同促进项目进展,协调解决关键问题和决策重大事项。申请方和审查方均采用内部会议的形式沟通协调验证或审定工作开展过程中的问题,决策解决问题。申请方或审查方各自召开的内部会议无须与对方沟通,而无论申请方还是审查方发起的涉及双方的会议,均需要会议信息的传递。会议的管理流程相同,仅会议处理的事项不同。会议管理的流程如图 2-20 所示。

在中国民用航空地区管理局受理生产许可证申请后,视项目的大小、复杂程度确定是否组建生产许可审定委员会,若组建,则由生产许可审定委员会 PCB主任组织召开生产许可审定会议,讨论并决策 PC 证审查过程中出现的重大问题,每次 PCB 会议均需完成会议纪要,并以审定信函的方式传递至申请方;若不组建,直接组建生产许可审定审查组,开展审查,并给出是否颁发 PC 证的审查结论。

首次 PCB 会议:首次 PCB 会议完成的议题为①审议审查组组长和组员的资格,并确定审查组组长及组员名单;②听取并讨论申请方建议的项目审定计划。首次 PCB 会议纪要作为审查组开展后续审查工作的依据之一。

中间 PCB 会议:在首次 PCB 会议和最终 PCB 会议之间,可视情召开若干次中间 PCB 会议,用于协调、讨论并解决审查中遇到的重大问题、项目审定计划的执行问题以及审查组与申请人之间的争议等。

最终 PCB 会议:最终 PCB 会议审议审查组编制的"生产许可审定项目审查报告",并给出是否同意审查组关于颁发/不颁发生产许可证建议的结论性意见。

审查会:审查会是 PC 证审查过程一种常见的审查活动方式。主要审查申请方提交的质量手册相关程序、不符合项纠正措施落实的验证资料等。审查会形成的会议纪要经申请方和审查方共同签字后发布,可作为验证与审查的证据。

其他会议:围绕 PC 取证过程组织召开的各类会议,包括申请方和审查方高层工作会,申请方、审查方各自的内部工作协调会等。会议管理流程如图 2 - 20 所示。

4) 信函管理

审定信函、各类沟通信函(包括 PC 证审查组与 TC 证审查组之间的沟通)均适用于生产许可证取证过程,信函管理流程如 2 - 21 所示。

5) 问题纪要管理(不适用)

6) 团队管理(申请方取证、审查方审查)

PC 证过程中,审查方建立两个层面的组织以保证完成生产许可审查任务,分别是生产许可审定委员会(PCB)、生产许可审查组(PCT),民用航空器主制造商对应此也成立适航取证团队,在此两层面双方建立对口关系,以保证生产许可适航审查和取证工作顺利开展。具体如下:

第一层:在 PCB 层面,由民用航空器主制造商(申请方)的适航管理部门负责人与 PCB 主任建立对口关系,负责协调处理适航审查和取证的政策与方针。

第二层:在 PCT 审查组层面,申请方成立型号适航取证管理组(PCM),由适航经理与 PCT 审查组长建立对口关系,申请方适航部门相应负责人与审查方 PCT 审查组成员按职责分工建立对口关系,以协调适航审查和取证的问题与困难。

执行适航任务的具体责任人,申请方为质量经理、生产经理、适航经理、适航主管、适航取证组组长。审查方为主管审查员、委任制造代表、审查组长、PCB主任。

PC证过程的团队管理为设置人员角色,关联验证和审查任务。团队管理的流程如图2-23所示。

7) 资料传递管理

PC证过程中,申请方提交生产质量手册及相应的程序供审查方评审并批准认可,审查方以审定信函的方式批准认可,此过程按需审查方审批的资料传递管理;除以之外,每次PCB会议、各类审查会、现场评审中,申请方均需提交供审查组评审的参考资料与验证资料,此类资料按参考类资料管理。PC证过程中,审查方在完成申请资料评审时,采用《生产许可证申请资料审查表》记录情况,该表不传递给申请方,但需作为审查记录及证据保存;审查方评审生产质量系统文件时或现场评审中发现质量系统文件的问题时,采用《质量系统文件审查问题记录表》记录,现场评审中发现不符合的情况记录在《不符合项记录表》中,此两份记录表不传递给申请方,但需作为审查记录及证据保存。此两份记录表中记录的问题通过《发现问题通知书》发给申请方,申请方采用《纠正措施答复》回复。PC证过程中,审查方完成审查需编制生产许可审定项目审查报告和生产许可证更改审查报告,此类报告不传递给申请方,但需作为审查记录及证据保存。需审查方审查批准/认可类资料管理的流程如图2-24所示。参考类资料管理的流程如图2-25所示。《发现问题通知书》及《纠正措施答复》的资料传递管理的流程如图2-34所示。

8) 证据管理

生产许可证验证与审查过程中需保留的证据分为申请方资料、审查方评审资料、证件资料。

(1) 申请方资料。

a. 生产质量手册及修订;

b. 生产质量相关程序及修订;

c. 生产过程控制记录;

d. 质量系统验证记录;

e. 不符合项纠正措施及验证记录。

(2) 审查方评审资料。

a. 生产许可证申请资料审查表;

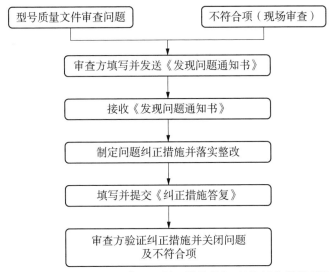

图 2 - 34 《发现问题通知书》及《纠正措施答复》的资料传递管理流程

b. 质量系统文件审查问题记录表；

c. 不符合项记录表；

d. 发现问题通知书；

e. 审定信函；

f. 生产许可审定项目审查报告；

g. 生产许可证更改审查报告；

h. 生产批准/证件管理活动记录。

（3）证件资料。

a. 生产许可证/更改申请书；

b. 受理通知书；

c. 生产许可证/许可生产项目单/生产设施地址及生产能力范围清单。

9）TCDS 管理（不适用）

10）日常监督管理

日常监督管理是颁发生产许可证后，局方需要按照 CCAR - 21 第 21.137 条的要求开展针对生产许可证持有人的质量系统要素进行有计划的、系统性的且基于产品的审查活动，目的是验证生产许可证持有人是否有效地持续符合规章要求、适用的质量系统要求以及经局方批准的设计要求。作为民用航空器主制造商接受局方的日常监督管理，通常选择在其（包含供应商）具有较高风险的生产设施处进行。

日常监督管理共分为质量系统复查(QSRA)、供应商控制审查(SCA)和主管检查员审查(PIA)三种类型,其审查均为基于产品审查的系统审查活动。

每年,生产许可证持有人与局方主管检查员共同评估确认生产许可证持有人的风险等级,依据评估确定的风险等级,制定日常监督管理年度计划,包括质量系统复查、供应商控制审查以及主管检查员审查三方面的内容。在审查过程中,局方审查人员视情开展产品审查。日常监督管理的审查过程中发现的任何问题由主管检查员在《生产批准/证件管理活动记录》中记录下来,发出《发现问题通知书》,生产许可证持有人针对此问题制定纠正措施,验证后提交《纠正措施答复》供局方最终验证后,关闭问题。日常监督管理的流程如图 2-35 所示。

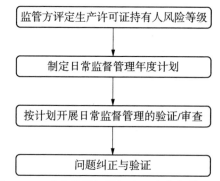

图 2-35 生产许可证持证人日常监督管理流程

11) 知识管理

生产许可审查过程中纳入知识管理的有以下内容。

(1) 审查记录。

a. 民用航空产品生产许可证申请书及适用的申请资料;

b. 生产许可证申请资料审查表;

c. 中国民用航空局受理申请通知书;

d. 项目审定计划;

e. 每次 PCB 会议的会议纪要(如适用);

f. 每次审查会议的会议纪要;

g. 所有不符合项记录表;

h. 所有质量系统文件审查问题记录表;

i. 所有发现问题通知书；

j. 所有纠正措施答复；

k. 所有生产批准/证件管理活动记录；

l. 所有制造符合性检查记录表；

m. 审定信函；

n. 生产许可证，包括生产许可证和许可生产项目单；

o. 生产设施地址及生产能力范围清单；

p. 生产许可审定项目审查报告。

（2）申请方资料。

a. 生产质量手册及更改记录；

b. 与生产质量管理相关的程序文件及更改记录；

c. 型号合格证或型号合格证申请书或相应说明资料；

d. 经批准的型号设计；

e. 生产过程记录；

f. 纠正措施落实方案及验证资料；

g. 申请方发起或回复的信函。

生产许可审查中形成的上述知识可以按如图 2-36 的形式归类管理。

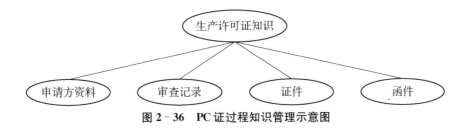

图 2-36　PC 证过程知识管理示意图

12）规章管理

与生产许可证验证和审查相关的规章为中国民用航空规章 CCAR-21 部
《民用航空产品和零部件合格审定规定》中关于生产许可证、生产批准、质量系
统等的内容。还需包括第四层级的程序、咨询通告、工作手册及相应的管理
文件。

规章管理中需纳入国际民航组织（ICAO）、美国联邦航空管理局（FAA）、欧
洲航空安全局（EASA）和国家间航空委员会（IAC）及俄罗斯联邦航空运输署
（FATA）等国家或组织发布的与生产批准相关的规章、程序等。

双边适航协议中有关的生产批准的内容也需纳入。

2.3.3　适航证取证过程

依据《民用航空产品和零部件合格审定规定》(CCAR-21-R4)第 21.2D 条（三）的规定,中国民用航空局负责适航证 AC 证的受理、审查、颁发和管理。

2.3.3.1　基本概念

1) 适航批准

依据《民用航空产品和零部件合格审定规定》(CCAR-21-R4)第 21.2B 条,适航批准指适航当局为某一民用航空器、航空发动机、螺旋桨或者零部件颁发的证件,表明民用该航空器、航空发动机、螺旋桨或者零部件符合经批准的设计并且处于安全可用状态。

依据《民用航空产品和零部件合格审定规定》(CCAR-21-R4)第 21.171 条,适航证分为标准适航证和特殊适航证两种类别。

2) 标准适航证

标准适航证为按照 CCAR-21-R4 第 21.21 条取得型号合格证或者第 21.29 条取得型号认可证的正常类、实用类、特技类、通勤类、运输类航空器、载人自由气球、特殊类别航空器(如滑翔机、飞艇、甚轻型飞机和其他非常规航空器)颁发的适航证件。

3) 特殊适航证

特殊适航证为除标准适航证规定范围以外的按 CCAR-21-R4 第 21.24 条、第 21.25 条或者第 21.26 条取得型号合格证或者第 21.29 条的型号认可证的初级类、限用类、轻型运动类航空器,以及局方同意的为其他批准方式的飞机颁发的适航证件。特殊适航证分为初级类、限用类和轻型运动类三类。

4) 申请适航证的一般要求

(1) 申请适航证的民用航空器必须首先按照《民用航空器国籍登记规定》(CCAR-45)的要求获得中华人民共和国国籍登记;

(2) 适航证申请方是该民用航空器的所有人或占有人。

5) 适航检查

颁发适航证前适航当局对民用航空器及零部件实施的确认民用航空器及零部件符合经批准的型号设计处于安全可用状态的检查,包括对所申请的航空器的各种合格证件、技术资料、持续适航文件的评审及对航空器交付时的技术状态与批准的型号设计的符合性的检查。

6) 适航监察员

经适航当局指派,实施适航证件检查的人员,负责监督和检查民用航空器及零部件生产过程对经批准的型号设计资料的符合性,确认产品的适航性,最终签发适航证。可授权生产委任代表担任。

7) 依据型号合格证生产

在某型号未取得生产许可证,但已获得型号合格证时,生产的某型号产品,必须经适航监察员检查确定民用航空产品符合经批准的型号设计,并处于安全可用状态;航空器做过地面及试飞检查;发动机或者变距螺旋桨做过最终试车或者工作检查,在此条件下,适航当局颁发适航证。

8) 生产许可证生产

在某型号取得生产许可证后,生产的某型号产品,民用航空器主制造商在提交 CCAR - 21 第 21.172 条第(三)款所列的有关文件后,无须进一步证明,即可获得适航证。适航当局可以根据 CCAR - 21 部第 21.173 条检查该航空器,以确认其是否符合经批准的型号设计并处于安全可用状态。

9) 适航指令

适航指令(airworthiness directive, AD)是适航当局颁发的强制性检查要求、改正措施和使用限制。每份适航指令均为 39 部法规的一份修正案,具有法规同等效力。适航指令涉及的航空器,在规定的时间内如未达到该适航指令的要求,相关航空器将不再适航。中国适航当局颁发的适航指令通常以 CAD 表示。

2.3.3.2 流程分析

依据中国适航当局颁发的规范性文件《民用航空器及其相关产品适航审定程序》(AP - 21 - AA - 2008 - 05R2,已更新为 AP - 21 - AA - 2022 - 51,见 6.2 节),AC 证审查过程划分为申请、受理、适航检查、颁证和证后管理,AC 证取证过程如图 2 - 37 所示。

图 2 - 37 AC 证取证过程

按此过程划分,梳理得到申请方和审查方需开展的主要工作,本书只描述由民用航空器主制造商为其生产的新民用航空器申请标准适航证的过程。此时,民用航空器主制造商的生产,分为依据型号合格证生产和生产许可证生产,如表 2 - 14 所示。

表 2 - 13　AC 证过程申请方和审查方主要工作

过程	申请方主要工作	审查方主要工作
申请	提交 AC 证申请、制造符合性声明/适航性声明、型号设计资料、构型差异说明、持续适航文件清单、适航指令纳入清单及说明	接收申请,初步评审申请方提交的相关资料
受理	接收受理通知	发出受理通知、检查授权书
适航检查	提供被检查航空器、提供自身检查的相关证明	检查提交资料、检查航空器
颁证	接收 AC 证,放置 AC 证于飞机上指定位置	颁发 AC 证
证后管理	提出更新 AC 的申请	依据持证人的申请更新签发 AC 证

依据表 2 - 13 列出的 AC 证过程申请方和审查方主要工作,AC 证取证过程从提交适航证申请开始,针对申请方提交的航空器及其相关资料,审查方开展适航检查,相对于 TC 证、PC 证取证,民用航空器主制造商获取 AC 证的过程中,审查方的关注点在于申请方生产民用航空器阶段的持证状态,如果仅持有 TC 证,此时审查方投入检查的范围与程度较大,当同时持有 TC 证和 PC 证时,在 PC 证已经建立的经批准的质量体系下,审查方仅查证 AC 证申请方提交的相关资料。AC 证必须放在飞机的规定位置,民用航空器主制造商申请的 AC 证随飞机交付更换持证人。依据 CCAR - 21 第 21. 179 条,除适航当局另行规定终止日期或者发生诸如航空器存在某种可疑的危险特征、航空器遭受损伤而短期不能修复、航空器封藏停用和按批准的方案,对航空器进行维修或者加、改装期间的任何情况外,航空器在按照各项规定进行维修并按照各项运行限制运行时,其适航证(AC 证)长期有效。

由上述分析可知,在 AC 证取证过程中双方开展的活动是互动的,需要找出对接点,厘清双方的关系,辨识输入与输出,确定控制方法,提出过程模型建立的需求,最终以信息化的方式呈现。

依据上述分析,将民用航空器主制造商获取 AC 证的过程划分为下述子过程:AC 验证任务管理;证件管理(AC 证申请、受理、证件管理);会议管理(审查会、其他会);信函管理;团队管理(申请方取证、审查方审查);资料传递管理;证据管理;知识管理;规章管理。上述子过程的相互关系如图 2 - 38 所示。

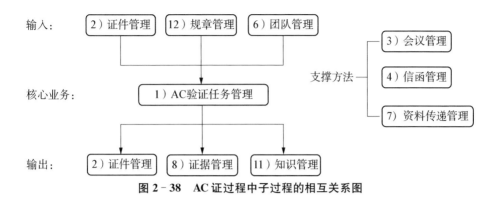

图 2‑38　AC 证过程中子过程的相互关系图

1）AC 证验证任务管理

相对 TC 证和 PC 证验证任务,民用航空器主制造商为其所生产的新民用航空器申请获取 AC 证的验证任务比较简单,主要针对民用航空器的资料与交付状态开展适航检查,可视情在民用航空器的生产过程中开展适航检查。通常,获得型号合格证是民用航空器生产交付的必要条件,而获得生产许可证不是民用航空器生产交付的必要条件,也就是说没有生产许可证,只要有型号合格证,也可生产交付民用航空器,由于生产许可证的申请方必须是型号合格证的持证方或者权益方,所以有生产许可证,就一定有型号合格证,故民用航空器可在两种情况下生产交付:一是只有型号合格证,称为依据型号合格证生产,另一是有生产许可证,称为生产许可证生产。依据《民用航空器及其相关产品适航审定程序》(AP‑21‑AA‑2008‑05R2,已更新为 AP‑21‑AA‑2022‑51,见 6.2节),AC 证验证任务按表 2‑14 AC 证取证验证任务所确定的具体验证任务,编制验证任务计划,并实施管理,AC 证验证任务管理流程如图 2‑39 所示。

表 2‑14　AC 证取证验证任务

序号	项目	依据型号合格证生产		生产许可证生产	
		申请方	审查方	申请方	审查方
1	资料检查	提供持续适航文件及清单	检查持续适航文件的完整有效性	提供持续适航文件及清单	检查持续适航文件的完整有效性
		提供国籍证复印件、型号合格证及数据单、制造符合性声明、型号设计及相关技术资料等	检查适航性证件/记录和审查技术资料的符合性	提供国籍证复印件、型号合格证及数据单、生产许可证及许可生产项目清单、适航声明、型号设计及相关技术资料等	检查适航性证件/记录和审查技术资料的符合性

（续表）

序号	项目	依据型号合格证生产		生产许可证生产	
		申请方	审查方	申请方	审查方
2	航空器交付状态检查	提供航空器、配合检查	机身外部检查	将检查要求落实到生产过程，完成相应检查并记录，提交记录	保留检查的权利、确认申请方的检查记录
			机翼检查		
			起落架检查		
			发动机检查		
			尾翼检查		
			驾驶舱/客舱检查		
			货舱检查		
			功能测试		
			其他检查		
3	其他检查	确定制造符合性检查项目清单，配合开展检查	制造符合性检查	无	无

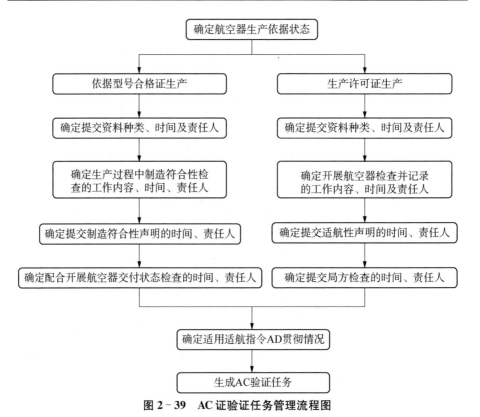

图 2‐39　AC 证验证任务管理流程图

2) 证件管理

民用航空器主制造商依据《民用航空器及其相关产品适航审定程序》(AP-21-AA-2008-05R2,已更新为 AP-21-AA-2022-51,见 6.2 节),填写《民用航空器适航证申请书》,随附声明(依据型号合格证生产提交《制造符合性声明》,依据生产许可证生产提交《民用航空产品或零部件适航性声明》)、型号设计资料、构型差异说明、持续适航文件清单、适航指令纳入清单及说明、民用航空器的国籍登记证复印件等资料,提交给民用航空器主制造商注册地的中国民用航空地区管理局。经中国民用航空地区管理局确认申请资料齐全且符合要求时,受理该申请,并通知申请方。中国民用航空地区管理局认为申请资料不符合完整性及合理性要求时,会要求申请人补充全部后受理。若不受理,以文件或函件通知申请方。当完成整个 AC 证过程检查后,由适航监察员签发民用航空器标准适航证。标准适航证放置在民用航空器上,随民用航空器交付给民用航空器使用者。标准适航证管理流程如图 2-40 所示。

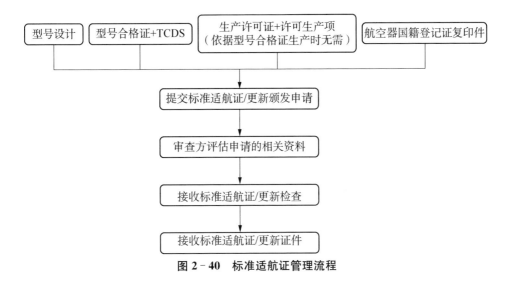

图 2-40 标准适航证管理流程

3) 会议管理

在 AC 证过程中,可采用审查会的方式开展审查活动,也可直接开展现场检查,在 AC 证过程中,一般不会发生需要申请方与审查方双方高层解决的关键问题和决策的重大事项。申请方和审查方均采用内部会议的形式沟通协调验证或审定工作开展过程中的问题,决策解决问题。申请方或审查方各自召开的内部会议无须与对方沟通,而无论申请方还是审查方发起的涉及双方的会议,均需要会议信息的传递。会议的管理流程相同,仅会议处理的事项不同。会议管理的流程如图 2 - 20 所示。

4) 信函管理

各类沟通信函均适用于标准适航证取证及维护过程,信函管理的流程如图 2 - 21 所示。

5) 问题纪要管理(不适用)

6) 团队管理

AC 证过程中,作为申请方的民用航空器主制造商需填写适航证申请、开展相应的航空器检查、试验和试飞,涉及从事设计、制造、试验试飞的相关适航主管,审查方主要涉及适航监察员。

AC 证过程的团队管理为设置人员角色,关联验证和检查任务。团队管理的流程如图 2 - 23 所示。

7) 资料传递管理

AC 证过程中申请方需向审查方提交申请书和随附的国籍登记证复印件、制造符合性声明/适航性声明、型号设计资料、构型差异说明、持续适航文件清单、适航指令纳入清单及说明,这些资料均提交审查方进行审核,无须批准,可作为参考资料传递。适航监察员完成航空器资料和实物检查后,直接颁发适航证,此证需传递至申请方,亦可作为参考资料传递。适航监察员在 AC 证检查中若发现存在问题,采用《民用航空器适航检查发现问题通知单》通知申请方进行整改(此管理流程参见后文问题及意见管理相关内容),经适航监察员确认申请方的整改落实后,适航监察员填报《民用航空器适航性评审和检查记录单》,并在《适航证申请书》上签署意见,同时完成《民用航空器适航性评审和检查报告》。这些文件不传递给申请方,但需作为取证的证据及适航知识保存。

AC 证过程的资料传递管理采用图 2 - 25 参考类资料传递管理流程。

8) 证据管理

AC 证过程中需保留的证据:申请方资料、审查方检查资料、证件资料。

(1) 申请方资料。

a. 制造符合性声明/适航性声明;

b. 型号设计资料;

c. 构型差异说明;

d. 持续适航文件清单及文件(见表 2 - 15 申请 AC 证提交的文件清单);

e. 适航指令纳入清单及说明;

f. 审查方要求的其他文件(见表 2 - 15 申请 AC 证提交的文件清单)。

(2) 审查方检查资料。

a. 民用航空器适航检查发现问题通知单;

b. 民用航空器适航性评审和检查记录单;

c. 民用航空器适航性评审和检查报告。

(3) 证件资料。

a. 民用航空器标准适航证申请书;

b. 民用航空器标准适航证。

表 2 - 15　申请 AC 证提交的文件清单

序号	类型	文件名称	备注
1	持续适航文件	航空器飞行手册(AFM)	
2		主最低设备清单(MMEL)	
3		维修大纲(MRB)	
4		载重平衡手册(WBM)	
5		机组使用手册(FCOM)	
6		维修计划文件(MPD)	
7		航空器维修手册(AMM)	
8		结构修理手册(SRM)	
9		线路图册(WDM)	
10		图解零件目录(IPC)	
11		动力装置总成手册(PPBM)	
1	其他文件	适航指令执行状态清单	
2		服务通告执行状态清单	
3		航空器试飞报告和排故记录	
4		载重与平衡报告	
5		最近一次的罗盘系统/磁罗盘偏差记录	
6		校装和/或水平测量报告	
7		时限/寿命部件控制项目清单	
8		装机设备清单	
9		电气负载分析	
10		客户监造工作报告	
11		客户接收检查手册	

9) TCDS 管理(不适用)

10) (可变)(不适用)

11) 知识管理

AC 证检查过程中纳入知识管理的有以下内容：

（1）申请方文件。

a. 制造符合性声明/适航性声明；

b. 型号设计资料；

c. 构型差异说明；

d. 持续适航文件清单及文件；

e. 适航指令纳入清单及说明；

f. 审查方要求的其他文件。

（2）检查记录。

a. 民用航空器适航检查发现问题通知单；

b. 民用航空器适航性评审和检查记录单；

c. 民用航空器适航性评审和检查报告。

（3）证件。

a. 民用航空器标准适航证申请书；

b. 民用航空器标准适航证。

（4）函件：申请方与审查方沟通的来往信函。

标准适航证审查中形成的上述知识可以按如图 2-41 的形式归类管理。

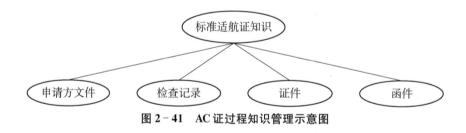

图 2-41　AC 证过程知识管理示意图

12）规章管理

与标准适航证检查相关的规章为中国民用航空规章 CCAR-21 部《民用航空产品和零部件合格审定规定》中关于标准适航证、适航批准等的内容。还需包括第四层级的程序、咨询通告、工作手册及相应的管理文件。

规章管理中需纳入国际民航组织（ICAO）、美国联邦航空管理局（FAA）、欧洲航空安全局（EASA）和国家间航空委员会（IAC）及俄罗斯联邦航空运输署（FATA）等国家或组织发布的与适航批准相关的规章、程序等。

双边适航协议中有关的适航批准的内容也需纳入。

2.3.4　其他适航证件取证过程

在《民用航空产品和零部件合格审定规定》(CCAR-21-R4)中,第21.2A条定义了型号合格证(TC证)、补充型号合格证(STC证)、型号认可证(VTC证)、补充型号认可证(VSTC证)、零部件设计批准认可证(VDA证)、技术标准规定项目批准书(CTSOA证)、适航证(AC证)、出口适航证、外国适航证认可书、生产许可证(PC证)、改装设计批准书(MDA证)、零部件制造人批准书(PMA证)、特许飞行证、适航批准标签14张适航证件。前述章节分别描述了民用航空器主制造商获取型号合格证(TC证)、生产许可证(PC证)和适航证(AC证)这3张证件的过程,本章节描述其他11张证件的取证过程。

2.3.4.1　基本概念

CCAR-21-R4定义的上述14张适航证件,通过局方三类审定方式颁发:型号合格审定颁发6张,分别是型号合格证(TC证)、补充型号合格证(STC证)、改装设计批准书(MDA证)、型号认可证(VTC证)、补充型号认可证(VSTC证)、零部件设计批准认可证(VDA证);生产许可审定颁发1张:生产许可证(PC证);适航合格审定颁发5张,分别是适航证(AC证)、出口适航证、外国适航证认可书、特许飞行证、适航批准标签;而技术标准规定项目批准书(CTSOA证)和零部件制造人批准书(PMA证),既需型号合格审定,又需生产许可审定才能颁发,但允许完成单项审定后,颁发单项部分的证件,即存在技术标准规定项目批准书设计批准部分或生产批准部分,零部件制造人批准书设计批准部分或生产批准部分。

审定/批准方式与适航证件的关系如图2-42所示。

依据《民用航空产品和零部件合格审定规定》(CCAR-21-R4)第21.2D条(三)的规定,中国民用航空局除负责型号合格证(TC证)、适航证(AC证)的受理、审查、颁发和管理外,还负责补充型号合格证(STC证)、型号认可证(VTC证)、补充型号认可证(VSTC证)、零部件设计批准认可证(VDA证)、技术标准规定项目批准书(CTSOA证)、出口适航证、外国适航证认可书的受理、审查、颁发和管理。

依据《民用航空产品和零部件合格审定规定》(CCAR-21-R4)第21.2D条(二)的规定,中国民用航空局对本规定第21.2A条所述的民用航空产品和零部件的证件实施统一管理。民用航空地区管理局除负责生产许可证(PC证)外,还负责改装设计批准书(MDA证)、零部件制造人批准书(PMA证)、特许飞行证、适航批准标签的受理、审查、颁发和管理。

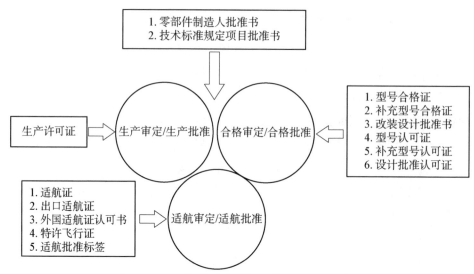

图2-42　审定/批准方式与适航证件关系示意图

1) 补充型号合格证(STC证)

当民用航空器获得型号合格证后,需对民用航空器实施设计更改,而当此设计更改未达到CCAR-21-R4第21.19条要求应当申请新型号合格证的大改时,TC证持证人或非TC证持证人均可申请颁发的适航证件。TC证持证人还可为设计更改小改申请STC证。

2) 型号认可证(VTC证)

型号合格证申请人或持证人,在适航双边的前提下获得另一国家的型号合格证时获得颁发的适航证件。

3) 补充型号认可证(VSTC证)

补充型号合格证申请人或持证人,在适航双边的前提下获得另一国家的补充型号合格证时获得颁发的适航证件。

4) 零部件设计批准认可证(VDA证)

在一国设计和制造并获得设计批准的零部件,基于适航双边,该零部件出口到另一国,进口国适航当局颁发的设计批准的适航证件。

5) 技术标准规定项目批准书(CTSOA证)

技术标准规定(CTSO)是中国民用航空局颁布的民用航空器上所用的特定零部件的最低性能标准。技术标准规定项目批准书(CTSOA证)是颁发给零部件制造商按技术标准规定项目设计与制造的零部件的设计和生产批准的适航证件。技术标准规定项目批准书是零部件获得设计和生产批准的方式之一,并非强制的要求,型号合格证(TC 证)和补充型号合格证(STC 证)都是零部件获得设计批准的方式。

6) 出口适航证

为已取得标准适航证的用于出口其他国家的民用航空器颁发的适航证件。

7) 外国适航证认可书

为进口的已取得其他国家标准适航证的民用航空器颁发的适航证件。

8) 改装设计批准书(MDA 证)

非 TC 证持证人对民用航空器实施设计更改小改时申请颁发的适航证件。

9) 零部件制造人批准书(PMA 证)

颁发给供安装在经型号合格审定或型号认可审定的民用航空产品(指民用航空器、航空发动机或者螺旋桨)上作为替换或改装用的零部件的制造人的适航证件。根据设计批准基础的不同零部件制造人批准书可作为颁发给零部件制造人的设计和生产批准书,或生产批准书。

10) 特许飞行证

为保证尚未取得有效适航证或目前不满足适航要求但在一定限制条件下飞行活动的安全性而颁发的一种适航证件。

11) 适航批准标签

对零部件实施适航批准后颁发的一种适航证件。采用批准放行证书/适航批准标签,在此表上勾选适航性。

2.3.4.2 流程分析

CCAR‑21‑R4 中定义的 14 张适航证件,中国民用航空局均编制有相应的管理程序规范相应证件的申请、受理、审查、颁证和证后的管理要求,2019 年中国民用航空局适航司发布通知重新按设计、生产、认可、单机审定等类别进行编号,但新的管理程序尚未完全发布,原有管理程序中有些内容与 CCAR‑21‑R4 的要求还不完全匹配,本文中依据 CCAR‑21‑R4 的要求执行。无论是何证件、谁作为申请方、谁作为审查方,关于其他适航证件业务过程的管理流程均如图 2‑43 所示。

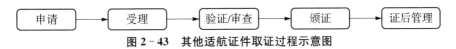

图 2‑43 其他适航证件取证过程示意图

其他适航证件取证过程包含证件验证任务管理;证件管理;会议管理;信函管理;问题纪要管理;团队管理;资料传递管理;证据管理;知识管理;规章管理等

子过程,这些子过程的关系示意如图 2-44 所示。

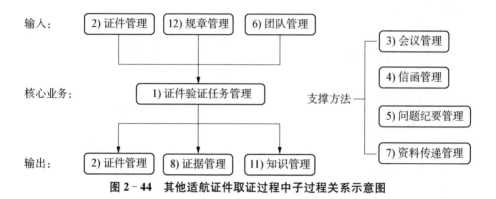

图 2-44　其他适航证件取证过程中子过程关系示意图

1) 证件验证任务管理

证件验证任务管理是其他证件取证及维护过程的核心业务,依据型号合格审定、生产许可审定和适航合格审定三种类别对除 TC 证、PC 证和 AC 证外的其他 11 张证件归类分析民用航空器主制造商(TC 证持证人)或其他非 TC 证持证人作为申请方对证件申请、验证、接受审查、接收证件和实施证件管理的流程。

(1) 型号合格审定(设计批准)颁发证件。

除型号合格证 TC 证属于此类证件外,补充型号合格证(STC 证)、改装设计批准书(MDA 证)、型号认可证(VTC 证)、补充型号认可证(VSTC 证)、设计批准认可证(VDA 证)、零部件制造人批准书(PMA 证)的设计批准部分和技术标准规定项目批准书(CTSOA 证)的设计批准部分均属于此类审查批准的证件。设计批准可分为针对原型机还是针对设计更改,TC 证针对原型机,TC 证更改、STC 证和 MDA 证是针对设计更改;设计批准还可分为对整机还是零部件,通常整机(包括发动机整机和螺旋桨)为 TC 证,零部件为 PMA 证,设备为 CTSOA 证;另外,针对民用航空产品的设计制造国,可分为国内产品和进口产品,国内产品设计批准按上述定义,进口产品要求其在出口国获得上述证件后,由中国民用航空局在适航双边的基础上,检查确认其符合中国的规章要求后,颁发认可类证件,针对 TC 证为型号认可证(VTC 证),针对 STC 证为补充型号认可证(VSTC 证),针对国外的技术标准规定项目批准书为设计批准认可证(VDA 证)。故型号合格审定的证件可分为两类:一类为批准证件,另一类为认可证件。

a. 批准证件——指 TC 证(见 2.3.1 节)、STC 证和 MDA 证。

依据 CCAR-21-R4 第 21.112 条,TC 证或 TC 证认可证持证人可对民用航空器申请补充型号合格证,其限制条件是该设计更改未超过重新申请新 TC证的情况;同时,非 TC 证或非 TC 证认可证持证人也可对民用航空器的设计更改申请补充型号合格证,条件是该设计更改为大改,且未超过重新申请新 TC 证的情况,如果设计更改为小改,则申请改装设计批准书 MDA 证。

针对型号的设计更改获得适航证件的方式:①重新申请 TC 证,按 TC 证过程执行,见 2.3.1 节中的 1)TC 验证任务管理;②申请 TC 证更改,按 TC 证后设计更改验证流程执行,见章节 2.3.1 中的 10)设计更改适航验证管理;③申请 STC 证,无论是大改(此类大改不涉及申请新的 TC 证)还是小改,TC 证持证人或 VTC 证持证人均可申请 STC 证,非 TC 证持证人或非 VTC 证持证人只能在设计更改为大改(不包括涉及申请新 TC 证的大改)时申请 STC 证,按下述 STC/MDA 证流程执行;④申请 MDA 证,非 TC 证持证人或非 VTC 证持证人在设计更改为小改时申请 MDA 证,按下述 STC/MDA 证流程执行。

依据 CCAR-21-R4 第 21.95 条,型号设计小改可以在向局方提供验证资料或者说明性资料之前按照局方接受的方式进行批准。

依据《补充型号合格审定程序》(AP-21-14)的规定,STC 证的申请与审查包含四步:①申请方提交申请及相关资料,审查方评审资料后受理申请,双方制定审定计划;②申请方按设计的内容完成部件、组件的制造与相应的试验验证,审查方对部件、组件检查并目击相应的试验验证活动;③申请方按设计的要求制造并安装完整组件与相应的验证试验,如机上地面试验、飞行试验等,审查方对完整组件及其安装开展检查及目击试验或试飞;④申请方接收审查方颁发的 STC 证。补充型号合格证 STC 证/改装设计批准书 MDA 证验证任务管理的流程如图 2-45 所示。

b. 认可证件——指 VTC 证、VSTC 证和 VDA 证。

依据《进口民用航空产品和零部件认可审定程序》(AP-21-01R2)的规定,申请中国民用航空局颁发型号认可证(VTC 证)、补充型号认可证(VSTC 证)和零部件设计批准认可证(VDA 证)的申请方为其他国的民用航空器主制造商或零部件制造商,提交申请的条件是申请方已经获得或者已经申请了本国的型号合格证、补充型号合格证和零部件设计批准书,申请这类证件的航空产品要进口到中国,而且申请方所在国政府已与中国政府签署了适航协议或备忘录。中国适航当局接到申请后,需对上述条件进行初步判断,做出是否受理的决定,一旦决定受理此类认可申请,需首先熟悉申请方提交的型号设计资料,在此基础上依据型号/型号设计更改/零部件的设计特征,确定认可审定基础、确定认可审查的

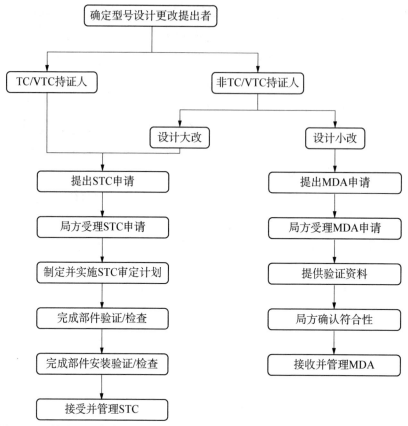

图 2 - 45　补充型号合格证(STC 证)/改装设计批准书(MDA 证)验证任务管理流程

介入范围,双方依据确定的审定基础与介入范围制定审定计划,申请方开展验证,审查方审查与确认符合性,认可审查完成时,审查方颁发型号认可证(VTC证)、补充型号认可证(VSTC 证)和零部件设计批准认可证(VDA 证)。国内民用航空器主制造商或零部件制造商如果要将自己研制的航空产品出口到其他国,可参照此流程,结合进口国认可审查的相关要求修订后执行。认可证取证过程管理的流程如图 2 - 46 所示。

　　零部件制造人批准书 PMA 证的设计批准部分和技术标准规定项目批准书(CTSOA 证)的设计部分均属于此类审定的范围,但零部件制造人批准书(PMA证)和技术标准规定项目批准书(CTSOA 证)还包括生产许可审定的内容,通常是设计批准和生产批准同时完成,颁发 PMA 证和 CTSOA 证,也可单独申请设计批准或生产批准。零部件制造人批准书(PMA 证)和技术标准规定项目批准书(CTSOA 证)这两类证书的申请方一般不是民用航空器主制造商,其设计批

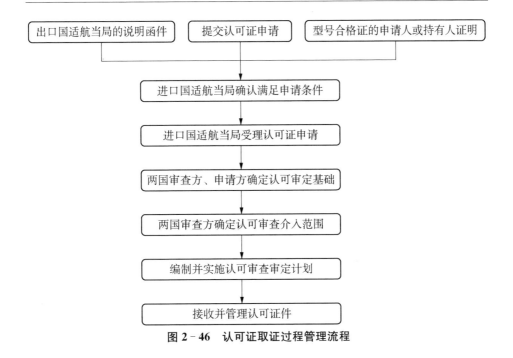

图 2‑46 认可证取证过程管理流程

准的流程参考 TC 证验证流程依据下述设计批准基础的种类裁剪出适用部分执行,参见 2.3.1 节。

零部件制造人批准书 PMA 证的设计批准基础如下:①通过权益转让协议证明同一性;②补充型号合格证或改装设计批准书;③在没有权益转让协议的情况下证明同一性;④通过试验和计算进行符合性验证。其中,在①和②所述情况下申请的零部件制造人批准书是仅作为对零部件的生产批准;而在③和④所述情况下申请的零部件制造人批准书是作为对零部件的设计和生产的双重批准,但仅限于批准非关键件。

技术标准规定项目批准书的申请人需首先确认中国民用航空局已经颁发了适用于所申请零部件的技术标准规定,有此技术标准规定才可提交申请。如果中国民用航空局尚未颁发相应的技术标准规定,申请人可向局方提出技术标准规定的制定建议,中国民用航空局经评估后同意其建议的,可受理申请。技术标准规定草案形成后,在申请人请求并愿意自行承担相关风险的情况下,局方可同意申请人先按技术标准规定草案开展验证工作,但颁证之前,局方需确认该技术标准规定已经发布且所申请零部件的设计符合正式发布的技术标准规定。

(2)生产许可审定(生产批准)颁发证件。

除生产许可证(PC 证)属这类审定颁发的证件外,零部件制造人批准书

(PMA 证)的生产批准部分和技术标准规定项目批准书(CTSOA 证)的生产批准部分也属于此类审定颁发的证件。零部件制造人批准书(PMA 证)和技术标准规定项目批准书(CTSOA 证)这两类证书的申请方一般不是民用航空器主制造商,其生产批准的流程按 PC 证验证流程执行,具体见 2.3.2 节。

零部件制造人批准书和技术标准规定项目批准书申请方应当建立符合 CCAR-21-R4 第 21.137 条的质量系统,并向审查组提供一份描述上述质量系统的手册,以及满足 CCAR-21-R4 第 21.305 条和第 21.355 条要求的组织机构说明。

(3) 适航合格审定(适航批准)颁发证件。

除适航证 AC 证属这类审定颁发的证件外,出口适航证、外国适航证认可书、特许飞行证和适航批准标签也属于此类审定颁发的证件。

依据《民用航空器及其相关产品适航审定程序》(AP-21-AA-2008-05R2,已更新为 AP-21-AA-2022-51,见 6.2 节),出口适航证、外国适航证认可书、特许飞行证和适航批准标签四张证件的验证任务均为适航检查,可参照标准适航证的验证任务流程实施(见 2.3.3.2 1),相应增加表 2-16 的内容。

表 2-16 其他适航批准证件的任务

序号	证件名称	验证任务	
		申请方	审查方
1	出口适航证	与 AC 证相同	与 AC 证相同
2	外国适航证认可书	1. 提交 VTC 证及相关资料、国外的 AC 证、中国的国籍登记证 2. 与 AC 证相同	1. 确认 VTC 证、国外的 AC 证、国籍登记证信息 2. 与 AC 证相同
3	特许飞行证	1. 提交制造符合性声明、提供航空器及对航空器技术状态的评估报告 2. 提交相关保证试飞安全的措施 3. 提交建议的使用限制 4. 提交相应的试验及检查记录	1. 对航空器本身检查 2. 确认申请方保证试飞安全的各项措施正确落实 3. 评估申请方提出的限制准确 4. 核实申请方已做的各项试验、检查正确记录
4	适航批准标签	1. 提供国内适航批准的证件及相关资料 2. 提供进口国特殊要求的情况说明 3. 与 AC 证相同(依据生产许可证生产)	1. 确认国内适航批准的证件及相关资料 2. 确认对进口国特殊要求的符合性 3. 与 AC 证相同(依据生产许可证生产)

2）证件管理

依据《民用航空器及其相关产品适航审定程序》（AP－21－AA－2008－05R2），申请方按此程序规定的表格提交出口适航证、外国适航证认可书、特许飞行证、适航批准标签的申请，局方（中国民用航空局或民用航空地区管理局）受理后，依据批准的设计资料开展适航检查，检查合格后，颁发相应的证件。

依据《技术标准规定项目批准书合格审定程序》（AP－21－AA－2020－12），申请方按此程序规定的表格提交技术标准规定项目批准书（CTSOA 证）的申请，申请由中国民用航空局审核，受理后，双方制定开展设计批准验证和生产批准验证的审定计划，验证和审定确认后，颁发 CTSOA 证。

依据《零部件制造人批准书合格审定程序》（AP－21－AA－2020－13），申请方按此程序规定的表格提交零部件制造人批准书（PMA 证）的申请，申请由民用航空地区管理局审核，受理后，双方制定开展设计批准验证和生产批准验证的审定计划，验证和审定确认后，颁发 PMA 证。

依据《进口民用航空产品和零部件认可审定程序》（AP－21－01R2），申请方按此程序规定的表格提交型号认可证（VTC 证）、补充型号认可证（VSTC 证）和零部件设计批准认可证（VDA 证）的申请，申请由中国民用航空局审核，受理后，双方制定开展认可审查的审定计划，验证和审定确认后，颁发各类认可证件。

上述证件管理的流程，设计批准证件参照 2.3.1 2)证件管理的流程执行；生产批准证件参照 2.3.2 2)证件管理的流程执行；适航批准证件参照 2.3.3 2)证件管理的流程执行。

3）会议管理

审查会、申请方内部会议、审查方内部会议、双方高层协调会均适用于这些证件取证及维护过程，会议管理流程如图 2－20 所示。

4）信函管理

审定信函、各类沟通信函均适用于这些证件取证及维护过程，信函管理流程如图 2－21 所示。

5）问题纪要管理

涉及型号合格审定证件的业务过程中，审查方均采用问题纪要的方式解决审定过程中的分歧与问题，同时确定项目的审定基础、涉及的专用条件、等效安全等。尤其在认可审查中，涉及两个国家的适航当局，所以问题纪要中需同时填写国内国外两家或多家审查方的立场。问题纪要管理的流程如图 2－22 所示。

6）团队管理

其他证件的申请方分民用航空器主制造商和零部件或设备制造商，还分国内和国外。审查方分中国民用航空局和中国民用航空地区管理局，还有其他国适航当局。通常，其他国民用航空器主制造商和零部件或设备制造商必须通过本国的适航当局向中国适航当局提交申请，而不是直接向中国适航当局提交申请。团队管理需按表 2-17 的要求配置人员。团队管理的流程如图 2-23 所示。

表 2-17　其他适航证件过程中人员配置表

序号	证件名称	申请方	审查方	审查类别	用途
1	出口适航证	国内主制造商（整机）	中国民用航空局	适航审定	出口整机
2	外国适航证认可书	国外主制造商（整机）	中国民用航空局（授权地区管理局）	适航审定	进口整机
3	特许飞行证	国内主制造商	地区管理局	适航审定	特许飞行
4	适航批准标签	1. 国内发动机、螺旋桨主制造商 2. 国内零部件制造商 3. 国内维修单位	地区管理局	适航审定	1. 出口发动机、螺旋桨 2. 出口零部件 3. 返修零部件合格证明
5	型号认可证（VTC 证）	国外主制造商（整机）	中国民用航空局	合格审定	进口整机
6	补充型号合格证（STC 证）	1. 国内 TC 证持证人（主制造商） 2. 国内非 TC 证持证人	中国民用航空局	合格审定（设计更改批准）	
7	改装设计批准书（MDA 证）	国内非 TC 证持证人	地区管理局	合格审定（设计更改批准）	
8	补充型号认可证（VSTC 证）	1. 国外 STC 证持证人（主制造商） 2. 国外非 STC 证持证人	中国民用航空局	合格审定（设计更改认可）	进口带设计更改的产品

（续表）

序号	证件名称	申请方	审查方	审查类别	用途
9	设计批准认可证（VDA证）	国外技术标准规定项目批准书持有人	中国民用航空局	合格审定（零部件认可）	进口零部件
10	零部件制造人批准书(PMA证)	国内零部件制造商	地区管理局	合格审定和生产审定	
11	技术标准规定项目批准书（CTSOA证）	1. 国内零部件、设备制造商 2. 国外零部件、设备制造商	1. 地区管理局 2. 中国民用航空局	合格审定和生产审定	1. 进口零部件、设备

7）资料传递管理

适航证件业务过程中，申请方和审查方均要产生大量资料，申请方产生的用于表明所研制产品对适航标准符合性的型号设计与验证资料需审查方批准或认可；审查方用于确认申请方提交资料的符合性、批准型号设计资料和适航符合性验证资料的审查记录资料，以及各类表明产品适航性的资料，还有双方在证件业务过程中用于沟通的工作文件资料等。申请方产生的资料分为：需审查方审查批准/认可类，此类资料为型号设计资料和符合性验证资料等；不需审查方审查批准/认可类，此类资料为会议通知、回复信函等工作文件及支持证件验证的相关资料。审查方产生的资料分为：审批记录类，此类资料为审批表、评审表、部分审定信函等；非审批记录类，此类资料为部分审定信函、审查会通知等工作文件。申请方提交资料给审查方审批/认可，审查方的审批记录类资料将与其关联，此类资料均需作为适航验证证据。不属此类的资料均视作传递信息的参考类资料。需审查方审查批准/认可类资料管理的流程如图 2-24 所示。参考类资料管理的流程如图 2-25 所示。

8）证据管理

针对其他证件验证过程中产生的证据按实施批准的类别进行管理，即其他证件中涉及设计批准的证件，参见 2.3.1 节中的证据管理；涉及生产批准的证件，参见 2.3.2 节中的证据管理；涉及适航批准的证件，参见 2.3.3 节中的证据管理。

9）TCDS 管理（不适用）

10）（可变）（不适用）

11）知识管理

依据《技术标准规定项目批准书合格审定程序》（AP-21-2020-12）纳入知识管理的资料如下：

（1）项目记录——能够完整地记录审查过程。

a. 申请书；

b. 受理申请通知书/不受理函件；

c. 问题纪要；

d. 型号资料批准表；

e. 质量系统文件审查问题记录表；

f. 零部件制造符合性声明；

g. 制造符合性检查记录表；

h. 为制造符合性检查签发的批准放行证书/适航批准标签；

i. 审定计划；

j. 符合性检查清单；

k. 发现问题通知书；

l. 不符合项记录；

m. 纠正措施答复；

n. 批准质量手册的审定信函；

o. 符合性声明；

p. 审查报告；

q. 技术标准规定项目批准书证书及项目单；

r. 其他项目记录。

（2）型号资料。

a. 完整的型号设计资料；

b. 所有的符合性验证资料；

c. 持续适航文件（若适用）。

（3）生产资料。

a. 质量手册；

b. 相关程序。

依据《零部件制造人批准书合格审定程序》（AP-21-AA-2020-13）纳入知识管理的资料如下：

（1）项目记录——能够完整地记录审查过程。

a. 申请书；

b. 受理申请通知书/不受理函件；

c. 问题纪要；

d. 型号资料批准表；

e. 质量系统文件审查问题记录表；

f. 零部件制造符合性声明；

g. 制造符合性检查记录表；

h. 为制造符合性检查签发的批准放行证书/适航批准标签；

i. 零部件专项合格审定计划；

j. 设计符合性声明；

k. 发现问题通知书；

l. 不符合项记录；

m. 纠正措施答复；

n. 型号检查核准书(TIA)；

o. 型号检查报告(TIR)；

p. 特许飞行证申请书；

q. 特许飞行证和使用限制；

r. 飞行手册批准页；

s. 批准质量手册的审定信函；

t. 符合性声明；

u. 审查报告；

v. 零部件制造人批准书证书及项目单；

w. 其他项目记录。

(2) 型号资料。

a. 完整的型号设计资料；

b. 所有的符合性验证资料；

c. 持续适航文件(若适用)。

(3) 生产资料。

a. 质量手册；

b. 相关程序。

其他证件纳入知识管理的资料参照上述两类。适航其他证件过程知识管理流程如图 2-47 所示。

图 2 - 47　其他适航证件过程知识管理示意图

12）规章管理

与其他证件验证与审查相关的规章包括中国民用航空规章 CCAR - 21 部
《民用航空产品和零部件合格审定规定》中关于其他证件定义与规定等的内容。
还需包括第四层级的程序、咨询通告、工作手册及相应的管理文件。其他证件中
涉及设计批准的内容，参见 2.3.1 节中的规章管理；涉及生产批准的内容，参见
2.3.2 节中的规章管理；涉及适航批准的内容，参见 2.3.3 节中的规章管理。

规章管理中需纳入国际民航组织（ICAO）、美国联邦航空管理局（FAA）、欧
洲航空安全局（EASA）和国家间航空委员会（IAC）及俄罗斯联邦航空运输署
（FATA）等国家或组织发布的与其他证件相关的规章、程序等。

双边适航协议中有关的内容也需纳入。

2.3.5　运行符合性（航空器，AEG）评审过程

依据 CCAR - 21 - R4 第 21.505 条要求，民用航空器主制造商在向中国民
用航空局适航司提出型号合格证申请的同时，向中国民用航空局飞行标准司提
出运行符合性评审申请。也就是说在 TC 证过程中，由飞行标准司对拟获取型
号合格证的民用航空器并行开展运行符合性（航空器，AEG）评审。

民用航空器取型号合格证的同时，航空器评审组（AEG）针对①驾驶员资格
规范；②维修人员资格规范；③主最低设备清单；④计划维修要求；⑤运行文件；
⑥运行规章符合性；⑦其他项目等 7 方面开展运行符合性评审，在民用航空器首
次交付运行前采用航空器评审报告的形式给出评审符合的结论；在民用航空器
运营过程中开展持续评审，以修订航空器评审报告的形式给出意见。

2.3.5.1　基本概念

1）航空器评审

运行符合性评审也称为航空器评审，是以民用航空器运营安全为重点，从使
用者的角度，验证民用航空器在预期使用环境及条件下对运行规章的符合性，证
明民用航空器在不同运行条件、环境、标准和程序下均能安全运营的评审活动，
分为评审与持续评审两阶段。航空器评审是设计、制造到使用、维修之间的桥

梁,以此保证民用航空器的顺利运行。航空器评审就是把在运行过程中与民用航空器有关的驾驶员的训练、维修和不同运行条件下的设备允许故障等主要方面的要求拿出来,在民用航空器的设计、制造过程中提前开展评审,确认在这几个方面未来能否满足航空公司的运行合格审定要求,能否满足在各种条件下运行的要求。

2) 航空器评审的工作方式

在航空器型号合格审定的过程中,航空器评审以成立中国民用航空器型号项目组并且辅以飞行标准化委员会(FSB)、飞行运行评审委员会(FOEB)和维修审查委员会(MRB)等专业委员会的方式开展航空器评审工作;航空器持续评审工作仍然以此形式开展。

3) 航空器评审的内容

依据《国产航空器的运行符合性评审》(AC‐91‐010R2),民用航空器获取型号合格证的同时,航空器评审组开展运行符合性评审的内容为评审:①运行相关的型号设计信息;②驾驶员资格规范;③维修人员资格规范;④主最低设备清单;⑤计划维修要求;⑥运行和持续适航文件;⑦申请方提出并经适航当局同意的其他项目,这些评审内容需在民用航空器型号投入运行前给出评审符合的结论。

4) 航空器持续评审的内容

依据《国产航空器的运行符合性评审》(AC‐91‐010R2),在民用航空器投入运行后,航空器评审组根据①对航空器型号进行的设计更改;②航空器实际运行反馈的信息;③法规要求的修订等情况开展运行符合性的持续评审,并贯穿于民用航空器型号运行的全寿命。

5) 航空器评审项目组

由航空器评审中心项目管理人员、飞行标准司协调员及各专业委员会主席组成。项目组组长由航空器评审中心指定的人员担任,成员包括飞行和维修专业人员。负责民用航空器型号 AEG 评审的项目管理,并组织各专业委员会开展 AEG 评审工作。

6) 飞行标准化委员会(FSB)

为驾驶员型别等级明确制定每一特定"航空器型别和差异"的标准而设立的委员会,由一名主席和若干成员组成。主席由航空器评审中心飞行专业技术组的人员担任,成员通常来自航空器评审中心的飞行专业人员、地区管理局或地方监管局的飞行监察员和客舱监察员(如有客舱应急撤离演示评审项目)、型号审查组的试飞或者结构专业人员。负责评审①驾驶员资格规范;②运行文件;③驾驶舱观察员座椅;④机组睡眠区;⑤电子飞行包(EFB);⑥客舱应急撤离演示。

7) 飞行运行评审委员会(FOEB)

为确定主最低设备清单 MMEL 而设立的委员会,由一名主席和若干成员组成。主席由航空器评审中心飞行或维修专业技术组的人员担任,成员通常来自航空器评审中心的飞行和维修专业人员、地区管理局或地方监管局的运行或维修监察员、型号审查组的试飞或者系统专业人员。

8) 维修审查委员会(MRB)

为在保证安全的前提下,确认维修间隔而设立的委员会,由一名主席和若干成员组成。主席由航空器评审中心维修专业技术组的人员担任,成员通常来自航空器评审中心的维修专业人员、地区管理局或地方监管局的维修监察员、型号审查组的专业人员。负责评审①维修人员资格规范;②计划维修要求;③持续适航文件。

2.3.5.2 流程分析

依据《国产航空器的运行符合性评审》(AC - 91 - 010R2),按照 CCAR - 23、25、27、29 部为审定基础申请型号合格证的民用航空器在首次投入运行前应当经过航空器评审组(AEG)的运行符合性评审。对民用航空器开展运行符合性评审的目的是保障民用航空器运营人使用民用航空器型号的运行符合性和持续安全。航空器评审包含评审和持续评审两个阶段。

评审阶段,在民用航空器投入运行之前,根据其运行选择增加相应的机载设备以及更改布局、制定运行和维修文件、确定驾驶员和其他运行人员训练标准等一系列工作。分阶段确认未来民用航空器能不能满足运行的要求,以确保未来民用航空器研制完成并生产出产品以后,能够从民用航空器主制造商处顺利地移交给运营的航空公司。

持续评审阶段,在民用航空器投入运行之后,飞机整个系统非常复杂,运行环境非常复杂,有些缺陷没有发现,有些缺陷可能会在事故中发现,在安全事件中发现,出现这些缺陷以后,我们怎么样改进,不断地提高安全水平。从适航角度,将以补充型号合格证(STC 证)或 TC 证更改或适航指令、批准服务通告等方式来解决。从适航的角度完成了上述批准,还需要评估,上述对民用航空器的改变,是否改变飞行训练方面的内容,如加装一个新设备,对飞行训练有什么影响?它应该执行什么样的维修? 设备故障以后是不是能够运行,这些就是航空器持续评审的过程。

航空器评审分为民用航空器首架交付前的评审和民用航空器运行后的持续

评审,分为 FSB、FOEB 和 MRB 三个委员会分别开展评审工作,形式为文件评审和现场评审。评审的对象为民用航空器,基本的评审项目如表 2 - 18 所示。航空器评审工作流程如图 2 - 48 所示。

图 2 - 48　航空器评审工作流程

表 2 - 18　航空器基本评审项目适用性说明表

序号	AEG 评审项目	适用性说明
1	运行相关的型号设计信息	适用于所有航空器,AEG 评审将给出运行相关的航空器型号设计批准信息
2	驾驶员资格规范	适用于所有航空器,AEG 评审将确定是否需要型别等级要求;如有型别等级要求,进一步确定相应的训练、检查、经历和训练设备规范;如没有型别等级要求,确定是否需要机型训练规范
3	维修人员资格规范	适用于所有航空器,AEG 评审将确定维修人员执照机型签署规范和机型培训规范
4	主最低设备清单	适用于计划允许在一些设备故障或者功能失效情况下放行的航空器
5	计划维修要求	适用于所有航空器
6	运行和持续适航文件	适用于所有航空器
7	驾驶舱观察员座椅	适用于计划用于 CCAR - 121 部运行和用于 CCAR - 135 部运行并安装了驾驶舱观察员座椅的航空器
8	机组睡眠区	适用于设计安装飞行机组休息区的航空器
9	电子飞行包(EFB)	适用于设计安装便携式硬件、B 类应用电子飞行包的航空器
10	客舱应急撤离演示	适用于旅客座位数超过 44 座,并且型号合格证申请人计划同时验证 CCAR - 25.803 和 CCAR - 121.161 符合性的航空器

依据上述分析,将民用航空器主制造商开展运行符合性评审与持续评审的过程划分为下述子过程:AEG 评审任务计划管理;AEG 评审项目管理;会议管理;信函管理;问题纪要管理;团队管理;资料传递管理;证据管理;AEG 评审报告管理;AEG 持续评审管理;知识管理;规章管理。这些子过程的相互关系如图 2 - 49 所示。

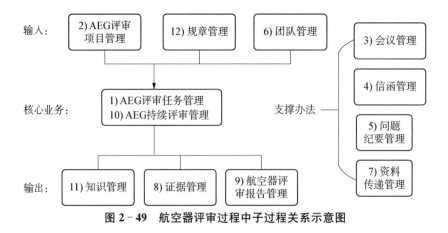

图 2-49 航空器评审过程中子过程关系示意图

1) AEG 评审任务管理

航空器评审任务可定义为民用航空器投入运行之前，由 AEG 评审组实施评审中，民用航空器主制造商需配合完成的任务。依据《国产航空器的运行符合性评审》(AC-91-010R2)，民用航空器主制造商在其提交所研制民用航空器型号合格证申请并获得中国民用航空局受理后，依据(CCAR-21-R4)第 21.505 条，向中国民用航空局飞行标准司提交运行符合性评审申请，而后申请方和审查方共同商定召开启动会，在启动会上申请方介绍民用航空器的设计特征和预计用途，双方依据表 2-18《航空器基本评审项目适用性说明表》的内容，确定针对民用航空器开展运行符合性评审的具体项目，审查方以"航空器评审(AEG)项目确认单"的形式发布。作为申请方的民用航空器主制造商依据此清单，在考虑与型号合格审定的计划节点协调一致的基础上，制定航空器评审计划，评审计划来源于航空器评审任务。在型号研制过程中，这些评审任务会随型号设计的进程分阶段开展，通过文件评审和会议评审来实施航空器评审任务。

航空器运行符合性评审任务管理的流程如图 2-50 所示。

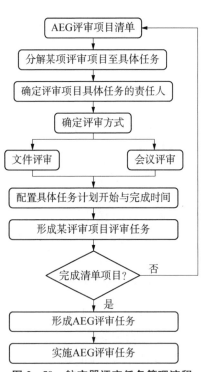

图 2-50 航空器评审任务管理流程

2）航空器评审项目管理

航空器评审或持续评审工作均依据确定的航空器评审项目开展,在民用航空器型号研制中必须充分识别与分析型号的设计特征、提出民用航空器的预期使用环境与用途,为保证民用航空器持续适航、处于安全状态,制定出民用航空器运行所需的持续适航与运行文件,为此确定航空器评审项目是关键,具体操作依据表 2 - 18 的内容,分析表中所列项目与所研制民用航空器设计特征的匹配性,申请方与审查方讨论,确定运行符合性评审各具体项目需开展的工作。通过召开运行符合性评审启动会的形式,确定出具体的项目,拟定出航空器评审项目清单,提交中国民用航空局飞行标准司,经飞行标准司司长批准后实施。航空器评审项目管理流程如图 2 - 51 所示。

3）会议管理

航空器评审和持续评审大多通过召开会议的方式进行。其包括航空器评审项目组会议、飞行标准化委员会(FSB)会议、飞行运行评审委员会(FOEB)会议、维修审查委员会(MRB)会议以及 AEG 评审方与型号合格审定方的会议。会议的管理流程相同,如图 2 - 20 所示。

4）信函管理

依据《国产航空器的运行符合性评审》(AC - 91 - 010R2),航空器评审或持续评审以航空器评审项目组、飞行标准化委员会 FSB、飞行运行评审委员会(FOEB)和维修审查委员会(MRB)组织实施各自职责范围的评审工作,这些评审依据民用航空器型号研制进程分阶段开展,并形成阶段性结论,当采用文件评审方式开展评审或持续评审时,上述组织将以函件的方式给出阶段性评审结论,这类信函与验证类资料的评审意见或审批表作用类似。

航空器评审与型号合格审查同步但独立进行,航空器评审需依据型号合格审定批准的资料,而型号合格审定最终是否颁发型号合格证的结论也需由航空器评审的初步结论作为支撑,因此,航空器评审组采用函件的形式向型号合格审查组提供航空器评审状态及初步结论。

航空器评审或持续评审过程中,申请方与评审方之间亦通过信函的方式沟通信息。航空器评审信函管理的流程如图 2 - 52 所示。

5）问题纪要管理

依据《国产航空器的运行符合性评审》(AC - 91 - 010R2),中国民用航空局飞行标准司采用"航空器评审问题纪要"正式通知型号合格证申请方,对于"航空器评审(AEG)项目确认单"中确定的评审项目,所采用的具体评审标准、流程以

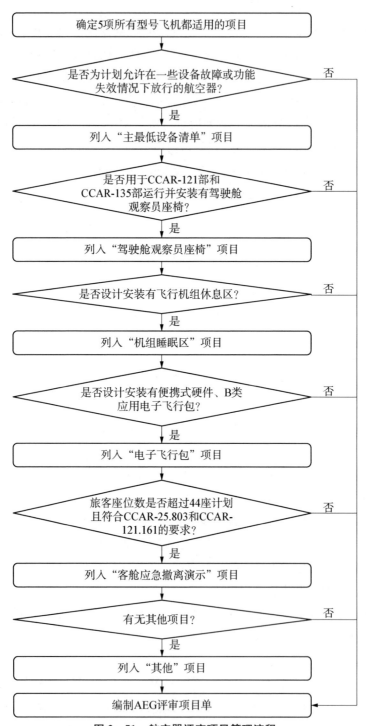

图 2 - 51 航空器评审项目管理流程

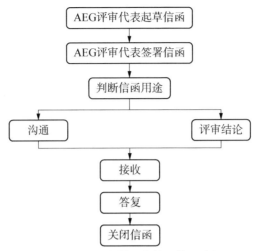

图 2 - 52　航空器评审信函管理流程

及配合要求。航空器评审问题纪要与型号合格审定的问题纪要有所不同,无问题与背景、审查方立场、申请方立场等内容,直接给出航空器评审项目的评审标准、流程和要求。裁剪型号合格审定问题纪要的管理流程,保留结论阶段的操作,形成航空器评审问题纪要管理流程如图 2 - 53 中灰色部分所示。

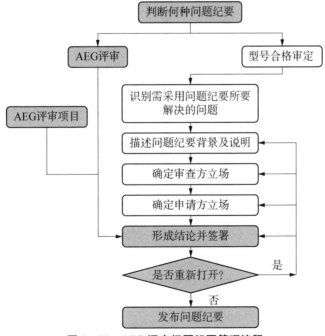

图 2 - 53　AEG 评审问题纪要管理流程

6）团队管理

与型号合格审定类似，申请方需依据航空器评审方的工作方式，组建相应的团队，对接开展工作。飞行标准司针对某型号组建航空器评审的项目组和专业委员会，项目组和专业委员会成员确定后以如下信息通告的方式予以正式公布：IB-FS-008（AEG001）《航空器评审项目组和专业委员会》。

民用航空器主制造商的适航管理部门负责人建立与中国民用航空局飞行标准司航空器评审处负责人的对口联系，主要负责协调处理评审过程中的重大事项。

申请方成立航空器评审管理组，由负责型号运行技术的副总设计师担任组长，其与航空器评审项目组组长建立对接关系，负责管理型号全寿命周期的运行符合性评审与持续评审。管理组成员有申请方从事运行支持的人员、设计人员和适航职能部门人员。

申请方与飞行标准化委员会（FSB）、飞行运行评审委员会（FOEB）和维修审查委员会（MRB）对应的工作团队，团队长由适航职能部门人员担任，分别与评审方三个委员会主席建立协调对应关系，负责该团队相关的航空器评审工作。团队成员有申请方从事运行支持的人员、设计人员和适航职能部门人员。

航空器评审团队管理流程如图 2-23 所示。

7）资料传递管理

航空器评审的工作方式为文件评审和会议评审，两种方式均需申请方提交评审资料，评审方评审形成评审意见，文件评审时以信函方式反馈阶段性评审意见及结论，会议评审以会议纪要反馈阶段性评审意见及结论，最终以航空器评审报告的形式给出航空器评审的结论，批准或认可申请方提交的持续适航文件和运行文件。航空器评审资料清单如表 2-19 所示。在航空器评审或持续评审中，申请方也会提供支持评审的参考资料，这些资料无须批准或认可，故航空器评审和持续评审的资料传递管理也分为需批准或认可和无须批准或认可两类，其管理流程分别如图 2-24 和图 2-25 所示。

表 2-19　航空器评审资料清单

序号	评审项目	评审资料	AEG 审批方式
1	运行相关的型号设计信息	运行符合性清单	参考
		运行符合性说明文件	参考
		型号设计对运行规章要求的符合性验证工作报告	参考

（续表）

序号	评审项目	评审资料	AEG 审批方式
		运行相关的型号设计信息	参考
2	驾驶员资格规范	驾驶员机型资格计划(PTQP)	认可
		培训需求分析报告	参考
		转机型飞行训练规范	认可
3	维修人员资格规范	维修人员资格计划(MQP)	认可
		维修培训需求分析报告	参考
		机型维修培训规范	认可
4	主最低设备清单	PMMEL 编制及验证方案	认可
		PMMEL 验证计划	认可
		PMMEL	批准
5	计划维修要求	政策和程序手册(PPH)	认可
		建议计划维修要求(PSMR)	批准
6	运行文件	编制方案和计划	参考
		验证方案和计划	参考
		管理规范文件	参考
		运行文件	认可
		运行文件符合性材料(运行文件符合性报告、验证报告及相关支撑材料)	认可
7	持续适航文件	编制方案和计划	参考
		验证方案和计划	参考
		管理规范文件	参考
		持续适航文件	认可
		持续适航文件符合性材料(持续适航文件符合性报告、验证报告及相关支撑材料)	认可
8	驾驶舱观察员座椅	符合性说明报告	参考
		机上检查大纲和机上检查报告	参考
		试飞验证大纲和试飞报告	参考
9	机组睡眠区	符合性说明报告	参考
		机上检查大纲和机上检查报告	参考

序号	评审项目	评审资料	AEG 审批方式
10	电子飞行包(EFB)	EFB 系统设计及适航批准计划	参考
		软件应用计划	参考
		针对 EFB 的建议,飞行机组训练、检查和近期经历要求,数据管理程序和人员培训要求	参考
		建议的符合性清单和验证计划	参考
		符合性说明报告	参考
11	客舱应急撤离演示	乘务机型训练大纲	认可
		客舱机组操作手册	认可
		应急撤离演示大纲	参考
		应急撤离程序(FCOM)	认可

8) 证据管理

航空器评审及持续评审过程中形成的各类文件均需纳入表明民用航空器对运行规章符合性的证据,按型号资料、评审记录和函件归类管理。

(1) 型号资料:参见表 2 - 19 的内容。

(2) 评审记录。

a. 项目组形成的会议记录、评审意见;

b. 各委员会形成的会议记录、评审意见;

c. 航空器评审报告及其更新版本。

(3) 函件。

a. 航空器评审组发出的函件(包含阶段性认可的评审结论、其他内容);

b. 申请方发出的沟通函件;

c. 航空器评审组与型号审查组之间的沟通函件。

9) 航空器评审报告管理

依据《国产航空器的运行符合性评审》(AC - 91 - 010R2),从民用航空器主制造商申请型号合格证获得受理起,申请方在实施型号合格证验证与接受审查的过程中,启动并接受航空器评审方通过文件评审和会议评审两种方式实施的航空器评审和持续评审,评审方以函件和会议纪要的方式给申请方反馈阶段评审结论,在全部评审项目完成后,在民用航空器首架飞机交付前,以航空器评审报告方式给出最终的评审结论,同时,给出相应的批准文件和认可文件信息。航空器评审报告由航空器评审项目组根据各专业委员会的评审结论起草,经飞行标准司航空器评审处审核后,经飞行标准司司长签发。航空器评审报告和批准文件签发后,将由飞行标准司通过网址"http://aeg.caac.gov.cn"统一公布。航空器持续评审的结论通过修改已发布的航空器评审报告,经飞行标准司司长签署后正式发布。航空器评审报告管理的流程如图2-54所示。

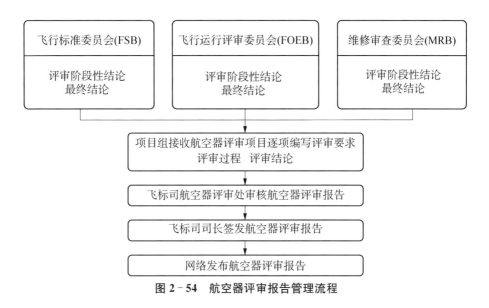

图 2-54　航空器评审报告管理流程

10) 航空器持续评审管理

民用航空器投入运行后,航空器评审组将根据对民用航空器型号进行的设计更改、民用航空器实际运行反馈的信息、法规要求的修订这三种情况,开展运行符合性的持续评审,并贯穿于民用航空器型号运行的全寿命周期。

航空器评审组通过设计更改评估的方式开展对于航空器型号设计更改的补充评审。民用航空器主制造商证后将对所有的型号设计更改进行评估,一旦确认由于设计更改将对民用航空器运行和维修产生重大影响,此时的设计更改项目需要提交航空器评审组开展补充评审,以此确定设计更改对航空器评审结论的影响。针对此类设计更改,民用航空器主制造商根据自我评估的结果向航空器评审项目组提交"AEG评审设计更改评估单",以启动航空器评审项目组和专业委员会的评审,对于涉及航空器评审报告的设计更改,需修订航空器评审报告;对于仅涉及航空器评审报告中批准文件和认可文件的设计更改,仅需专业委员会主席对相应文件修订的批准和认可,无须修改航空器评审报告。

航空器评审组将基于民用航空器主制造商使用的问题信息收集和事件调查系统,开展对于涉及实际运行反馈问题的持续评审,主要任务是验证航空器评审报告中批准文件和认可文件的有效性,并促进民用航空器主制造商解决影响其有效性的飞行操作和维修性设计相关的缺陷。通常,民用航空器主制造商在其研制的民用航空器投入运行后,将成立飞行技术委员会 FTC 和维修技术委员会 MTC,此两委员会是主要由民用航空器客户的相应飞行和维修专家所组成的技术讨论和决策机构,采用定期或不定期会议的方式讨论实际运行的反馈问题,航空器评审组以参与 FTC 和 MTC 会议的方式开展评审。航空器评审组对航空器实际运行反馈问题评审后,主要是修订完善航空器评审报告中批准文件和认可文件,此时仅需专业委员会主席批准和认可修订的相应文件。当这些文件的修订导致航空器型号设计的改进,则需开展对型号设计更改的补充评审。

航空器评审组通过组织专项工作的方式开展对于法规要求的修订涉及的专项评审。在此情况下,民用航空器主制造商需评估修订后的法规要求,是否影响已投入运行的民用航空器,依据评估结论,开展后续工作。

航空器持续评审管理的流程如图 2 - 55 所示.

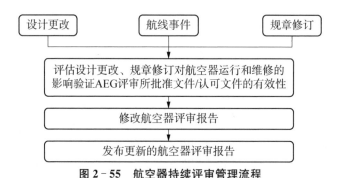

图 2 - 55　航空器持续评审管理流程

11) 知识管理

航空器评审及持续评审过程中产生的资料均可纳入适航知识管理的范围,相应的资料按六类实施管理:①信函,分为申请方、评审方及 AEG 与 TCT 间;②申请方提交资料,按航空器评审项目归类;③评审方阶段性评审结论和最终评审结论,按航空器评审项目归类;④设计更改,包含民用航空主制造商开展的评估,评审方的补充评审;⑤FTC 和 MTC 开展工作的资料;⑥其他。知识点可围绕航空器评审项目展开。航空器评审知识管理的架构如图 2 - 56 所示。

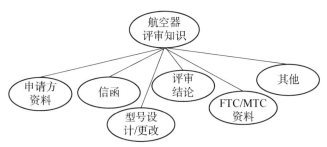

图 2-56　航空器评审知识管理示意图

12) 规章管理

航空器评审中使用的规章有适航标准 CCAR-23 部、CCAR-25 部、CCAR-27 部和 CCAR-29 部,运行规章为 CCAR-91 部、CCAR-121 部和 CCAR-135 部,具体执行 AEG 工作程序、工作标准(包括咨询通告和管理文件)。这些内容均应当纳入规章管理的范围,不仅保存上述规章的现行有效版本,还需保存规章的历史版本。按适航规章、运行规章等实施规章的归类管理与查询,对规章的条款实施结构化处理,可满足采用关键词调用及查询的需求。

按航空器评审项目列出具体的标准如表 2-20 所示。

表 2-20　航空器评审项目采用标准清单

序号	航空器评审项目	适用标准号	适用标准名称	备注
1	驾驶员资格规范	AC-61-023	《驾驶员机型资格规范评审及评审结论的应用》	
		MD-FS-030(AEG001)	《驾驶员机型资格计划编制指南》	
		MD-FS-036(AEG007)	《机型飞行训练培训需求分析规范》	
2	维修人员资格规范	AC-66-008	《维修人员机型资格规范评审及评审结论的应用》	
3	主最低设备清单	AC-91-037	《航空器主最低设备清单的制定和批准》	
4	计划维修要求	AC-91-26	《航空器计划维修要求的编制》	
5	运行和持续适航文件	AC-91-011R2	《航空器的持续适航文件》	
		AC-91-024R1	《航空器的运行文件》	

（续表）

序号	航空器评审项目	适用标准号	适用标准名称	备注
6	驾驶舱观察员座椅	AC－121/135－FS－2008－28	《驾驶舱观察员座椅和相关设备》	
7	机组睡眠区	AC－121－8	《关于飞机上飞行机组睡眠区的要求》	
8	电子飞行包(EFB)	AC－121－FS－2018－031R1	《电子飞行包(EFB)的运行批准指南》	
9	应急撤离演示	CCAR－121部	附录C:"本规则第121.161条规定的应急撤离程序演示准则"	
10	运行相关的型号设计信息	CCAR－23、25、27、29	型号基本数据,运行限制,通信、导航和监视设备,记录设备等	
11	其他	AC－91－010R2	《国产航空器的运行符合性评审》	

2.3.6　服务文件业务过程

民用航空器主制造商用于支撑民用航空器航线运营的服务文件分为工程技术和飞行运行两类,是民用航空器主制造商根据自身和客户信息,改进民用航空器的可靠性或使用安全性,是对其自身生产技术改进的要求及对客户的一种技术服务措施。工程技术类主要有超手册修理方案、服务通告(SB)、服务信函(SL)、运营人信息通告(OIC)和机队技术活动报告(FTAR);飞行运行类主要有运行通告(OB)、飞行运行信函(FOT)和飞行机组操作手册通告(FCOMB)。在此仅介绍工程技术类中超手册修理方案、服务通告(SB)、服务信函(SL)的内容。

2.3.6.1　基本概念

1) 超手册修理方案

民用航空器交付客户运行,主制造商需提供给客户保证民用航空器正常运行的相关文件,通常编制成手册的形式,这些文件均在民用航空器交付客户前获得局方的批准或认可。这些经局方批准或认可的文件为客户提供了民用航空器航线及定期检查、维修的方法与程序,可供客户快速处理民用航空器航线运行过程中出现的问题,处理定期检查中发现的问题,但在实际的民用航空器运行中或多或少会出现超出这些手册文件规定的情况,此时,客户向民用航空器主制造商提出需求,主制造商编制超手册修理方案,经局方审批后,提供给客户实施修理。

超手册修理方案通常分为针对超过结构修理手册的结构修理方案和针对超过系统、设备手册等和偏离服务通告(SB)的其他修理方案。

2) 服务通告

服务通告是民用航空器主制造商根据自身与客户信息,对所生产的民用航空器的可靠性、安全性、维修性及性能进行改进的文件,是对客户的一种技术服务措施和对自身生产技术改进要求的文件。服务通告包括对民用航空器实施检查、重复检查、改装或使用寿命更改等的技术要求,通常依据飞机改装、部件更改、执行特定检查、质量逃逸问题的更改,发出服务通告(SB)。

根据服务通告所颁发的内容和执行期限,服务通告分为三类:普通类、重要类、紧急类。

(1) 普通类。在民用航空器服役期间,民用航空器主制造商在原设计的基础上,为了提高民用航空器性能、寿命、使用条件和环境进行的改进、改装所发出的 SB,客户根据情况执行。

(2) 重要类。针对原设计的设计缺陷及在使用中发生的问题,影响或危及民用航空器飞行安全等情况,需要对民用航空器实施改装、更换、检查、更改使用寿命所发出的 SB,客户需在 SB 规定的期限内执行。

(3) 紧急类。内容同重要类,是在短期内要完成的改装、更换、检查,是为了避免直接危及飞机安全而采取的紧急措施,客户需按 SB 规定的期限立即执行。

3) 服务信函

服务信函是民用航空器主制造商在不紧急的情况下,向客户以信函形式发布针对飞机系统和部件维护的一般或者特定的信息,不涉及对持续适航文件中已有技术内容的更改。这些信息通常包括:①产品改进、运行以及维护操作的技术信息;②系统部件差异及描述的技术信息;③通用的客户服务信息(政策、组织机构等);④飞机系统、客户服务以及产品的介绍;⑤低利用率维修方案的通告;⑥供应商技术信息的通知;⑦手册技术内容更改的通知;⑧参考维修程序类手册(如飞机维修手册、结构修理手册等)中某些维修程序的方式。也可用于告知客户协助开展事件调查、提供航线上某些运营/故障数据等需求。

4) 运营人信息通告

运营人信息通告是与运营人进行快速沟通的方式,告知运营人重要在役事件,提醒相关的重要信息(如维修程序、技术出版物的临时修订、服务通告、特殊的检查要求及方案等),或有关维护操作的总体信息(如果民用航空器主制造商认为有必要迅速通知运营人),以引起运营人的特别关注。

OIC 主要适用于以下几种情况：①对乘客、机组或者机务造成影响的重要在役事件信息通报；②与现有维护程序相关的重要在役事件信息通报，提醒运营人注意；③与现有维护程序相关的可能导致飞机运行可靠性或飞行性能降低的情况，提醒运营人注意；④适航指令 AD 的发布信息；⑤持续适航文件的重要修订信息；⑥能够提供飞机安全性的相关信息；⑦SB 相关信息，如内容的更正、增加重要的说明，或者需要紧急停止 SB 的贯彻；⑧以被局方批准或认可的程序中某些维修程序的方式，向客户传递非例行的结构或者系统件的机上检查要求及方案；⑨提前通知客户紧急或重要类 SB 的执行步骤和要求；⑩OIC 通常不涉及飞机的改装；⑪其他非技术的重要/紧急信息。

5）机队技术活动报告 FTAR

机队技术活动报告源在在役技术问题或事件，用于向所有运营人提供某个特定技术问题或事件的综合信息及改进计划的进展信息，且视情更新，直到确定最终解决方法时，此技术问题或事件才关闭。

FTAR 主要适用于以下几种情况：①特定技术问题的最新状态，如背景、严重性、临时措施、工程调查进展、最终措施、部件的可用性等；②产品改进的可行性、最新进展等。

2.3.6.2　流程分析

民用航空器主制造商采用服务文件与客户建立良好的关系，一方面解决自身型号设计中存在的缺陷、改进民用航空器的可靠性、安全性和维修性，另一方面，及时处理解决客户运行民用航空器过程中的使用困难、故障及超出手册规定的问题，客户服务文件管理的流程如图 2-57 所示。

图 2-57　客户服务文件管理流程

服务文件的业务过程包括：信息管理；资料传递管理；证据管理和知识管理子过程。相应子过程的关系如图 2-58 所示。

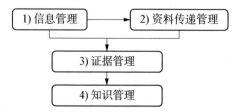

图 2-58　服务文件业务过程子过程关系示意图

1) 信息管理

编制服务文件均需要依据一定的信息来启动。编制超手册修理方案源于民用航空器运行中出现了超出手册的情况。编制服务通告 SB 的来源为：①持续适航体系中对事件初步风险分析提出的要求；②设计部门因纳入新工艺新技术对民用航空器持续改进或纠正设计缺陷及设计不合理而发出的设计更改；③因符合新规章而产生的设计更改；④特殊的检查需求。编制服务信函 SL 是存在下述信息有变化：①产品改进、运行以及维护操作的技术信息；②系统部件差异及描述的技术信息；③通用的客户服务信息(政策、组织机构等)；④飞机系统、客户服务以及产品的介绍；⑤低利用率维修方案的通告；⑥供应商技术信息的通知；⑦手册技术内容更改的通知；⑧参考维修程序类手册(如飞机维修手册、结构修理手册等)中某些维修程序的方式。编制运营人信息通告 OIC 必须基于下述信息的变化：①对乘客、机组或者机务造成影响的重要在役事件信息通报；②与现有维护程序相关的重要在役事件信息通报；③与现有维护程序相关的可能导致飞机运行可靠性或飞行性能降低的情况；④适航指令 AD 的发布信息；⑤持续适航文件的重要修订信息；⑥能够提供飞机安全性的相关信息；⑦SB 相关信息，如内容的更正、增加重要的说明，或者需要紧急停止 SB 的贯彻；⑧以被局方批准或认可的程序中某些维修程序的方式，向客户传递非例行的结构或者系统件的机上检查要求及方案；⑨提前通知客户紧急或重要类 SB 的执行步骤和要求等。编制机队技术活动报告 FTAR 必须是更新了下述状态：①特定技术问题的状态，如背景、严重性、临时措施、工程调查进展、最终措施、部件的可用性等；②产品改进的可行性状态等。

民用航空器主制造商内部依据设计、制造、试验试飞及客户服务分类，建立信息收集机制，各自负责其领域内的相关信息，收集的信息传递至客户服务部门，识别、判断是否符合编制服务文件的条件，确定编制何种类型的服务文件，相关责任人员编制服务文件，超手册修理方案和服务通告需提交局方审批后，发送至客户。客户收到服务文件，分为需要实施和不需要实施两类，不需要实施的服务文件，客户收到时即反馈收悉的信息。需要实施的服务文件也分为强制实施与选择实施两类，强制实施的服务文件，客户在服务文件规定的期限内实施，然后反馈实施情况，主制造商关闭信息。选择实施的服务文件，客户依据其类别与要求及自身情况决定是否实施，若客户决定实施，则在完成实施后反馈执行情况，主制造商关闭信息；若客户决定不实施，也需反馈不实施的情况，民用航空器主制造商关闭信息。服务文件过程中信息管理的流程如图 2-59 所示。

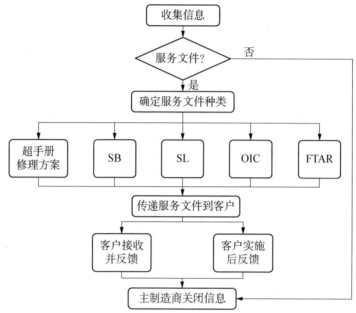

图 2‑59　服务文件过程中信息管理流程

2）资料传递管理

服务文件业务过程中由民用航空器主制造商编制的工程技术类服务文件，存在两类传递关系，一是传递至局方审批并接收局方的审批结论，另一是传递至客户实施（或接收）并接收客户实施（接收）后的反馈。两类传递之间存在先后关系，需局方审批的资料必须获得局方批准后，才能传递至客户。在局方审批需批准的资料时，时常需民用航空器主制造商提供一些参考资料以支撑审批，故服务文件传递至局方时，资料传递管理分为需批准和无需批准两类，其管理流程分别如图 2‑24 和图 2‑25 所示。传递至客户的资料传递管理的流程如图 2‑60 所示。

3）证据管理

服务文件业务过程支撑民用航空器符合适航规章和运行规章的证据，包括民用航空主制造商编制的各类服务文件及其支持材料、审查方对需批准服务文件的批准表和客户对服务文件执行情况与反馈信息等。

4）知识管理

服务文件业务过程中产生的资料均可纳入适航知识管理的范围，相应的资料可按如下分类：①信息类，包括各类信息来源、信息处理方式、信息处理结果，

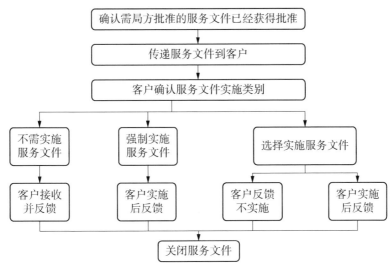

图 2 - 60   传递至客户的资料传递管理流程

按服务文件种类归类;②服务文件类,包括服务文件内容、审批状态、实施情况及结果,按服务文件种类归类;③审批资料,包括审批意见、审批结论等,按服务文件种类归类。服务文件业务过程知识管理的架构如图 2 - 61 所示。

图 2 - 61   服务文件业务过程知识管理示意图

2.3.7   国籍登记证和无线电执照的业务过程

《中华人民共和国民用航空法》(2021 年 4 月 29 日)规定民用航空器必须经中华人民共和国国务院民用航空主管部门依法进行国籍登记,具有中华人民共和国国籍,具备国籍登记证书,并应当在飞机机体上标明规定的国籍标志和登记标志,民用航空器不得具有双重国籍。

《中华人民共和国民用航空法》还规定民用航空器飞行时,需携带民用航空器国籍登记证书、民用航空器适航证书和无线电台执照。

《中华人民共和国民用航空器国籍登记条例》(2020 年 11 月),从通用规则、国籍登记、国籍标志和登记标志和临时登记等方面详细规定了中华人民共和国民用航空器国籍登记的要求。

2.3.7.1　基本概念

1）民用航空器国籍

体现民用航空器所有者所属国家身份特征的一种标识。

2）民用航空器国籍登记

国家主管机构对民用航空器国籍的注册管理。

3）民用航空器国籍登记证

国家主管机构颁发给民用航空器国籍注册管理标识的证件。

4）民用航空器临时国籍登记证

针对仅从事验证试验飞行、生产试验飞行、表演飞行、为交付或者出口的调机飞行和其他必要飞行的民用航空器颁发的一种国籍注册管理标识的证件。

5）国籍标志及登记标志

国籍的表达方式，中华人民共和国采用罗马体大写字母 B 作为民用航空器的国籍标志。中华人民共和国采用阿拉伯数字、罗马体大写字母或者二者的组合作为民用航空器登记标志。国籍标志置于登记标志之前，两者之间加一短横线。

6）民用航空器无线电台执照

民用航空器无线电台执照是合法设置，使用无线电台站的凭证。

2.3.7.2　流程分析

1）民用航空器临时国籍登记证

依据 CCAR‐45‐R2《民用航空器国籍登记规定》，民用航空器主制造商需为自己研制或生产交付的民用航空器申请临时国籍登记证，以满足研制阶段从事验证试验试飞的需求、满足生产交付阶段从事生产试验飞行和为交付或者出口的调机飞行的需求。民用航空器主制造商填写并提交民用航空器国籍登记申请书，提供相关证明其合法身份的文件；适航当局自收到民用航空器国籍登记申请之日起 7 个工作日内，对申请书及有关证明文件进行审查；经审查，符合CCAR‐45‐R2 规定的，在中华人民共和国民用航空器临时国籍登记簿上登记该民用航空器，并向申请人颁发中华人民共和国民用航空器临时国籍登记证书。民用航空器临时国籍登记证书的有效期自颁发之日起至变更登记或注销登记之日止。

临时国籍登记证的管理包含：申请、审查、登记和颁发。办理民用航空器临时国籍登记时需按中国民用航空局规定的格式填写并提交民用航空器国籍登记申请书,随附证明合法身份的文件;适航当局对申请书及有关证明文件进行审查;经审查确定符合规定的,在中华人民共和国民用航空器临时国籍登记簿上登记该民用航空器;颁发中华人民共和国民用航空器临时国籍登记证书。临时国籍登记证书可办理变更或注销登记。临时国籍登记证的管理流程参照前述章节中的证件管理。

2) 民用航空器无线电台执照

依据 CCAR-118TM《中国民用航空无线电管理规定》,民用航空器无线电台在启用前,需填报《民用航空无线电台执照申请表》,提交给民用航空局或地区管理局无线电管理委员会,经民用航空局或地区管理局无线电管理委员会检查电台性能符合规定标准后,由民用航空局无线电管理委员会颁发航空器无线电台执照。民用航空器无线电台执照管理过程包含:申请、检查和颁发执照,其管理流程参照前述章节中的证件管理。

2.4　适航体系管理

民用航空产业是衡量一个国家科技水平、工业水平和综合国力的重要标志之一,发展民用航空产业是国家振兴工业的必然选择,民用航空器研制是发展民用航空产业的最核心环节。

《中华人民共和国民用航空法》明确规定设计、制造和使用民用航空器必须持有国务院民用航空主管部门颁发的适航证书。这是民用航空器研制必须遵循的法规要求,也是民用航空器研制最重要的特征。要求承担民用航空器研制主体责任的民用航空器主制造商,必须向国务院民用航空主管部门提出适航证件的申请,开展各类适航证件的验证,经过国务院民用航空主管部门审查后获得相应的适航证件,通常称此过程为民用航空器主制造商的适航取证过程。建立相应的体制机制,形成强有力的适航体系,对适航取证过程实施有效的管控是民用航空器主制造商的必然选择。

构建体系,就是规定体系管控范围内所需要的组织机构、职责、程序和资源,通常采用体系手册规定组织机构、职责、程序和资源;运用程序、操作指南及表单规范体系运行的流程与方法。体系的架构通常为由一本手册、若干份程序文件、若干项操作指南及众多的表单构成的三角形层级结构。按适航当局的要求,构建各体系所编写的手册和程序文件均需提交适航当局审批,适航当局依据体系运行评审计划开展体系运行的审查,完成审查后适航当局批准相应的体系,民用航空器主制造商按照经适航当局批准的适航体系运行,与此同时,行使适航体系的权利。

基于对国外民用航空器主制造商的初步研究,结合国内民用航空器主制造商的具体实践,作为民用航空器研制主体的民用航空器主制造商所建立的适航体系,必须能保证其按适航要求研制飞机、能保证其研制的飞机符合适航要求、能保证其向适航当局和公众表明适航符合性的合理与正确、能保证其为民用航空器运营商持续提供保持运营中民用航空器持续适航性的解决方案,实现民用航空器全寿命周期的适航管理,不仅缩短民用航空器型号研制适航取证的周期,降低研制成本,而且通过快速处理运营商的航线问题,提升飞机乘客的满意度,节约航空公司运营成本,从而打造民用航空器主制造商的优质产品品牌,成为国民经济建设的主力军。

依据中国民用航空规章的要求,民用航空器主制造商建立的适航体系包括:①设计保证系统,保证型号合格证及其更改的过程符合适航要求;②持续适航体系,保证持续改进民用航空器设计,保障航线机队的运行安全;③生产质量保证体系,保证在经批准的质量体系下,按经批准的型号设计生产具备适航性的民用航空器;④运行支持体系,保证为民用航空器安全运行提供的培训、航材及技术支援及时有效;⑤适航知识体系,沉淀民用航空器主制造商在适航工作中的所有知识,为后续民用航空器研制提供适航取证方案与案例。适航体系架构如图 2 - 62 所示。

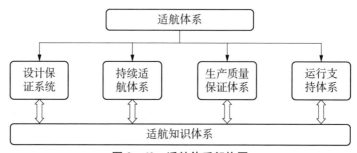

图 2 - 62　适航体系架构图

本节在描述各体系定义、作用、功能及内容的基础上,依据体系建立与维护、体系运行、知识管理和证据管理这四方面来分析各体系建立与运行所涉及的业务流程。

2.4.1　设计保证系统

《民用航空产品和零部件合格审定规定》(CCAR - 21 - R4)要求,型号合格证申请人需建立设计保证系统,并在型号合格证(TC证)颁发前得到局方批准。

《民用航空产品和零部件合格审定规定》(CCAR-21-R4)第21.473条要求型号合格证的申请人和持有人应当建立适当的设计机构,表明该设计机构已经建立并能够保持一个设计保证系统,对申请范围内的民用航空产品和零部件的设计、设计更改进行控制和监督。

《民用航空产品和零部件合格审定规定》(CCAR-21-R4)第十四章"设计保证系统"、《航空器型号合格审定程序》(AP-21-AA-2011-03-R4,已被AP-21-AA-2022-11替代,见6.2节)附录E等明确了设计保证系统、设计保证手册的内容及要求。

作为型号合格证申请人和持有人的民用航空器主制造商建立设计保证系统的目的是建立一种保证能力,这种能力体现在民用航空器主制造商的组织机构、人员资质、工作流程、监督管理等符合适用的适航规章要求;体现在民用航空器主制造商的设计机构能够依据适用的适航规章、环境保护要求及运行要求开展型号设计,验证型号设计对于上述要求的符合性;体现在民用航空器主制造商的设计机构有能力与严格的程序向适航当局表明适航符合性;体现在民用航空器主制造商的设计机构有能力正确履行规章规定的设计机构权利,并以此逐步提升自主适航的能力。与此同时,民用航空器主制造商通过有效运行设计保证系统,以增强适航当局对于民用航空器主制造商申请型号合格证的信心和信任,并认同其建立并维护的设计保证系统能够系统地保证型号设计对适航规章、环境保护要求及运行要求的符合性。

2.4.1.1　基本概念

1) 设计保证

设计保证就是为了充分表明其具有以下能力所必需的、全部的、有计划的、系统性的措施:

(1) 依据适航规章、环境保护及运行要求开展飞机型号设计及更改;

(2) 确认并验证型号设计及更改对适航规章、环境保护及运行要求的符合性;

(3) 向局方演示型号设计及其更改对适航规章、环境保护及运行要求的符合性。

2) 设计保证系统

设计保证系统指为了落实设计保证所规定的设计保证措施而定义的组织机

构、职责、程序和资源。

3）设计保证手册

设计保证手册用于描述落实设计保证措施所需的组织机构、职责、程序和资源。

4）责任经理

设计机构中能对本单位满足适航规章所规定的要求负责，并有权为满足所规定的要求支配本单位的人员、财产和设备的人员。

5）适航经理

设计机构中由责任经理授权对设计保证系统进行管理和监督并直接向责任经理负责的人员。

6）设计保证系统的能力清单

设计保证系统的能力清单为体现设计机构的设计工作的类型，获得设计批准的民用航空产品的种类，以及关于民用航空产品的适航和环境保护方面设计机构履行的职责。该能力清单作为设计保证系统的一部分，需纳入设计保证手册，并实施管理。

7）设计机构的权利

当适航当局批准民用航空器主制造商所建立的设计保证系统时，根据其设计保证系统的能力清单和设计保证系统的相关程序，其设计机构可享有：申请型号合格证、补充型号合格证；确认设计更改是"大改"或者"小改"的分类；批准设计小改；批准修理方案的权利，也就是民用航空器主制造商在获得某型号合格证后，有权利确认 TC 证后设计更改是"大改"或者"小改"、批准设计小改和批准修理方案。

8）设计保证系统的更改

组成设计保证系统的组织机构、职责、程序和资源中，任何一项的任何内容的更改均称为设计保证系统的更改。这些更改可能会对表明符合性或者民用航空产品的适航和环境保护有显著影响，已获得设计保证系统批准的民用航空器主制造商需验证这些影响符合适航规章的要求，通过修订设计保证手册纳入更改，并保证更改后的设计保证系统有效运行。

9）设计保证系统的职能

设计保证系统具备设计、适航和独立监控三大职能：

设计职能——根据适用的适航规章和环境保护要求，生成与飞机及相关产品（发动机）、零部件和设备相关的型号设计资料和符合性验证资料；根据适用的适航规章和环境保护要求,生成与设计更改、对经批准设计资料的制造偏离(让步或不符合)的工程处理方案相关的型号设计资料和符合性验证资料;根据适用的适航规章和环境保护要求,为在役飞机提供持续的设计技术支持(例如,持续适航文件、维修设计等)。

适航职能——向局方表明、证实和演示与飞机及相关产品(发动机)、零部件和设备相关的型号设计资料和符合性验证资料对适用的适航规章和环境保护要求的符合性;向局方表明、证实和演示与设计更改、对经批准设计资料的制造偏离(让步或不符合)的工程处理方案相关的型号设计资料和符合性验证资料对适用的适航规章和环境保护要求的符合性;协助客户持续保持在役飞机的持续适航性。

独立监控职能——对公司设计保证手册及其相关程序文件的充分性、适宜性、有效性开展监督,以确保公司设计保证系统正确地、高效地履行职责以及对CCAR-21部相关要求的符合性。

10) 设计保证系统适航独立核查功能

CCAR-21部在第4次修订时,特别增加了第十四章"设计保证系统",从设计保证系统及其人员、能力与更改、设计保证手册、设计机构的权利与责任等方面,明确了设计保证系统的功能与能力要求,其中,第21.473条的第(二)款中规定了设计保证系统应当具有确保独立地核查符合性声明的有效性和文件的符合性的功能,强调了对民用航空器主制造商自主适航的要求及对民用航空器主制造商适航能力的要求,明确了适航独立核查是落实设计保证系统确保主制造商的民用航空产品和零部件的设计或者设计更改符合适用的适航规章和环境保护要求的关键功能。

11) 适航工程师(airworthiness engineer,AE)

指民用航空器主制造商设置的具备资质,负责适航技术研究、适航符合性验证的专业技术人员。

12) 适航核查工程师(compliance verification engineer,CVE)

指民用航空器主制造商设置的具备资质并经其授权的,负责适航独立核查的专业技术人员。

13) 授权适航工程师(designated airworthiness engineer,DAE)

指民用航空器主制造商设置的具备资质并经其授权的,负责行使设计机构权利的专业技术人员。

14) 适航制造核查工程师(certifying staff,CS)

指民用航空器主制造商设置的具备资质并经公司授权,负责适航制造符合性核查的专业技术人员。

2.4.1.2　流程分析

民用航空器主制造商建立设计保证系统,旨在充分发挥自主适航的能力,从产品全生命周期出发保证所研制民用航空器的安全性,提升民用航空器的品质,保证民用航空器的高质量可靠运行。与设计保证系统相关的过程分为:①设计保证系统的建立与维护;②设计保证系统的运行;③知识管理;④证据管理。

1) 设计保证系统的建立与维护

建立与维护设计保证系统的过程即为《设计保证手册》及程序文件编制/更改,并获得局方批准的过程。在民用航空器主制造商研制的型号飞机取得型号合格证前,局方以批准《设计保证手册》的方式认可民用航空器主制造商所建立的设计保证系统,民用航空器主制造商获得设计保证系统的权利,并履行设计保证系统的责任。

民用航空器主制造商,在申请型号合格证前需编制设计保证手册及相应的程序文件。《航空器型号合格审定程序》(AP-21-AA-2011-03-R4,已被AP-21-AA-2022-11替代,见6.2节)附录E规定了民用航空器主制造商建立设计保证系统所编制《设计保证手册》的内容要求、管理要求、批准要求及更改批准的要求。针对此业务活动,可在信息化系统中依据上述程序中《设计保证手册》的内容要求,开发出《设计保证手册》的文件编辑器,供编辑生成/更改《设计保证手册》文本,并在相关系统中(如PDM管理系统)完成内部审签,再提交局方审批,其审批流程见图2-24批准/认可类资料传递管理流程图。设计保证系统涉及的程序文件,按民用航空器主制造商自身的程序管理要求编制/更改,并在相关系统中(如PDM管理系统)完成内部审签,再提交局方审批,其审批流程见图2-24批准/认可类资料传递管理流程图。设计保证系统能力清单可作为《设计保证手册》内容的一部分,随着民用航空器主制造商的型号研制实践而增长。在取得某型号的型号合格证前,《设计保证手册》由TC证审查组以型号合格审定信函的形式批准。

《设计保证手册》的内容要求如下:①按照规定的分类,对民用航空器主制造商已经具备的能力加以说明;②对民用航空器主制造商的机构及其主要部门、各部门的主要职能及负责人姓名的说明,对管理系统以及各部门之间职能关系的说明;③设计保证系统所有组成部分职责和授权的说明,并用图表表明设计保证系统与管理层及民用航空器主制造商机构中其他组成部分之间的职能分工与等级关系,以及设计保证系统内部的责任关系和对所有合作伙伴与设计/更改转包人工作的控制;④对型号合格证或型号设计批准书民用航空器主制造商的设计单位中与适航有关的所有工作途径的说明;⑤对型号合格证或型号设计批准书申请人的设计单位为实现其设计/更改的产品的持续适航性而采用的方法的说明,包括持续适航性措施涉及产品的生产时与生产单位的合作;⑥设计/更改和地面与飞行试验(适用时)所涉及的人力资源、设施和设备的说明;⑦工程图纸、规范与设计保证程序的现行有效更改的控制及将这些更改告知设计单位有关人员的体系的概述;⑧对记录情况的记录系统的说明;⑨对型号合格证的设计单位监控设计/更改、生产和服役中影响其产品适航性的问题和对问题作出反应的手段的说明;⑩型号合格证的设计单位授权签字人员的姓名,并列出被任命的人员及他们的具体责任;⑪对适航处/室的任务、胜任能力和责任范围的明确规定;⑫对建立和控制维护文件和营运文件的程序的说明;⑬描述为保证设计保证系统的有效性而对其进行持续评估(系统监控)的方法;⑭为局方的任何审查和检查提供积极的支持和必要的保障,以确保适航审查工作的顺利进行的程序和规定;⑮确保该手册的有效性、保证将手册及时提交给审查组的程序和规定。

AP-21-AA-2011-03-R4(已被 AP-21-AA-2022-11 替代)附录 E 还规定了民用航空器主制造商建立设计保证系统所必须接受的局方对该系统的审查,包括文件审查及现场审查,强调设计保证系统的现场要求为:①工作现场应有有效的《设计保证手册》及相关的工作程序等文件;②工作现场应符合《设计保证手册》的要求,所有人员(包括设计人员、试验人员、质控人员及管理人员等)应严格执行《设计保证手册》及相关工作程序等文件中的规定;③对设施、设备、材料、环境等方面的管理应符合经批准的程序的要求;④相关的证据表明已建立并能保持有效的设计保证系统,以监控产品的设计及更改的方方面面。

文件审查即为对《设计保证手册》及相关程序文件与适航规章的符合性开展审查,现场审查就是审查民用航空器主制造商是否按照《设计保证手册》及相关程序文件所描述的内容开展工作的情况,对民用航空器主制造商所建立的设计保证系统运行的正确性、有效性和一致性给出确认意见。无论是文件审查还是现场审查,发现的问题均通过审定信函的方式反馈意见。民用航空器主制造商接收此类审定信函,制定整改措施,实施整改,验证整改的有效性,提交相应证据,局方确认整改有效性,最后关闭审定信函,具体流程参见图 2-21 信函管理。

2) 设计保证系统的运行

设计保证系统的运行就是实施设计保证系统的设计、适航和独立监控三大职能,发挥设计保证系统的功能与作用。各职能所涉及的工作、流程与要求分析于下。

（1）设计职能。

与民用航空器研制相关的设计活动均归入民用航空器主制造商设计保证系统的设计职能,这些活动按照研制保证的双 V 流程描述为:需求识别及确认与验证、设计方案及验证、产品设计及制造、产品试验试飞验证、产品设计更改与验证。从研制民用航空器出发,民用航空器主制造商对上述流程均已建立相应的系统实施管控,如目前大多采用 DOORS 系统管理需求识别及确认与验证;运用 CATIA 等绘图工具开展产品设计及设计更改,PDM 系统管理产品设计及其更改、存储与发放型号设计资料、实施构型管理;运用 ERP 系统管理产品制造、不合格品处置等。

基于上述简要分析,设计保证系统中设计职能可描述为如下的过程:①需求识别、确认与验证过程(通常在 DOORS 系统中实现);②型号设计资料及其设计更改资料的生成过程与传递过程(通常在 PDM 系统中实现);③型号设计验证资料的生成与传递过程(通常在 PDM 系统中实现);④构型控制过程(通常在 PDM 系统中实现);⑤偏离工程处置过程(通常在 ERP 系统中实现);⑥项目计划、实施及评审过程(通常在 ERP 系统中实现)。上述①②③④⑤过程经过⑥串联起来形成民用航空器型号设计过程,而上述过程均包括参与设计的供应商所开展的设计、制造与验证过程,所以,作为民用航空器主制造商的设计职能,还需增加⑦供应商设计控制过程,以保证民用航空器研制过程中供应商承担的型号设计、制造与验证符合适航规章的要求。

设计保证系统保证民用航空器的适航性,体现在控制设计职能的型号设计生成与更改的过程,关键点是型号设计与更改必须依据适航规章与环境保护要求,经过符合性验证、向适航当局表明了对适航规章与环境保护要求的符合性,获得适航当局的批准,这些被批准的型号设计与更改能够正确、完整地传递至民用航空器制造与使用和维修机构并被正确使用;设计保证系统保证民用航空器研制过程符合适航要求,体现在控制设计职能的验证过程符合适航相关程序的规定。如果民用航空器主制造商未建立设计过程的相应信息系统,可在其规划设计过程的信息系统建设方案中纳入上述适航过程与关键点,以形成包含适航所有工作的信息系统。

如果民用航空器主制造商针对设计过程建立了相应的信息系统,在适航信息化系统中仅考虑适航业务过程与已有系统的接口关系,最重要的接口是型号设计与更改的适航批准,其业务流程可以看作在型号设计资料管控流程后,对接适航信息系统的资料提交流程,即可以通过上章节中图2-24批准/认可类资料传递管理流程来实现,在此不详述。

(2)适航职能。

归入民用航空器主制造商设计保证系统的适航职能的活动分类为:适航取证业务活动;履行设计保证系统功能的业务活动;行使设计保证机构权利的业务活动;设计保证手册、程序文件及系统能力清单建立与更改的业务活动。

a. 适航取证业务活动。

适航取证业务活动即为民用航空器主制造商获取适航证件的所有活动,已在章节2.3中描述,在此不再详述。

b. 履行设计保证系统功能的业务活动。

依据《民用航空产品和零部件合格审定规定》(CCAR-21-R4)第21.473条,"(二)该设计保证系统应当具有确保设计机构向局方提交符合性声明和相关文件之前,独立地核查符合性声明的有效性和文件的符合性的功能。"此条规定强调对民用航空器主制造商自主适航的要求及对民用航空器主制造商适航能力的要求,同时,阐明了适航独立核查是落实设计保证系统确保民用航空器主制造商的民用航空器和零部件的设计或者设计更改符合适用的适航规章和环境保护要求的关键功能。适航独立核查这一功能就是满足适航当局快速确认判断民用航空器主制造商设计保证系统是否能够保证所研制的航空产品符合适用的适航规章和环境保护要求这一需求的属性。民用航空器主制造商建立的设计保证系统适航独立核查功能,需设置相应的组织机构、职责、程序和资源来保证充分发挥其功能,才能控制与监督组织目标的实现、保证各环节的输出结果达到预期的目标。

适航独立核查这一功能的要素如下:对象——设计机构提交适航当局的符合性声明和型号相关文件(包含型号设计资料和符合性验证资料);内容——确认声明的有效性和文件的符合性;时间——设计机构向适航当局提交声明和文件之前;方式——独立开展。依据此要求,民用航空器主制造商需从设计保证系统顶层规划与设计实现适航独立核查功能的机制,机制中明确责任主体、职责与资质要求、工作流程与支撑工具以及技术规范等,同时,在设计机构内部设置一类专业技术人员作为开展适航独立核查工作的责任人,命名为适航核查工程师(CVE),其专业覆盖民用航空器研制涉及的所有专业。适航核查工程师需具备一定的资质,由其本人提出申请,经审核资质、培训、考核和评定后,由设计保证系统的适航经理批准后,纳入设计保证手册。适航独立核查功能的流程如图2-63所示。

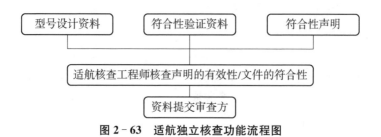

图 2 - 63 适航独立核查功能流程图

c. 行使设计保证机构权利的业务活动。

依据《民用航空产品和零部件合格审定规定》(CCAR-21-R4)第21.487条明确"建立了局方可接受的设计保证系统的设计机构,根据其设计保证系统的能力清单和设计保证系统的相关程序,享有如下权利:①可以申请型号合格证、补充型号合格证、改装设计批准书、零部件制造人批准书或者技术标准规定项目批准书;②确认设计更改是"大改"或者"小改"的分类;③按照第21.95条、第21.319条或者第21.369条批准小改;④按照第21.433条批准修理方案。"按此规定,建立了符合适航规章要求的设计保证系统并获得适航当局批准的民用航空器主制造商,具有且必须履行上述权利。履行设计机构权利的流程由下述子流程组成:申请证件;确认设计更改分类;批准设计小改;批准修理方案。各子流程描述如下。

(a) 申请证件。

作为民用航空器主制造商,通常仅涉及履行可以申请型号合格证、补充型号合格证的权利,涉及对上述证件的申请流程,已包含在2.3.1节型号合格证(TC证)取证过程和2.3.4节其他证件取证过程的描述中,在此不再详述。按CCAR-21-R4的要求,改装设计批准书MDA证由非TC证持证人申请,零部件制造人批准书或者技术标准规定项目批准书的申请人在"主制造商+供应商"的机制下,通常为供应商,也可为主制造商。

(b) 确认设计更改分类。

作为民用航空器主制造商,从保持产品适航性的角度出发,必须履行确认设计更改是"大改"或者"小改"的分类的权利。

根据《民用航空产品和零部件合格审定规定》(CCAR-21-R4)、《航空产品设计更改审定基础的确定程序》(AP-21-AA-2014-36)和《航空产品设计更改审定基础的确定方法》(AC - 21 - AA - 2014 - 36),型号设计更改分为实质性更改、重大更改和非重大更改:

实质性更改——指对民用航空产品的设计、动力、推力或者重量的更改过大,以致需要对该民用航空产品与适用规章的符合性进行实质的全面审查的更改;

重大更改——指未达到实质性更改的程度,对航空器产品级总体构型、构造原理或用于合格审定的假设的更改;

非重大更改——指型号设计更改中除实质性更改和重大更改以外的其他更改。

分析型号设计大改、小改和实质性更改、重大更改、非重大更改两种分类方式,可得其关系如图 2 - 64 所示。实质性更改和重大更改均属于型号设计大改,非重大设计更改包含设计小改和设计大改中除实质性更改及重大更改以外的其他设计大改。适航要求中提到了申请新型号的更改和增加新型别的更改。对于实质性更改,要求申请新的型号。对于未达到实质性更改程度的总体构型的重大更改,设计更改申请人通常会选择增加新的型别。是否增加新的型别与是否为重大更改之间没有必然的联系,即:增加新的型别不代表更改一定分类为重大更改;相反,保持原型别也不代表更改一定分类非重大更改。

图 2 - 64 型号设计更改分类关系

在确认型号设计更改分类前,需确定被更改的型号设计基准构型、设计更改所包括的物理更改和功能/性能更改、定义出更改及其影响的各区域、系统、部件或设备、确定设计更改对整个型号设计的影响,以此为基础,按表 2 - 21 型号设计更改类别判断准则,遵循图 2 - 65 型号设计更改类别判断流程图,对型号设计更改确认为"大改"后,再细化为实质性更改、重大更改、非重大更改和其他设计大改。确认为"小改"后,再细化为补充验证小改和非补充验证小改。当型号设计更改符合表 2 - 21 型号设计更改类别判断准则中大改判据的任一条时,判断为设计大改;当型号设计更改符合表 2 - 21 型号设计更改类别判断准则中实质性更改判据时,判断为实质性更改;当型号设计更改符合表 2 - 21 型号设计更改类别判断准则中重大更改判据的任一条时,判断为重大更改,当型号设计更改符合表 2 - 21 型号设计更改类别判断准则中需补充验证小改判据时,判断为补充验证小改。判断型号设计更改的准则如表 2 - 21 所示。

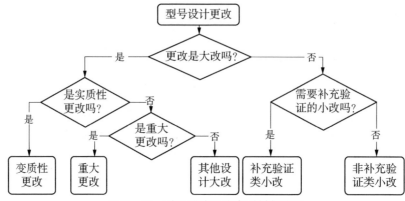

图 2 - 65 型号设计更改类别判断流程

表 2 - 21 型号设计更改类别判断准则

更改类别	判 断 准 则
大改	a) 更改对飞机的重量、平衡、结构强度、可靠性、使用特性以及对飞机适航性有显著影响
	b) 对用于审定基础的要求有新的解读,且之前未经局方作为咨询材料发布
	c) 在表明符合性方面,本设计更改所使用的符合性方法与产品在型号取证阶段或申请人在其他相似性产品类似更改上使用过的方法不同
	d) 为满足适航要求,需对大量的原已验证过的数据进行重新评估,或对大量的新数据进行验证
	e) 更改改变了适航限制或使用限制
	f) 更改为适航指令强制要求的(适航指令发布之前确定为小改的情况无需因为适航指令的发布重新确定分类)
	g) 更改增加或影响到了失效影响为灾难级或危险级的功能
实质性更改	对民用飞机的设计、动力、推力或者重量的更改过大,大量的之前用来表明符合性的设计模型、方法、手段不能再使用,需要重新进行验证的工作量过大,局方需对其进行深度地、全面地审查
重大更改	a) 对飞机原总体构型的更改。在产品级对总体构型进行更改,更改后的产品不同于其他型别
	b) 不再保持原构造原理的更改。在产品级对影响整个飞机运行特性或固有强度的材料及构造方法进行更改,可能需要补充大规模的验证工作以表明符合性

（续表）

更改类别	判　断　准　则
	c) 用于合格审定的假设不再有效的更改。在产品级对与符合性验证、性能或运行包线相关的飞机级假设进行更改,原先表明符合性的假设或方法不再成立
补充验证小改	更改对飞机重量、平衡、结构强度、可靠性、使用特性及适航性的影响较小,但未达到可忽略程度,需补充一定的验证工作以表明符合性
非补充验证小改	a) 包括物理方面和功能方面的更改量及涉及范围小
	b) 更改使用的材料、工艺、方法、元器件等是经批准的
	c) 更改对飞机重量、平衡、结构强度、可靠性、使用特性及适航性的影响可忽略
	d) 更改后的适航性是显而易见的,无需补充验证工作以表明符合性

履行此权利的流程描述如下,设计人员在编制设计更改方案时初步提出设计更改的分类,适航符合性核查工程师 CVE 核查设计更改分类的正确性,最终由授权适航工程师 DAE 批准该设计更改的类别,相关流程如图 2 - 66 所示。

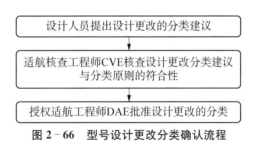

图 2 - 66　型号设计更改分类确认流程

(c) 批准设计小改。

作为民用航空器主制造商,从保持产品适航性的角度出发,必须履行按照第 21.95 条、第 21.319 条或者第 21.369 条批准小改的权利。

设计更改适航验证管理流程在 2.3.1.2 节中已经描述,参见图 2 - 5 TC 证过程中子过程的相互关系示意图中的 10)设计更改适航验证管理子过程,该子过程流程见图 2 - 29,此图为通用流程,履行设计保证系统权利即授权适航工程师 DAE 针对设计小改实施批准,也就是在图 2 - 29 流程中由授权适航工程师 DAE 替代审查方的角色。

设计小改依据表 2-21 型号设计更改类别判断准则分为补充验证小改和非补充验证小改。

完成上节中设计更改分类确认后,针对非补充验证小改,无须编制设计更改的审定计划(CP),直接由设计人员依据设计更改方案完成型号设计,适航核查工程师(CVE)核查型号设计与规章标准的适航符合性,最终由授权适航工程师(DAE)批准型号设计,此经批准的型号设计定期进入型号合格数据单(TCDS),并作为产品生产依据传递至生产环节,同时转换为客户服务文件传递至航空运营与维修单位。流程如图 2-67 所示。

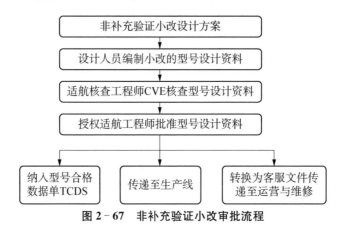

图 2-67　非补充验证小改审批流程

完成上节中设计更改分类确认后,针对补充验证小改,需编制设计更改的审定计划(CP),具体流程见图 2-29,将其中的审查方换为授权适航工程师(DAE)。

(d) 批准修理方案。

作为民用航空器主制造商,从保持产品适航性的角度出发,必须履行按照第21.433 条批准修理方案的权利。

依据第 21.433 条修理方案,如果修理方案对飞机的重量、平衡、结构强度、性能、动力装置工作、飞行特性有显著影响或者影响适航性的其他特性,应当按照 CCAR-21 部规章的第二章、第三章或者第四章的适用要求,申请设计大改批准;此外,如果修理方案超出了航空器或者航空器部件制造厂家持续适航文件的规定,应当就修理方案的内容向局方申请批准后才能实施。民用航空器主制造商履行设计保证系统权利批准修理方案,就是在此流程中替代局方的角色。具体为民用航空器主制造商的维修工程技术人员编制修理方案,适航核查工程师(CVE)核查修理方案的符合性,授权适航工程师(DAE)批准修理方案,经批准的修理方案传递至维修单位实施,如图 2-68 所示。

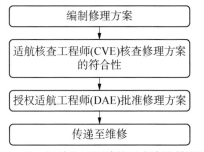

图 2 - 68 设计保证系统修理方案审批流程

d. 设计保证手册、程序文件及系统能力清单建立与更改的业务活动。

此过程为建立与维护设计保证系统的过程,参见本节中的 1)条。

(3) 独立监控职能。

CCAR - 21 部第 21.473 条要求,设计保证系统具备独立地监督对设计保证手册规定的程序的符合性和充分性,并且具有反馈机制,向承担落实纠正措施职责的个人或者部门提供反馈。即要求设计保证系统建立具备独立监控职能相应的机制与程序。一般民用航空器主制造商均建立有满足 AS9100 的质量体系,该体系标准也要求建立监督机制,在此体系程序中增加设计保证系统的相关要求,协调一致对企业开展独立监督,也就满足了规章对设计保证系统具备独立监控职能的要求。

a. 独立监控的内容与要求。

设计保证系统开展独立监控,就是针对设计保证系统开展文件审核和现场审核,相关的审核要求如下:

(a) 文件审核。

目的是检查程序文件的充分性、适宜性、有效性和可操作性,确保其满足设计保证系统的相关要求,包括对设计保证手册(含供应商设计保证大纲)和相关程序文件的检查,确认①设计保证手册和相关程序文件内容覆盖 CCAR - 21 的要求;②设计保证手册和相关程序文件内容及引用资料合理准确;③设计保证手册和相关程序文件覆盖整个设计保证系统;④设计保证手册和相关程序文件与当前设计保证系统实际运行一致,真实反映设计保证系统的运行情况;⑤设计保证手册和相关程序文件是否符合预期运行要求。

(b) 现场审核。

目的是检查设计保证系统实际运行与适航规章、设计保证系统相关要求、相关程序文件的符合性,确认①工作现场是否有现行有效的设计保证手册或相关程序文件;②工作现场所有人员(设计人员、试验人员、质控人员及管理人员等)是否严格执行设计保证手册或相关程序文件的规定;③设计保证系统实际运行是否满足预期运行效果;④现场人员是否能积极配合审核活动。

b. 独立监控的方式。

开展设计保证系统独立监控的方式为日常监控和集中审核监控。

(a) 日常监控。

设计保证系统的日常监控针对下述内容开展:①报告可能影响设计保证系统正常运行的任何组织机构的变更、识别出来的问题、缺陷和需要的改进;②手册及程序文件的评审;③跟踪内外部监控发现问题的归零情况;④与局方沟通协调,及时报告设计保证系统的变化。

图 2-69 设计保证系统独立监控日常监控流程

日常监控采用举手机制,一旦发现上述内容的变化,设计保证系统内任何一员均可举手,通过填报信息的方式报告设计保证系统运行中发现的问题,适航职能部门定期评估问题,制定整改措施,并落实整改,相关情况报告局方。具体流程如图 2-69 所示。

(b) 集中审核监控。

设计保证系统的集中审核监控为在一个集中的时间段内,对设计保证系统专题/过程进行审核、发现问题、提出整改的活动。集中审核包括文件审核和现场审核两方面的内容。一次集中审核可能涉及设计保证系统的一个专题/要素、多个专题/要素甚至覆盖设计保证系统全部专题/要素。根据不同研制阶段对设计保证系统的需求、关键问题和局方的关注等实际情况选取集中审核的专题/要素。集中审核可以设置一个周期,在周期内完成的集中审核应能全面覆盖设计保证系统的全部专题/要素。对于在日常监控、前期集中审核或局方设计保证系统审核中发现问题较多、较复杂的专题/要素或单位/部门,需增加审核频次。

集中审核流程通常包括:成立独立监控审核组、拟定集中审核的专题/要素/审核对象、发出审核通知/日程计划、召开独立监控审核组准备会(按需)、召开首次会议(按需)、实施审核、召开末次会议(按需)、编制集中审核总结报告、跟踪问题项/建议项的整改情况。具体流程见图 2-70 所示。

图 2‑70 设计保证系统独立监控集中审核监控流程

3）知识管理

设计保证系统建立与维护及运行过程中产生的资料均可纳入适航知识管理的范围，相应的资料可按如下分类：①手册及程序类，包括体系手册及相应的程序文件，按体系手册与程序文件归类；②审查过程类，包括体系文件评审和现场评审的意见与纠正措施以及措施验证状态等、体系运行中行使权利和履行职责的记录；③审批资料，包括审批意见、审批结论等。设计保证系统知识管理的架构如图 2‑71 所示。

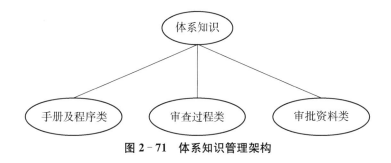

图 2‑71 体系知识管理架构

4）证据管理

设计保证系统建立与维护及运行过程支撑体系符合适航规章和运行规章要

求的证据,包括民用航空主制造商编制的体系手册和程序文件及其支持材料、审查方对需批准体系手册和程序文件的批准/认可信函、体系文件评审和现场评审的意见与纠正措施以及措施验证状态等、体系运行中行使权利和履行职责的记录。

2.4.2　持续适航体系

适航性是民用航空器具备安全性水平的一种设计属性,是指在预期的使用环境中和在经申明并被核准的使用限制之内运行时,民用航空器(包括其部件和子系统、性能和操纵特性)的安全性和物理完整性。而在民用航空器的运营中,由于在标准制定或标准符合方面可能存在未探明的变化,设计缺陷和制造缺陷可能引起不可预计的综合失效,以及可能存在意料之外的操作条件或者环境条件等因素,实际的适航风险水平可能会高于设定标准的情况。由此,保证民用航空器的持续适航性、提升机队的安全运行能力,成为民用航空器主制造商必须承担的责任。依据国际民航组织及各国适航当局颁布规章的要求,民用航空器主制造商需建立持续适航体系,以收集民用航空器的不安全信息,分析其安全风险,制定改进/改正措施,从而提升机队运行的安全风险水平,保证民用航空器的持续适航性。

2.4.2.1　基本概念

1) 持续适航

民用航空器在其使用寿命内的任何时间都符合其型号审定的适航要求及登记国的强制适航要求,并始终处于安全运行状态。

2) 持续适航体系

民用航空器主制造商基于及时、有效地识别和解决潜在的民用航空器产品安全问题而建立的持续改进民用航空器安全水平,提升民用航空器机队安全运行能力的保障体系。

3) 持续适航体系管理手册

持续适航体系管理手册用于描述落实持续适航措施所需的组织机构、职责、程序和资源。

4) 持续适航事件

影响或者可能影响飞机安全的信息。

5) 故障

工作超出规定界限的事件状态。

6）故障树

是一种特殊的倒立树状逻辑因果关系图,它用事件符号、逻辑门符号和转移符号描述系统中各种事件之间的因果关系。逻辑门的输入事件是输出事件的因,逻辑门的输出事件是输入事件的果。

7）故障树分析

指利用故障树,通过对可能造成航空产品故障的硬件、软件、环境、人为因素进行分析,从而确定产品故障原因的各种可能的组合方式和(或)发生概率的过程。

8）失效

系统、零部件失去原有设计所规定的功能或发生故障的状态。

9）单点失效

指系统单个组件、部件或元件的失效,包括任何一组无法表明相互之间独立的失效。

10）级联失效

一种由于前面故障的存在而使其发生概率显著增加的失效。

11）缺陷

产品不满足预期的使用要求或合理期望的一种状态。

12）风险

某一特定危险情况发生的可能性和后果的组合。

13）定性分析

用主观的、非数量化的方式评估民用航空器安全性的分析过程。

14）定量分析

用基于统计和数据的方法评估民用航空器安全性的分析过程。

15）不安全状态

若通过运行经验、分析或试验发现有以下实际证据,则认为存在不安全状态。

(1) 事件的发生会导致灾难性后果,通常表现为飞机失事,降低飞机或机组在不利运行状态下的操控能力,到一定程度时可能会造成:安全边际量或功能能力大幅度降低、机组身体不适或超负荷工作以至于不能精准地执行其任务、对机上人员造成严重或致命的伤害。

除非表明上述这类事件发生的概率在适航要求的限定之内。

(2) 存在不可接受的风险,会对飞机以外的人员造成严重或致命的伤害。

(3) 用于减小事故对生存影响的设计特性不能正常发挥其应有的功能。

16）不安全状态措施时限

指从受影响飞机的安全问题得到确定开始直至风险水平达到设定适航风险指标的单架飞机最大暴露时间。在该时限里，允许受影响飞机在未采取任何纠正措施的情况下继续运营，认为受影响飞机仍在可接受风险水平之内。

17）事件调查

对事件进行分析和调查，找出问题发生的根本原因，并提出建议的改正/改进措施。

18）事件链

指一串按时间排列的事件顺序，它由某些偶发事件（初因事件）引起，通过一个或多个中间事件的作用，最后导致特定的后果。如果事件链的后果状态是一个事故，就称为事故链。

19）经验型设计需求

为防止相似事件在当前研制或未来研制的飞机上再次发生而提出的，用于改进完善或重新定义研制飞机过程中设计规范与操作理念的设计需求，是研制过程中需求捕获的重要输入，是一种考虑长远问题的经验总结结果。

2.4.2.2　流程分析

依据中国适航当局发布的《型号合格证持有人的持续适航体系要求》（AC‑21‑AA‑2013‑19），民用航空器主制造商承担研制民用航空器的持续适航责任，必须建立、维护与运行持续适航体系。与持续适航体系相关的过程分为：①持续适航体系的建立与维护；②持续适航体系的运行；③知识管理；④证据管理。

1）持续适航体系的建立与维护

建立与维护持续适航体系的过程即为《持续适航体系管理手册》及程序文件编制/更改，并获得局方批准的过程。在民用航空器主制造商研制的型号飞机首架交付运营时，局方批准持续适航体系。

《型号合格证持有人的持续适航体系要求》（AC‑21‑AA‑2013‑19）中规定《持续适航体系管理手册》的内容包括：①批准证明和修订控制；②持续适航体系的说明和政策；③持续适航体系的管理机构及其职责；④持续适航体系的工作内容及相应支持程序和标准；⑤委托单位的管理；⑥持续适航相关会议的管理；⑦记录和存档的管理；⑧审核和监督。同时规定，民用航空器主制造商可随申请型号合格证一起申请《持续适航体系管理手册》的批准，也可单独申请批准。申请时需提交：①型号合格证持有人负责适航安全的副总经理签署的申请函件；②符合咨询通告（AC‑21‑AA‑2013‑19）要求的符合性声明；③持续适航体系管理手册报批版。

此过程通过两种方式开展,文件审查和现场审查。

文件审查的目的是确认手册和相应的程序文件与局方要求的符合性,此过程为民用航空器主制造商编制/更改《持续适航体系管理手册》及程序文件,提交局方开展文件审查;依据局方审查中发现问题的反馈意见,修改手册及程序文件。局方在审核并确认符合咨询通告的要求后,在《持续适航体系管理手册》有效页清单上签字,以批准民用航空器主制造商的持续适航体系。民用航空器主制造商发布此签字版手册作为运行持续适航体系的指导文件。

现场审查的目的是确认民用航空器主制造商按照制定的手册和程序文件运行持续适航体系的状态是否文实相符。民用航空器主制造商针对局方现场审查发现的问题制定整改措施,并实施整改,经局方核实整改措施有效后,关闭问题。

体系建立与维护的过程中包含:通过信函提交申请,具体流程参照图2-21信函管理流程图;资料提交局方审查,具体流程参照图2-25参考类资料传递管理流程图;审查会,具体流程参照图2-20会议管理流程图;问题及意见管理,具体流程见图2-72所示。

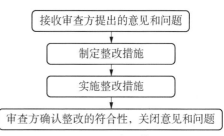

图 2-72 问题及意见管理流程图

2) 持续适航体系的运行

AC-21-AA-2013-19《型号合格证持有人的持续适航体系要求》中规定了民用航空器主制造商持续适航体系的工作内容为:事件收集、事件判定、事件调查、制定与管理改进/改正措施、向局方报告等。从持续适航体系的定义出发,其作用与功能可描述为:收集信息、识别问题、判断事件、分析安全风险、调查事件原因、制定与落实改进/改正措施。故持续适航体系运行的过程包含:①事件收集;②事件筛选;③风险评估;④事件调查;⑤制定与管理改进/改正措施;⑥持续适航经验总结;⑦向局方报告。相关流程如图2-73所示。

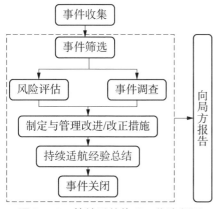

图 2-73 持续适航体系工作流程图

（1）事件收集。

持续适航体系从六方面收集事件信息：运行/维修信息（机组报告、维修信息、运行信息、使用困难报告、事故报告），此类信息由民用航空器主制造商的客户服务部门负责收集；设计信息（设计分析和实验中发现的问题、供应商提供的信息、飞行试验和地面试验中发生的问题、设计质量复查中发现的问题、后续型号研发过程中发现前型号的设计问题），此类信息由民用航空器主制造商的设计部门负责收集；客户服务信息（培训、支援过程中发现的影响或可能影响飞机安全的信息），此类信息由民用航空器主制造商的客户服务部门负责收集；试飞信息（试飞问题处理单、不安全事件报告单、现场偏离单等试飞过程中发现的问题），此类信息由民用航空器主制造商的试飞部门负责收集；制造信息（生产过程中发现的问题、质量偏离、试验中发现的问题），此类信息由民用航空器主制造商的生产部门负责收集；局方信息（规章修订草案、适航指令、关于非型号/型号合格证持有人的航空器信息报告），此类信息由民用航空器主制造商的适航部门负责收集。所有来源的信息收集到后需进行一个判断，当确定为影响或者可能影响在役飞机安全时，即判断为持续适航事件，进入持续适航体系的后续工作流程，此过程涉及收集信息、判断是否为持续适航事件、形成事件报告和关闭信息等环节，具体流程如图2-74所示。

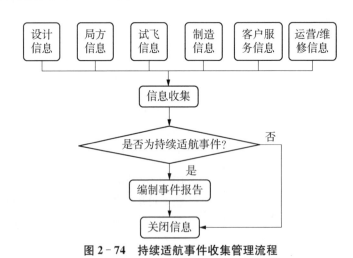

图2-74 持续适航事件收集管理流程

（2）事件筛选。

持续适航体系中将事件的风险水平依据按对飞机的影响、对乘员的影响和对飞行机组的影响，所造成的后果严重等级由大到小划分为：红色、橙色、黄色和绿色。红色,表示事件风险水平不可接受;橙色,表示事件风险水平不可接受;黄色,表示事件风险水平可容忍;绿色,表示事件风险水平可接受。

在完成上一步判断为持续适航的事件后,需对持续适航事件进行筛选,筛选出红色事件立即采取临时措施以缓解风险,筛选出绿色事件予以关闭,并对红/橙色、黄色事件实现初步筛选后,启动风险评估流程。具体事件筛选流程如图 2-75 所示。

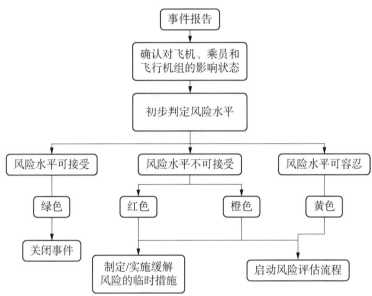

图 2-75 持续适航事件筛选管理流程

（3）风险评估。

针对事件筛选为红色/橙色和黄色事件开展分析工作,给出问题根本原因、受影响飞机、风险水平、措施时限以及机队措施方案（临时、最终）,确保因设计、制造、运营和维修引起的不安全状态得到全部识别并控制。持续适航事件风险评估工作流程如图 2-76 所示。

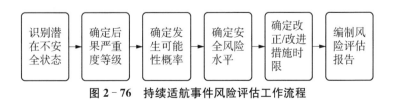

图 2-76 持续适航事件风险评估工作流程

a. 识别潜在不安全状态，即识别该事件存在或可能导致的潜在不安全状态，建立事件链以及确定机队受影响范围。以实际证据为基础，从关注事件本身，或是从关注事件与其他事件、失效、运行环境等结合的角度，考虑设计研发阶段没有预计的故障模式，确定事件最严重的实际后果和潜在后果，按飞行（还可细化为飞行特性、操纵性能等）、结构、系统和发动机等方面逐项分析，以识别出某一事件相关的潜在不安全状态。在判断某潜在不安全状态是否包含在适航审定阶段系统安全性分析范畴之内（即 CCAR‐25.1309 条要求，包括已分析过、未分析过的失效模式）的前提下，建立潜在不安全状态（从初因事件发展到不安全后果）的因果关系链。如果在，则在适航审定阶段系统安全性分析结果（如 SSA、FHA、FTA、CCA、FMEA 等）基础上对所关注事件进行更新或补充，快速建立从初因事件发展到不安全后果的因果关系链以及明确与其他失效模式之间的关联关系。如果不在，可采用故障树、事件树、马尔可夫等分析方法来构建事件链模型，在分析初因事件的本质与影响的同时，建立定量概率评估模型。在此过程中还需分析不安全状态对运行的影响，确定出在役、在制飞机范围中那些可预见存在该不安全状态或者受到不安全状态影响的所有飞机。

图 2‐77　潜在不安全状态判断流程

基于以上描述，可在信息系统中设置依据判断准则对事件开展潜在不安全状态判断的流程、事件链建立流程及潜在不安全状态与机队的关联流程。潜在不安全状态判断流程如图 2‐77 所示。事件链建立流程可纳入故障树、事件树、马尔可夫等分析方法，已有成熟的商业软件。潜在不安全状态与机队的关联流程，可通过在潜在不安全状态判断流程中增加相应的操作来实现。

b. 确定后果严重程度等级，即通过定性方法来分析确定潜在不安全状态的后果严重性等级。通过从以下几个方面分析该潜在不安全状态对飞机、飞行机组以及乘客和客舱机组等人员的实际影响或者潜在影响，并与表 2‐22 所示的后果严重性等级定义进行比较，以其中最严重影响所对应的等级为最终结果。

此过程可以结合在潜在不安全状态判断流程中设置。

表 2 - 22 后果严重性等级

序号	严重性等级	对飞机的影响	对飞行机组的影响	对人员的影响
1	灾难的	一般会损毁	死亡或丧失(执行任务的)能力	绝大部分死亡
2	危险的	极大地降低功能能力或安全裕度	身体不适或过分的工作负担削弱了执行任务的能力	个别人员遭受严重伤害或死亡
3	较大的	明显地降低功能能力或安全裕度	身体不舒适或明显地增加工作负担	身体不适,可能出现受伤
4	较小的	轻微地降低功能能力或安全裕度	轻微地增加工作负担	身体不舒适
5	无安全影响	对运行能力或安全无影响	对飞行机组无影响	不便利

c. 确定发生可能性概率,即通过定性或定量方法来分析潜在不安全状态发生的可能性概率。发生可能性概率通常由每飞行小时平均发生概率来表示,即对受影响机队在某个运行期间(或关注时段内)所预期发生的某个失效状态次数除以受影响机队预期的总运行小时数的一种表示。某个运行期间通常是指飞机运行的整个寿命周期;当在整个寿命周期内每飞行小时平均发生概率无法合理反映每飞行小时的发生概率时(如疲劳损伤、老化失效、早期失效等每飞行小时发生概率随时间变化有较大变化的情况),可按需对整个寿命周期进行分段计算。

在确定发生可能性概率的过程中,无论是定性分析或者定量分析,都需考虑失效类型情况(早期失效、随机失效以及损耗失效)、观测到事件的失效概率、未观测到事件的隐性失效概率和失效概率的不确定性这些因素。针对事件因果关系链中各基本事件的特点,根据确定的受影响机队范围,从各类数据源中收集并整理每架飞机的实际运营数据,确定失效类型,可依据工程经验采用表 2 - 23 中的表述开展定性概率评估,亦可根据前述潜在不安全状态的事件链示意图,定量计算由初因事件导致不安全后果发生的可能性概率,此类定量计算的方法可借助于目前已有的商业软件开展,故在此流程中,仅记录事件不安全状态发生可能性概率的定性或定量分析与计算的结果,结合在潜在不安全状态判断流程中设置。

表 2 - 23　发生可能性概率对应表

序号	定性概率	定义	定量概率(P)
A	频繁的	在每架飞机的总寿命期内,预计会不断地发生	$1\times10^{-3}<P$
B	不经常的	在每架飞机的总寿命期内,预计会发生一次或多次	$1\times10^{-5}<P\leqslant1\times10^{-3}$
C	微小的	在每架飞机的总寿命期内不太可能发生,但考虑该型号一定数量飞机的总运行寿命时,预计会发生几次	$1\times10^{-7}<P\leqslant1\times10^{-5}$
D	极微小的	在每架飞机的总寿命期内预期不会发生,但考虑该型号所有飞机的总运行寿命时,预计会发生很少几次	$1\times10^{-9}<P\leqslant1\times10^{-7}$
E	极不可能的	在该型号所有飞机的整个运行寿命期内,预计都不可能发生	$P\leqslant1\times10^{-9}$

　　d. 确定安全风险水平,即按照安全风险标准来评估确定受影响飞机安全风险水平。通常采用如图 2 - 78 所示的风险矩阵,依据后果严重性等级与发生可能性概率之间存在反比关系来确定受影响机队的安全风险水平。

发生可能性概率	后果严重性等级				
	无安全影响 5	较小的 4	较大的 3	危险的 2	灾难的 1
A 频繁的 $1\times10^{-3}<P$	5A [绿] <15>	4A [黄] <13>	3A [橙] <8>	2A [红] <3>	1A [红] <1>
B 不经常的 $1\times10^{-5}<P\leqslant1\times10^{-3}$	5B [绿] <19>	4B [黄] <14>	3B [橙] <9>	2B [红] <5>	1B [红] <2>
C 微小的 $1\times10^{-7}<P\leqslant1\times10^{-5}$	5C [绿] <22>	4C [绿] <18>	3C [黄] <12>	2C [橙] <7>	1C [红] <4>
D 极微小的 $1\times10^{-9}<P\leqslant1\times10^{-7}$	5D [绿] <24>	4D [绿] <21>	3D [绿] <17>	2D [黄] <11>	1D [橙] <6>
E 极不可能 $P\leqslant1\times10^{-9}$	5E [绿] <25>	4E [绿] <23>	3E [绿] <20>	2E [绿] <16>	1E[1] [黄] <10>

图 2 - 78　风险矩阵图

风险水平标准定义:

不可接受风险:如果风险处于红色或橙色区域,则该风险是不可接受的,必

须立即或者在一定期限内采取缓解/控制风险的改正/改进措施,直至将风险降低到可接受风险水平;

可容忍风险:如果风险处于黄色区域,则该风险是可容忍的,可视情采取缓解/控制风险的改正/改进措施,在特定的缓解情况下是可接受的,但要求对其进行持续地追踪与监控;

可接受风险:如果风险处于绿色区域,则该风险是可接受的,无须对其采取任何缓解/控制风险的改正/改进措施;也无须对该风险进行主动关注,但必须记录下来。

此过程中需设计依据每一事件的上述各环节结论,自动生成此风险矩阵图的程序,可在不安全状态判断流程中设置成结果输出。

e. 确定改正/改进措施时限,即根据受影响飞机安全风险水平来分析确定用于风险缓解/控制的改正/改进措施时限。

不安全状态措施时限(简称措施时限)是指从受影响飞机的安全问题得到确定开始直至风险水平达到设定适航风险指标的单架飞机最大暴露时间,如图 2-79 所示。在该时限里,允许受影响机队在未采取任何改正改进措施的情况下继续运营,认为受影响机队仍是安全的。

当受影响机队的安全风险水平为红色或橙色时,则需要确定相应的不安全状态措施时限。

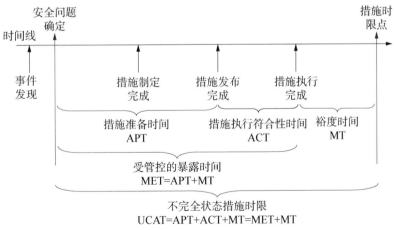

图 2-79 不安全状态措施时限示意图

确定不安全状态措施时限有多种方法,在现有的信息系统中按事件记录分析出的不安全状态措施时限结果,可在潜在不安全状态判断流程中关联红/橙色事件。

f. 编制风险评估报告。完成上述子流程后,记录所有的分析与判断情况,形成事件的风险评估报告,其主要内容包括:①背景;②事件描述;③原因初步分析(历史失效、系统原理分析、相似机型情况、直接原因、受影响范围);④风险评估(潜在不安全状态、后果严重度、发生可能性、风险水平、措施符合性时间)。

此过程可设计一个文档编辑器,固定格式与标题,由编制人按上述主要内容的栏目填写,填写完成后自动生成风险评估报告,并完成报告的审签流程,再提交局方。

(4) 事件调查。

事件调查就是对事件进行分析和调查,找出问题发生的根本原因,并提出建议的改正/改进措施,即最大限度地全面获取与事件相关的资料和信息的过程。通过现场调查、收集证据、相关试验,了解事件的基本情况,从顶事件开始逐级向下分析,找出最有可能导致顶事件发生的根原因,识别不安全因素。

针对事件从以下方面开展根原因分析:①原始设计和设计目的;②产品或者功能的使用是否超出原始设计;③产品或者功能的情况;④系统的复杂性;⑤制造过程;⑥其他。常用的分析方法与工具有:头脑风暴法、德尔菲法和根原因分析法。这些方法有其相应的统计工具,也有相应的算法商业软件,直接引入系统即可。最重要的是最终形成事件调查报告,通常事件调查报告包含:①事件发生过程描述;②基本事实情况;③原因分析;④调查结论;⑤安全方面的建议。

可设计一个文档编辑器,固定格式与标题,由编制人按上述主要内容的栏目填写,填写完成后自动生成事件调查报告,并完成报告的审签流程,再提交局方。

(5) 制定与管理改进/改正措施。

制定机队改正/改进措施是持续适航体系机队安全风险控制的重要环节,持续适航事件经过危险识别和风险评估过程,如果被评定为不可接受风险,则必须采取相应措施,降低其严重程度和(或)可能性,使机队继续安全运行;而在机队还没有采取措施将风险减至可接受或可容忍程度之前,则应考虑限制性的措施避免继续高风险运行。

依据 ICAO Doc 9859《安全管理手册》,通用的安全风险缓解措施类型为:①避免(活动或因相关安全风险无法被容忍,或与相关利益相比被视为不可接受而被暂停);②降低(由于采取了措施缓解了相关后果,使得某些安全风险是可以接受,此时,与风险相关的严重程度和可能性有所降低);③风险隔离(采取措施切断与危险相关的潜在后果,或采取多重防范措施,防止受影响)。具体的改正/改进措施方法如表 2-24 所示。

表 2-24 改正/改进措施方法

名称	类型说明	输出
检查	对机上某个部件或区域进行检查以降低风险	检查类 SB
改装	对型号设计进行更改	改装类 SB
限制	某些风险无法消除或消除的代价无法接受时,为了保证机队继续安全运行,增加限制条件来避免风险	OB、FOT 等客户服务文件
修订手册	对技术出版物手册进行修订,向客户提供降低风险所采取措施的程序等技术内容	技术出版物手册
培训	对机组、机务等相应人员进行培训,提供降低风险所采取措施的程序,提高程序执行的有效性	培训资料
通告	告知客户重要的事件或信息,引起客户的特别关注	OIC、SL、FTAR 等客户服务文件

依据事件风险评估分析的情况,按安全风险缓解措施类型,确定出具体的改正/改进措施,可在潜在不安全状态判断流程中与事件建立关联关系。表 2-24 中的输出可链接至 2.3.6 节中描述的相关过程。

(6) 持续适航经验总结。

持续适航事件经验总结的目的是应用运行经验改善飞机设计和运行的各个方面,使实际经验以有效方式得到系统化地使用,从而改进飞机性能与特性,提高飞机的安全性、可靠性、可用性、可维护性,降低成本;提高飞机产品质量;降低在役飞机改装的数量和成本;提高人/机接口的兼容性;提高用户需求的满意度。主要通过建立经验型设计需求来开展。

经验型设计需求分为影响运行安全性和/或可靠性的管理过程和影响系统设计、生产、安装和/或可用性的技术过程两种类型,均定义为技术性活动本身层级(Level 1)和用于指导活动的设计准则层级(Level 2)两个层级,采用主题选择、关联经验型设计需求簇识别、经验型设计需求生成和反复迭代这 4 个步骤开展,最终生成经验型设计需求清单,传递到设计开展设计优化工作。

生成经验型设计需求清单的过程较为复杂,推荐先行记录过程的结果,在潜在不安全状态判断流程中与事件建立关联关系。

（7）向局方报告。

持续适航体系运行中各环节形成的信息均应报告局方，这些包括：收集信息完成判断后，形成的事件报告，依据事件筛选后标识为红、橙、黄、绿的情况设置相应报告的时间要求，如红色事件必须立即报告局方，另外，依据 CCAR-21 部发生 21.5 事件时，也必须立即生成事件报告向局方报告；风险评估环节形成的风险评估报告经审查后提交局方，同理，后续环节的事件调查报告、改正/改进措施报告和经验总结报告均需经审查后提交局方。报告局方的过程可采用图 2-25 参考类资料传递管理流程图。

3）知识管理

持续适航体系建立与维护及运行过程中产生的资料均可纳入适航知识管理的范围，相应的资料可按如下分类：①手册程序类，包括体系手册及相应的程序文件，按体系手册与程序文件归类；②审查过程类，包括体系文件评审和现场评审的意见与纠正措施以及措施验证状态等、体系运行中行使权利和履行职责的记录；③审批资料，包括审批意见、审批结论等。持续适航体系知识管理的架构如图 2-71 所示。

4）证据管理

持续适航体系建立与维护及运行过程支撑体系符合适航规章和运行规章要求的证据，包括民用航空主制造商编制的体系手册和程序文件及其支持材料、审查方对需批准体系手册和程序文件的批准/认可信函、体系文件评审和现场评审的意见与纠正措施以及措施验证状态等、体系运行中行使权利和履行职责的记录。

2.4.3　生产质量保证体系

依据《民用航空产品和零部件合格审定规定》（CCAR-21-R4）第 21.137 条质量系统的要求，作为生产许可证的申请人或者持有人的民用航空器主制造商应当建立生产质量保证体系，确保所生产的民用航空产品及其零部件均能符合经批准的设计并处于安全可用状态。生产质量保证体系需包括：设计资料控制程序、与设计批准的申请人或者持有人的协调、文件控制程序、系统人员能力和资格的说明、供应商控制程序、制造过程控制程序、检验和试验程序、检验、测量和试验设备的校准和控制程序、检验和试验状态的记录程序、不合格的民用航空产品和零部件的控制程序、纠正和预防措施的程序、搬运和存储的程序、质量记录的控制程序、内部审核的程序、航空器维护的程序。第 21.138 条质量手册要求,作为生产许可证申请人或者持有人的民用航空器主制造商应当提供一份描述质量系统的手册供局方评审。

作为生产许可证申请人/持证人的民用航空器主制造商建立生产质量保证体系的目的是建立一种保证能力,这种能力体现在民用航空器主制造商的组织机构、人员资质、工作流程、监督管理等符合适用的适航规章要求;体现在民用航空器主制造商的生产机构能够生产出符合经局方批准的型号设计的航空产品,并保证航空产品处于安全可用状态;体现在民用航空器主制造商的生产机构能够按局方批准的质量体系控制与生产航空产品生产相关的检验检测、工艺过程、不合格品处置、航空产品搬运和存储、航空产品质量记录及质量体系内部审核等活动;体现在民用航空器主制造商的生产机构有能力正确履行规章确定的生产机构权利,并以此逐步提升自主适航的能力。与此同时,民用航空器主制造商通过有效运行生产质量保证体系,以增强适航当局对于民用航空器主制造商生产出符合适航规章航空产品的信心和信任。

2.4.3.1 基本概念

1) 生产质量保证体系

民用航空器主制造商基于依据经批准的型号设计,实施有效的民用航空器生产,而建立的管控民用航空器生产过程、提升民用航空器质量品质的保障体系,其落实按批准型号设计生产所需要的组织机构、职责、程序和资源。

2) 生产质量保证手册

生产质量保证手册用于描述落实生产质量保证措施所需的组织机构、职责、程序和资源。

3) 质量计划

对特定的组织,规定由谁及何时应用程序和相关资源的规范。

4) 符合性文件

用于表明符合 CCAR‐21 和质量系统审查准则(QSAC)的生产质量保证手册和程序文件。

其他基本概念参见 2.3.2 节。

2.4.3.2 流程分析

依据中国适航当局发布的《生产批准和监督程序》(AP‐21‐AA‐2019‐31),民用航空器主制造商承担民用航空器的生产质量保证责任,必须建立、维护与运行生产质量保证体系。与生产质量保证体系相关的主要过程分为:①生产质量保证体系的建立与维护;②生产质量保证体系的运行;③知识管理;④证据管理。

1）生产质量保证体系的建立与维护

生产质量保证体系的建立与维护的过程即为《生产质量保证手册》及程序文件编制/更改，并获得局方批准的过程。在民用航空器主制造商研制的型号飞机获取生产许可证时局方批准生产质量保证体系。

《民用航空产品和零部件合格审定规定》(CCAR－21－R4)第 21.138 条质量手册中规定民用航空器主制造商向局方提供的《生产质量保证手册》需包括第 21.137 条中所要求的下述内容：①设计资料控制程序；②文件控制程序；③供应商控制程序；④制造过程控制程序；⑤检验和试验及其设备的校准、控制程序和记录程序；⑥不合格品控制程序；⑦内部审核及纠正和预防措施的控制程序；⑧搬运和存储的程序；⑨航空器维护的程序；⑩系统人员能力和资格的说明。民用航空器主制造商通常在预期获得型号合格证前一年内申请生产许可证，此时需提交《生产质量保证手册》供局方审查，此过程通过两种方式开展，文件审查和现场审查。

文件审查的目的是确认手册和相应的程序文件与局方要求的符合性，此过程为民用航空器主制造商编制/更改《生产质量保证手册》及程序文件，提交局方开展文件审查；依据局方审查中发现问题的反馈意见修改手册及程序文件。局方审核并确认符合 CCAR－21－R4 部的要求，在民用航空器主制造商获得型号合格证后，采用信函批准民用航空器主制造商的《生产质量保证手册》，民用航空器主制造商发布此批准版手册作为运行生产质量保证体系的指导文件。

现场审查的目的是确认民用航空器主制造商按照制定的手册和程序文件运行生产质量保证体系的状态是否文实相符。民用航空器主制造商针对局方现场审查发现的问题制定整改措施，并实施整改，经局方核实整改措施有效后，关闭问题。

上述过程即为 2.3.2 节中 PC 证验证任务的过程，在此不再赘述。依据质量系统审查准则确定的 PC 证验证任务，有编制相应的管理程序提交局方审批，此类任务为文件评审；还有接受局方的现场审查确认，此类任务为现场评审。

2）生产质量保证体系的运行

民用航空器主制造商所建立的生产质量保证体系，需履行保证生产的产品符合经批准的型号设计和保证生产过程、设施与环境符合适航规章对质量体系要求的职责，运行生产质量保证体系就是按局方批准的《生产质量保证手册》及相关程序开展相关的工作，从而履行职责，主要的控制过程为：①设计资料控制;②制造过程控制;③不合格品控制;④内部审核及纠正预防措施的控制程序。

民用航空器主制造商大都采用数据管理系统(PDM)来管理型号合格(TC)证取证过程中所形成的设计资料(包括供应商设计的型号设计资料)、管理设计资料的传递与归档存储,也就是上述①的控制过程;采用企业资源计划(ERP)系统管理整个生产过程,包括管理生产任务计划、管理物料配送、管理产品检验检测,也就是上述②的控制过程;采用质量管理系统管理不合格品处置、管理内部审核及纠正预防措施,也就是上述③和④的控制过程。

如果民用航空器主制造商未建立生产过程的相应信息系统,可在其规划生产过程的信息系统建设方案中纳入上述适航过程与关键点,以形成包含适航所有工作的信息系统。如果民用航空器主制造商针对生产过程建立了相应的信息系统,在适航信息化系统中仅考虑适航业务过程与已有系统的接口关系,最重要的接口是经批准型号设计与更改资料准确地传递到生产过程中和生产过程中不合格品的处置流程需局方介入。前者对接适航信息系统的资料提交流程,后者对接图 2-24 批准/认可类资料传递管理流程,在此不详述。

民用航空器主制造商所建立的生产质量保证体系,需行使体系具有的不经审查方特别检查即可获得 AC 证的权利。生产质量保证体系经审查方批准后,民用航空器主制造商按经批准的设计完成航空产品的生产后,不经审查方特别检查即可获得 AC 证,此过程已在 2.3.3 节中描述,在此不再赘述。

3) 知识管理

生产质量保证体系建立与维护及运行过程中产生的资料均可纳入适航知识管理的范围,相应的资料可按如下分类:①手册程序类,包括体系手册及相应的程序文件,按体系手册与程序文件归类;②审查过程类,包括体系文件评审和现场评审的意见与纠正措施以及措施验证状态等、体系运行中行使权利和履行职责的记录;③审批资料,包括审批意见、审批结论等。生产质量保证体系知识管理的架构如图 2-71 所示。

4) 证据管理

生产质量保证体系建立与维护及运行过程支撑体系符合适航规章和运行规章要求的证据,包括民用航空主制造商编制的体系手册和程序文件及其支持材料、审查方对需批准体系手册和程序文件的批准/认可信函、体系文件评审和现场评审的意见与纠正措施以及措施验证状态等、体系运行中行使权利和履行职责的记录。

2.4.4　运行支持体系

民用航空器作为特殊的商品,除了设计和制造满足相应适航标准外,根据用途和使用环境,其运行和维修还要满足相应运行规章的要求,以保证持续飞行安全的要求。作为民用航空器主制造商建立的运行支持体系,目的是保证航空器在符合适航标准的基础上,还能够达到型号设计符合预期的运行环境和运行管理要求,旨在支持民用航空器的研制、生产交付、运行并在全寿命周期内持续满足运行规章要求和客户需求,为民用航空器运行人的训练、维修、航材、地面设备等方面提供基本保证,在全寿命周期内采取必要的持续改进,并形成一种保障民用航空器良好运行状态、始终处于安全可用状态的技术支持能力。

2.4.4.1　基本概念

1) 运行支持

为民用航空器在全寿命周期内持续满足运行规章要求和客户需求所提供的训练、维修、航材、地面设备等技术支持。

2) 运行支持体系

运行支持体系指为了落实运行支持所规定的运行支持措施而定义的组织机构、职责、程序和资源。

3) 关键人员

为保证运行支持体系的有效运行,体系设置的一类责任人员,该类人员具备相应的专业背景和工作经历,并经过合适的培训,专职负责体系职责的具体工作。通常设置有以下专业的人员:飞行技术人员(含飞行教员、飞行工程师)、维修工程师、运行法规专家、航材工程师、各类教员(飞行/地面、维修、签派、客舱等)、飞行模拟训练设备维护与管理工程师、维修和维修管理人员。

4) 运行支持管理手册

运行支持管理手册用于描述落实运行支持措施所需的组织机构、职责、程序和资源。

5) 运行符合性设计

在民用航空器设计上充分考虑运行的要求,包括符合运行规章的要求、适合预期使用环境、能有效控制使用和维修成本等需求。

6) 维修支持

民用航空器主制造商建立维修支持网络,为民用航空器的运营提供定期检修和部件检修、航材和地面设备供应、工程技术支援等维修活动,这些活动需符合适航当局的合格审定要求。

7）人员训练

运行支持体系中的人员训练是指民用航空器主制造商建立的，为民用航空器正确运行所需的驾驶、维修、客舱、运行控制等人员提供训练的活动。此类活动需满足适航当局的相关规章要求。

8）运行文件

民用航空器的运行文件指为保证航空器在经批准的运行范围内得到正确使用提供信息而编制的相应文件。

9）持续适航文件

民用航空器的持续适航文件是指为航空器使用、维修及其他保持民航空器持续适航所制定的限制、要求、方法、程序和信息，民用航空器所安装的发动机、螺旋桨、机载设备与航空器接口的信息，民用航空器机载设备和零部件的维修方法、程序和标准等编制的相应文件。

2.4.4.2　流程分析

依据中国适航当局发布的《航空器制造厂家运行支持体系建设规范》（MD-FS-AEG006），航空器制造厂家是指型号合格证持证人，即民用航空器主制造商，为使民用航空器能符合运行规章的要求，必须建立、维护与运行运行支持体系。与运行支持体系相关的过程分为：①运行支持体系的建立与维护；②运行支持体系的运行；③知识管理；④证据管理。

1）运行支持体系的建立与维护

运行支持体系的建立与维护的过程即为《运行支持管理手册》及程序文件编制/更改，经局方评估认可的过程。依据《航空器制造厂家运行支持体系建设规范》（MD-FS-AEG006）的要求，《运行支持管理手册》的主要内容为：①体系的组织及职责；②体系的功能；③体系的工作流程及要求；④体系内部审核。

此过程通过两种方式开展，文件评估和现场评估。

文件评估的目的是确认手册和相应的程序文件与局方要求的符合性，此过程为民用航空器主制造商编制/更改《运行支持管理手册》及程序文件，提交局方开展文件评估；依据局方审查中发现问题的反馈意见修改手册及程序文件。局方在审核并确认符合相关要求后，认可民用航空器主制造商的《运行支持管理手册》，民用航空器主制造商发布此认可版手册作为运行支持体系运行的指导文件。

现场评估的目的是确认民用航空器主制造商按照制定的手册和程序文件实施运行支持体系运行的状态是否文实相符。民用航空器主制造商针对局方现场评估发现的问题制定整改措施,并实施整改,经局方核实整改措施有效后,关闭问题。

此过程涉及提交手册和程序文件供局方评估,具体流程参照图 2 - 24,批准/认可类资料传递管理流程图;此过程中涉及审查会,具体流程参照图 2 - 20 会议管理流程图;此过程涉及问题及意见管理,具体流程如图 2 - 72 所示。

2) 运行支持体系的运行

运行支持体系的运行,就是执行体系支持航空器研制、生产交付、运行、提供训练、维修、航材、地面设备等服务的基本任务。通常,运行支持体系运行的主要过程包含:①运行符合性设计;②人员训练;③运行和持续适航文件管理;④维修支持;⑤使用信息收集和处理流程。以上均为独立的过程,分别分析如下。

(1) 运行符合性设计。

运行符合性设计的主要工作流程是结合民用航空器的研制开展,即识别出运行规章的相关要求,纳入型号设计中,形成民用航空器的相应功能,以保证民用航空器在运行过程中满足相关运行规章的要求。依据 MD - FS - AEG004《运行符合性清单的编制及应用》,在民用航空器获得型号合格证前,形成运行符合性清单,由航空器评审人员认可此清单,并作为民用航空器运行人申请运行合格证的资料。但目前该 MD 文件已经作废,改为由民用航空器主制造商编制此清单,但航空器评审人员不再评审认可此清单。在适航信息系统中可考虑设计形成此清单的编辑器,在完成型号设计的过程中依据 CCAR - 91 - R4《一般运行和飞行规则》、CCAR - 121 - R7《大型飞机公共航空运输承运人运行合格审定规则》和 CCAR - 135R3《小型商业运输和空中游览运营人运行合格审定规则》的相关要求,按运行场景逐步生成运行符合性清单。清单示例如表 2 - 25 所示。

表 2 - 25　运行符合性清单示例表

序号	型号	条款	题目	子项目	安装要求/要求	实际安装/说明	参考文件/说明
1	×××	91.403	按目视飞行规则运行的仪表和设备	磁罗盘	一个		
2				计时表	一个		
3				灵敏气压高度表	一个		
4				空速表	一个		
5				防撞灯光系统	涡轮动力固定翼飞机要求		
...							

（2）人员训练。

运行支持体系需为所研制型号航空器提供符合相关运行规章的要求飞行、维修及其他必要人员所需的相关机型培训，具体内容为：①编制建议的机型训练规范；②模拟训练设备的研制；③训练机构获得必要的资格批准。需培训的人员为飞行机组人员、乘务人员和维修人员；需建设的培训设施为飞行模拟器、乘务及维修训练设备；上述训练机构中维修培训机构需依据《民用航空器维修培训机构合格审定规则》(CCAR‐147R1)获得资质认证。上述培训设施中飞行模拟器需依据《飞行模拟训练设备管理和运行规则》(CCAR‐60‐R1)获得资质认证。针对飞行机组的培训机构需依据《民用航空器驾驶员学校合格审定规则》(CCAR‐141R3)和《飞行训练中心合格审定规则》(CCAR‐142)获得资质认证，因民用航空器主制造商仅负责机型培训，无须按CCAR‐141R3申请相应的资质认证，但需申请CCAR‐142的资质。申请局方审定相关资质的过程，参照2.3章节中的证件管理流程实施管理。机型训练规范编制与提交局方认可的过程，参照图2‐24批准/认可类资料传递管理流程。模拟训练设备的研制过程，由民用航空器主制造商的相关过程管理，不包含在适航信息系统中，仅体现提交局方相关资料的过程，参照图2‐25参考类资料传递管理流程。

（3）运行和持续适航文件管理。

为保证民用航空器安全运行，始终处于持续适航状态，民用航空器主制造商需编制相应的运行文件和持续适航文件。运行文件包括飞行手册、飞行机组操作手册、快速参考手册、载重平衡手册、偏差放行指南（包括主最低设备清单MMEL和外形缺损清单CDL）、客舱机组操作手册。其中，在民用航空器研制中，满足型号合格审定基础CCAR‐25部条款要求，生成飞行手册（包含CDL）和载重平衡手册。飞行手册需型号合格审定批准，载重平衡手册需型号合格审定和航空器评审均批准。持续适航文件按照实际的用途，一般分为维修要求、维修程序和构型控制等类别，每一类文件都可以按一本或多本手册的形式编制。包括适航性限制项目（ALI）、审定维修要求（CMR）、结构修理手册（SRM）、计划维修要求（SMR）和主最低设备清单（MMEL）；前三项需型号合格审定批准，后二项需航空器评审批准或认可。除飞行手册和载重平衡手册是满足CCAR‐25部的其他条款外，其他项目均作为满足型号合格审定基础25.1529和25.1729的符合性文件，型号合格审定批准的项目需在获取型号合格证前获得批准，航空器评审批准或认可的项目，若在获取型号合格证前未被批准或认可，此时需制定详细的批准与认可计划，保证在首架飞机交付航空器运行人前获得批准或认可。

此过程涉及提交局方审批的流程,参照图 2 - 24 批准/认可类资料传递管理流程。

（4）维修支持。

维修是保证航空器持续适航的基本工作,维修支持也是决定航空器可持续使用寿命的决定因素。民用航空器主制造商需对所研制型号飞机提供全方位的维修支持服务,具体开展如下工作:①建立各级飞机定期检修及部件维修能力,并获得 CCAR - 145 部的批准;②建立与机队规模和布局相适应的航材供应能力,包括建立最低库存、航材运输保障、AOG 订货等全面的航材供应服务;③为民用航空器运行人或第三方机构建立航线维修或定期检修能力提供需要的专用工具设备支持;④为民用航空器运行人或第三方机构在飞机运行或维修过程中遇到的工程技术问题提供支援,包括涉及的设计更改批准。针对①中申请局方审定相关资质的过程,参照 2.3 节中的证件管理流程实施管理。针对②和③中的航材供应管理流程和专用工具设备管理流程,可借用生产系统中库房管理的流程,由于不涉及局方,可不纳入适航信息系统,但其中航材涉及适航检查和挂签,其流程参照 2.3.4 节中适航标签流程。针对④中的提供工程技术问题的支援,参照图 2 - 72 问题及意见管理流程;若涉及设计更改,参照 2.3.1 节中证后设计更改的相关流程和 2.3.6 节中的服务文件业务流程。

（5）使用信息收集和处理流程。

使用信息的收集和处理是航空器持续适航工作必不可少的重要环节,也是适航规章和运行规章都提出要求的工作。全面及时地收集、记录和处理用户反馈的信息,不仅为民用航空器提供及时、有效的快速响应,同时,为所研制机型积累全面的可靠性数据。此流程参照图 2 - 74 信息收集管理流程。

3）知识管理

运行支持体系建立与维护及运行过程中产生的资料均可纳入适航知识管理的范围,相应的资料可按如下分类:①手册程序类,包括体系手册及相应的程序文件,按体系手册与程序文件归类;②审查过程类,包括体系文件评审和现场评审的意见与纠正措施以及措施验证状态等、体系运行中行使权利和履行职责的记录;③审批资料,包括审批意见、审批结论等。运行支持体系知识管理的架构如图 2 - 71 所示。

4）证据管理

运行支持体系建立与维护及运行过程支撑体系符合适航规章和运行规章要求的证据,包括民用航空主制造商编制的体系手册和程序文件及其支持材料、审查方对需批准体系手册和程序文件的批准/认可信函、体系文件评审和现场评审的意见与纠正措施以及措施验证状态等、体系运行中行使权利和履行职责的记录。

2.4.5　适航知识体系

适航知识体系基于适航体系中其他体系构筑形成。建设的目的在于收集、归类与整理民用航空器主制造商在各型号适航取证工作的各类信息,形成内容丰富的信息库,整理积聚形成有关联的适航知识;构建信息与知识的相互关系、型号设计与验证过程的相互关系、验证所生成数据与适航性证据的相互关系;在对所收集信息整理与数据分析的基础上,不断优化适航体系中各类过程的管控与监测方法;通过向局方表明适航符合性并被确认的过程数据分析,形成型号验证的证据链,为型号运行检索证据;为形成民机行业适航标准、为适航当局自主制修订适航规章积攒基础数据;为民机产业链的型号研制提供验证案例。

2.4.5.1　基本概念

1) 知识

知识是人类在实践中认识客观世界(包括人类自身)的成果,它包括事实、信息的描述或在教育和实践中获得的技能。知识是人类从各个途径中获得的经过提升总结与凝练的系统认识。

2) 适航知识

适航知识是民用航空器主制造商开展适航工作中所需的,由局方发布的适航规章、程序、政策等形成的和民用航空器主制造商开展型号适航工作中所形成的包括局方观点的一类特殊的知识。

3) 知识体系

知识体系指的就是把大量不同的知识点系统、有序、指向性明确地组合成某种类型的知识架构。

4) 适航知识体系

适航知识体系就是按一定规划与架构归类建立的一系列存在相互关系的适航知识的集合。

5) 知识图谱

知识图谱,即一种特殊的语义网络,它利用实体、关系、属性这些基本单位,以符号的形式描述了物理世界中不同的概念和概念之间的相互关系。

6）知识挖掘

知识挖掘是从数据集中识别出有效的、新颖的、潜在有用的，以及最终可理解的模式的非平凡过程。

2.4.5.2　流程分析

民用航空器主制造商的适航知识体系基于适航体系中其他体系构筑形成，其具有积聚知识、检索证据和提供案例等功能。适航知识体系包括的主要过程为：①适航知识体系的建立与维护；②适航知识体系的运行。

1）适航知识体系的建立与维护

依据适航知识的定义，其所包含的内容范围，利用知识图谱的理念构建民用航空器主制造商的适航知识体系的第一层级架构，如图 2－80 所示。参照此方法可针对每一模块构建出各自的知识图谱，还可以继续一层一层地分解，最终形成一张网状图。而适航知识体系构建的目的是通过收集民用航空器主制造商在适航取证活动中使用和产生的各类信息与数据，建立信息与知识的相互关系、型号设计与验证过程的相互关系、验证所生成数据与适航性证据的相互关系，运用知识挖掘的方法生成使用者所需的适航知识。也就是收集各类体系建立、维护和运行中使用与产生的各类信息与数据，形成有相互关联的知识数据库，再通过常规归类的方式呈现出来。适航知识体系依据 2.3 节、2.4.1 节、2.4.2 节、2.4.3 节、2.4.4 节和 2.5 节中所描述的相应业务范围内适航知识管理的内容建立与维护。

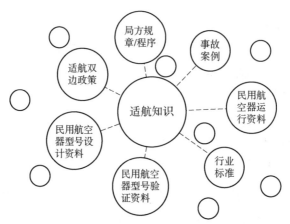

图 2－80　适航知识体系的第一层级架构

2）适航知识体系的运行

适航知识体系的运行，即为任何需求适航知识的人员提供适航知识查询、适航知识复制的服务。目前,关于搜索查询的方法较多,可针对适航知识获取者的角色来设置搜索查询的路径与方法,此要求在数据采集中关联产生数据的途径与人员角色;也可采用一般的关键字路径法进行精准或模糊查询;还可采用知识挖掘的方法提供适航知识查询。适航知识复制就是系统提供查询获得数据的输出,这一过程可针对适航知识的类别设计成免费或有偿的模式。

2.5　适航人员管理

民用航空器全寿命周期涉及多种类别的适航工作,民用航空器主制造商内部通常设置适航主管作为相应适航工作的责任人,针对适航主管设置有资质要求、培训要求、考核要求,无授权要求,不列入本章节培训、考核与授权管理的范围。在型号取证过程中,需作为申请人的民用航空器主制造商向适航当局提交制造符合性声明,故设置制造符合性声明签署人员(delegated representative,DR),需列入本节培训、考核与授权管理的范围。

依据中国民用航空局颁布的规章《民用航空适航委任代表和委任单位代表管理规定》(CCAR - 183AA - R1),民用航空器主制造商需培养一批被局方授权的委任代表,以支撑所研制民机型号的适航取证工作,此类人员需按规章的要求,在具备资质条件的人员中选拔、经过培训、考核合格并获得适航当局的授权。

适航体系的有效运行依托对体系适航人员资质管理,在体系中所设置的各类人员,必须满足与角色相适应的资质条件,经过培训考核合格,获得授权后才可担当体系的职责,行使体系赋予的权利。

构成适航体系的设计保证系统中设置有:责任经理、适航经理、适航工程师(AE)、适航核查工程师(CVE)、授权适航工程师(DAE)和制造核查工程师(CS)。责任经理和适航经理是依据其职责范围,在《设计保证手册》中明确由相应职务的人员担任,不列入本章节培训、考核与授权管理的范围,但需记录相关的人员信息,其他人员需纳入本章节培训、考核与授权管理的范围。设计保证系统还涉及承担设计职能的设计人员,设计人员需满足设计岗位的资质要求、培训要求、考核要求,无授权要求,此类人员不列入本章节培训、考核与授权管理的范围。

构成适航体系的持续适航体系中未设置特殊的资质人员,仅设置有持续适航事件适航主管,其由设计保证系统中的适航工程师担任。持续适航体系采用委员会的形式保证运行,即在民用航空器主制造商公司层面设置持续适航体系委员会(主任、副主任和成员)、持续适航体系技术委员会(主任、副主任和成员)

和持续适航体系委员会办公室(主任、副主任和成员)。此类人员在《持续适航体系管理手册》中明确由相应职务的人员担任,不列入本章节培训、考核与授权管理的范围,但需记录相关的人员信息。

构成适航体系的生产质量保证体系设置有:责任经理、质量经理、生产经理、工程经理、适航经理。此类人员依据其职责范围,在《生产质量保证手册》中明确由相应职务的人员担任,不列入本章节培训、考核与授权管理的范围,但需记录相关的人员信息。

构成适航体系的运行支持体系中未设置特殊的资质人员。运行支持体系采用委员会的形式保证运行,即在民用航空器主制造商公司层面设置运行支持体系委员会(主任、副主任和成员)、运行支持体系技术委员会(主任、副主任和成员)和运行支持体系委员会办公室(主任、副主任和成员)。此类人员在《运行支持管理手册》中明确由相应职务的人员担任,不列入本章节培训、考核与授权管理的范围,但需记录相关的人员信息。

适航人员管理包含适航人员资质评估管理、适航人员资质培训管理和适航授权管理。

2.5.1　适航人员资质管理

适航人员资质管理,指针对适航工作中需要资质人员的状态实施管理,包括某一类人员通用的资质要求、专用的资质要求、资质期限状态、培训状态、考核状态,资质评估结论等内容,按不同类别人员进行标识管理。本节介绍各类适航人员的资质要求,并分析适航人员资质管理的流程与要求。

2.5.1.1　各类适航人员资质要求

1) 适航工程师(AE)

(1) 具有大学本科以上,工作五年及以上,或硕士研究生以上,工作两年以上;

(2) 熟悉型号适航取证的流程和程序;

(3) 熟悉主管专业的设计知识与背景;

(4) 熟悉主管专业相关适航规章条款、符合性验证思路与方法;

(5) 了解主管专业规章条款的发展动态;

(6) 熟悉适航体系要求。

2) 适航核查工程师(CVE)

(1) 具有申请专业相关的本科及以上学历;

（2）具备申请专业 5 年及以上工作经验，或经评估同等效力的工作经验（如硕/博士研究生期间从事申请专业的科研工作等）；

（3）较全面地掌握所申请专业的技术知识及背景；

（4）掌握民用航空管理规章、适航标准和运行要求；

（5）具有委任工程代表工作经历者优先。

3）授权适航工程师（DAE）

（1）具有申请专业相关的本科及以上学历；

（2）具备申请专业至少 3 年的 CVE 资质工作经验或经评估同等效力工作经验，如具备审查工作经验（含 DER）、FAA ODA 机构、EASA DOA 机构的审查工作经历，或在本技术专业领域 10 年以上工作经验；

（3）全面掌握所申请专业的技术知识及背景；

（4）精通民用航空管理规章、适航标准和运行要求；

（5）具有审查工程代表或委任工程代表工作经历者优先。

4）适航制造核查工程师（CS）

（1）本科及以上学历；

（2）熟悉工程设计相关的知识；

（3）掌握生产过程相关工艺、熟悉相关制造流程；

（4）具备 5 年及以上适航或质量相关工作经验；

（5）具有委任制造代表工作经历者优先。

5）制造符合性声明签署人员（DR）

（1）熟悉适航当局的适航规章、程序等要求；

（2）熟悉相关质量程序；

（3）了解工程设计相关的知识；

（4）掌握制造符合性检查的流程和要求；

（5）熟悉生产过程相关工艺、相关制造流程；

（6）具备 3 年及以上质量、检验、试验或适航相关工作经验；

（7）具较强的组织、协调和综合分析能力。

6）委任工程代表（依据 AP - 183 - AA - 2018 - 01R1《适航委任代表管理程序》）

（1）通用资质。

a. 熟悉并能正确执行相关民航法规；

b. 具有正确的判断能力及认真负责的工作态度；

c. 完成 AP - 183 程序第 4.4 节规定的基础和专业知识培训并考试合格；

d. 熟悉与所委派工作相关的最新技术知识；

e. 熟悉被委派的专业，从事相应专业工作五年以上；

f. 由聘用单位推荐。

（2）专用资质。

a. 试飞员委任工程代表

a）持有现行有效的民用航空器驾驶员执照；

b）2 000 小时飞行时间（直升机 1 000 小时），其中最近 12 个月内最少 100 小时飞行时间；

c）在相同审定类别和相似型号航空器上至少有 100 小时试验飞行经验。

b. 从事软件委任工程代表

a）熟悉 RTCA DO‐178《机载系统和设备的软件审定》相关知识并具备较为完整的工作经验，包括软件生命周期定义与控制、软件开发阶段的定义和控制；

b）掌握至少一门高级语言和一门汇编语言；

c）熟知软件和相关硬件中断及输入/输出控制、软件测试、软件证后更改与管理等。

c. 从事损伤容限/疲劳分析委任工程代表

a）具有下列学位之一：工程力学、航天/航空工程、机械工程、土木工程等；

b）具备至少 2 年的损伤容限分析/疲劳分析工作经历。这些经历必须在委派前 10 年以内获得。

7）委任制造代表（依据 AP‐183‐AA‐2018‐01R1《适航委任代表管理程序》）

（1）熟悉并能正确执行相关民航法规；

（2）具有正确的判断能力及认真负责的工作态度；

（3）完成 AP‐183 程序第 4.4 节规定的基础和专业知识培训并考试合格；

（4）熟悉与所委派工作相关的最新技术知识；

（5）熟悉被委派的专业，从事相应专业工作五年以上；

（6）由聘用单位推荐。

2.5.1.2　适航人员资质评估管理流程分析

适航人员资质评估管理过程，即管理对人员是否满足资质要求的评估过程和人员本身各种资质是否符合要求状态的评估过程。首先，需建立各类资质要求的数据库，供资质审核人员在资质评估中调用。评估过程，从申请某类授权人员开始,资质审核人员依据资质要求初步评估申请者是否符合资质要求,符合条件的进入培训环节,不符合的则结束申请流程;符合要求状态的管理过程需随时更新资质期限状态、培训状态、考核状态,资质评估结论,这些更新通过相应模块的输出实现自动更新与展示,并具备报表功能。适航人员资质管理流程如图 2‐81 所示。

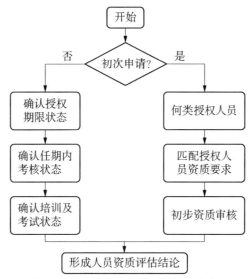

图 2‐81 适航人员资质评估管理流程图

2.5.2 适航人员资质培训管理

适航人员资质培训管理,是针对需要授权资质的人员开展的培训实施管理,包括培训类别(适航规章培训、体系程序培训、专业技术培训、上岗实践培训)、培训性质(初始授权培训、任期内持续培训)、培训大纲、培训课题、培训考试等内容。本节介绍各类适航人员资质培训要求,并分析适航人员资质培训管理的流程与要求。

2.5.2.1 适航人员资质培训要求

1) AE 资质培训要求

(1) 初始授权培训。

a. 适航规章培训;

b. 体系程序培训;

c. 专业技术培训。

（2）任期内持续培训。

a. 适航规章培训；

b. 体系程序培训；

c. 专业技术培训。

（3）资质培训合格要求。

a. 需满足各类培训的学时要求；

b. 考核成绩合格。

2）CVE 资质培训要求

（1）初始授权培训。

a. 适航规章培训；

b. 体系程序培训；

c. 专业技术培训；

d. 上岗实践培训。

（2）任期内持续培训。

a. 适航规章培训；

b. 体系程序培训；

c. 专业技术培训；

d. 上岗实践培训。

（3）资质培训合格要求。

a. 需满足各类培训的学时要求；

b. 考核成绩合格。

3）DAE 资质培训要求

（1）初始授权培训。

a. 适航规章培训；

b. 体系程序培训；

c. 专业技术培训；

d. 上岗实践培训。

（2）任期内持续培训。

a. 适航规章培训；

b. 体系程序培训；

c. 专业技术培训；

d. 上岗实践培训。

（3）资质培训合格要求。

a. 需满足各类培训的学时要求；

b. 考核成绩合格。

4）CS 资质培训要求

（1）初始授权培训。

a. 适航规章培训；

b. 体系程序培训；

c. 专业技术培训；

d. 上岗实践培训。

（2）任期内持续培训。

a. 适航规章培训；

b. 体系程序培训；

c. 专业技术培训；

d. 上岗实践培训。

（3）资质培训合格要求。

a. 需满足各类培训的学时要求；

b. 考核成绩合格。

5）制造符合性声明签署人员（DR）

（1）初始授权培训。

a. 适航规章培训；

b. 质量体系程序培训；

c. 专业技术培训；

d. 上岗实践培训。

（2）任期内持续培训。

a. 适航规章培训；

b. 质量体系程序培训；

c. 专业技术培训；

d. 上岗实践培训。

（3）资质培训合格要求。

a. 需满足各类培训的学时要求；

b. 考核成绩合格。

6）委任工程代表（依据 AP‐183‐AA‐2018‐01R1《适航委任代表管理程

序》)

(1) 基础培训。

a. 主管部门的组织机构;

b. 常用工作程序、手册和表格介绍;

c. 典型执法案例,对案例中的重点执法环节进行讲解;

d. 向委任代表强调其工作是代表局方进行,但委任代表本身不是局方工作人员,不得在相关文件和证件中违规使用局方标识;

e. 向委任代表说明,不得在与工作无关的报告、图纸、服务文件或信函上使用委任代表文书编号;

f. 委任代表必须执行的局方法规、政策和指导材料说明(例如中国民用航空规章、管理程序、咨询通告等);

g. 委任代表年审与年度工作报告的管理;

h. 告知委任代表委派、授权、暂停和终止的程序;

i. 告知委任代表有关培训和研讨会信息的获取途径;

j. 其他必要内容。

(2) 专业知识培训。

a. 通用适航法规基础;

b. 适航文化;

c. 委任工程代表专业基础培训;

d. 某专业适航审定方法;

e. 委任工程代表持续培训。

7) 委任制造代表(依据 AP - 183 - AA - 2018 - 01R1《适航委任代表管理程序》)

(1) 基础培训。

a. 主管部门的组织机构;

b. 常用工作程序、手册和表格介绍;

c. 典型执法案例,对案例中的重点执法环节进行讲解;

d. 向委任代表强调其工作是代表局方进行,但委任代表本身不是局方工作人员,不得在相关文件和证件中违规使用局方标识;

e. 向委任代表说明,不得在与工作无关的报告、图纸、服务文件或信函上使用委任代表文书编号;

f. 委任代表必须执行的局方法规、政策和指导材料说明(例如中国民用航

空规章、管理程序、咨询通告等);

　　g. 委任代表年审与年度工作报告的管理;

　　h. 告知委任代表委派、授权、暂停和终止的程序;

　　i. 告知委任代表有关培训和研讨会信息的获取途径;

　　j. 其他必要内容。

　　(2) 专业知识培训。

　　a. 通用适航法规基础;

　　b. 适航文化;

　　c. 委任制造代表专业基础培训;

　　d. 制造符合性检查的策划与实施管理;

　　e. 委任制造代表持续培训。

2.5.2.2　适航人员资质培训管理流程分析

　　适航人员资质培训分为四种类别,分别为适航规章培训、体系程序培训、专业技术培训和上岗实践培训。适航人员资质培训分为两类性质,一类性质是获得资质授权前的培训称为初始授权培训,另一类性质为保持资质的培训称为任期内持续培训,此类性质培训与前一类性质培训的内容一致。通常,民用航空器主制造商开展培训时,先按上述培训要求编制各类培训大纲,培训大纲里明确各类培训的培训课程、培训考核要求,相关人员按此培训大纲准备培训教案、培训PPT、培训考卷等,在信息系统中建立培训大纲、培训教案、培训PPT、培训考卷的分类数据库,设置内容更新与调用的相应管理模式,定期或不定期实施内容更新维护。培训实施过程为依据申请者提出申请资质的类别与性质,可由申请者自行在系统中学习与考试,系统自动评阅考卷;也可由相关责任部门组织集中培训与考试,相关责任部门培训主管在系统中批量录入相应的信息。如果民用航空器主制造商建立有人员培训管理系统,可将上述内容增加入该培训管理系统中,在适航信息系统中开发接口程序,接收相应的培训结果即可;如果没有,则需在适航信息化系统中开发上述功能。适航人员资质培训管理流程如图 2 - 82 所示。

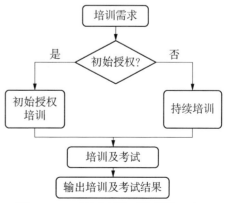

图 2 - 82　适航人员资质培训管理流程

2.5.3 适航授权管理

适航授权管理,是针对需要授权资质的人员申请获得授权的过程实施管理,包括申请、培训、考核、授权等内容。本节介绍各类适航授权的要求,并分析适航授权管理的流程与要求。

2.5.3.1 适航授权要求

民用航空器全寿命周期内适航工作中由民用航空器主制造商实施适航授权管理的人员有适航核查工程师(CVE)、授权适航工程师(DAE)、适航制造核查工程师(CS)和制造符合性声明签署人员(DR),需协助适航当局实施适航授权管理人员为委任工程代表(DER)和委任制造代表(DIMR)。这些人员通用的授权要求为:本人提出申请、初步审核资质合格、完成初始授权培训并考试合格、授权期限、终止授权条件、任期完成持续培训并考试合格、任期考核合格。委任工程代表(DER)和委任制造代表(DIMR)需参加适航当局举办的培训,由适航当局授权,由对口的审查代表进行任期考核。

2.5.3.2 适航授权管理流程分析

民用航空器全寿命周期内适航工作中由民用航空器主制造商实施适航授权管理的人员有适航核查工程师(CVE)、授权适航工程师(DAE)、适航制造核查工程师(CS)和制造符合性声明签署人员(DR),上述人员获得授权需提交申请,经初步资质审查符合要求后,进入初始授权培训,培训考试合格后,经最终审核确认是否授权,最终获得授权,在任期内需按要求接受持续培训并考试合格,同时,相关部门按年度对授权人员实施考核,具体的管理流程如图2-83所示。

依据《适航委任代表管理程序》(AP - 183 - AA - 2018 - 01R1),民用航空器主制造商的人员申请委任工程代表(DER)和委任制造代表(DIMR),需由民用航空器主制造商组织完成

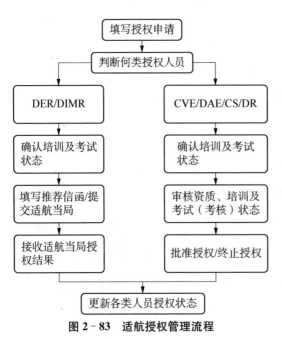

图2-83 适航授权管理流程

初步资质审查,组织参加适航当局举办的培训,培训考试合格后,由民用航空器主制造商撰写推荐信,提交适航当局审核并授权。具体的管理流程如图2-83所示。

适航体系中各类委员会及委员会办公室成员的状态清单,可设置一数据库,按主任、副主任、成员、相关行政职务、所属单位、部门、任期起止时间等记录人员的状态。

3 适航信息化系统规划

信息化技术的发展对民用航空器研制过程产生了巨大的影响,大多数民用航空器主制造商在数字化设计方面已从之前的二维图样过渡到三维模型设计,工程师们采用三维的方式设计飞机零件、组件及整机,设计结果以数字的形式保存并传递至生产制造部门使用,生产过程直接使用设计的三维数模转换编制成数控加工程序、数字检测程序,生产过程的信息化管理已实现无人工干预的全自动化状态,而适航信息化工作尚处于初步发展阶段。

国外先进民用航空器主制造商如空客公司、波音公司等已基本完成了业务模式与信息系统融合,不仅建造了流程体系,也开发了相应的适航信息化管控系统。空客公司开发的 NECTAR 工具软件,实现了从飞机概念设计阶段到证后阶段的全寿命周期、全方位的适航管理,管控了所有的适航业务活动和适航数据,缩短了研制周期,加速了适航验证进程,保证了 A380/A350/A400M 等型号的研制成功和商业成功。空客公司在 2007 年实施了 PHENIX 项目,以推进产品全生命周期管理 PLM(product lifecycle management)等信息化系统在其各子公司和扩展企业范围内的应用、工具及流程的统一。基于该项目,空客公司面向产品全生命周期构建了市场营销、研发、生产、客户服务及适航的一体化应用体系。同样,波音公司也开发了产品寿命周期管理系统(PLM),包含全寿命周期应用、协作数据管理以及数字制造模块。通过 PLM,形成的将是一个全分布式的世界性协作工作区。在全球化越来越成为驱动航空工业前进动力的情况下,建立这样的共同体是适应全球化的必然要求。

国内主要的民用航空器主制造商正逐步开始构建适航信息化系统。中航工业西安飞机公司根据适航主要业务内容构建了数字化适航信息化系统,并在新机研制中得到应用。该系统主要实现了所需规章的条目化管理;建立了各部法规的规章树;完成了条款分配、符合性方法创建、任务创建验证等工作,实现了对适航数据的追溯性管理,同时通过平台数据的导出功能,代替了大量的手工汇总统计工作。中国商飞公司建设了覆盖民用航空器型号全寿命周期的适航管理系统,适用于多个民用航空器型号的适航取证过程。该系统主要实现了:适航规章结构化管理、适航取证审定基础管理、符合性方法管理、适航取证符合性验证任务管理及条款关闭管理,同时该系统为适航相关人员提供了统一化的适航工作模块及持续适航体系管理模块,并与公司内部主要研制系统及外部适航当局数字化适航审定协同平台(ACCS)进行了集成,可以与审查方在线协同办公,保障了与审查方的畅通安全的信息沟通交流和高效安全的数据交换及共享。

国内,中国民用航空局适航司开发了适航审定运行管理系统(AMOS),实现了对适航宏观法规体系的管理、适航指令及证件的管理,以及委任代表的申请、授权及培训等一系列的适航活动管理。上海航空器审定中心研发了数字化适航审定协同平台(ACCS),主要实现了审查方(含委任代表)在线采用电子签名进行审查的功能。中国民航大学和北京飞机维修工程有限公司开发的改装设计/适航审定管理系统,建立了适航标准数据库,为改装设计过程中的适航管理提供了知识共享平台。以上各系统均称为审查方系统。

结合国内民用航空器主制造商型号研制与适航取证的实际需求,考虑民用航空器型号适航取证周期长,取证过程产生的数据种类众多,数据量巨大,各类数据的来源、载体、形式、内容等各不相同,民用航空器主制造商建设适航信息化系统对研制过程的数据资源进行合理保存和有效利用,形成能够支持和指导型号取证工作、过程管理和决策的知识库,对于民用航空器型号研制和适航取证具有重要价值。

创建基于民用航空器全生命周期过程管控的适航管理信息化系统,探索将信息化技术手段与适航工作融合,构造适航管理信息化系统,实现民用航空器型号全寿命周期适航取证过程管理、适航工作管理、适航数据动态监督和控制,不仅能提升民用航空器主制造商适航工作管理水平与效率,更能促进民用航空器主制造商管理能力及自主创新水平的提升。通过创建适航管理信息化系统,有效管控型号适航取证过程、积聚型号取证知识、有效快速检索证据,为后续型号提供更多案例。

3.1　总体思路

民用航空器适航管理是对民用航空产品全寿命、全领域、全过程、全方位的管理,必须执行规定的适航标准和程序。本章基于上章对适航规章、标准、程序与政策要求的解读、对民用航空器型号研制适航取证业务过程、数据及流程的梳理与分析,从一体化的角度规划适航管理信息化系统:首先,搭建适航管理信息化系统建设的业务架构与总体目标,梳理适航管理信息化系统建设的功能要求及非功能要求,在此基础上,搭建应用架构,并分析数据种类;然后,构建技术架构及网络架构,为后续适航信息化系统方案的构建奠定基础。构建适航信息化系统,实现其管控过程、检索证据、提供案例、积聚知识的主要功能,最终实现民用航空器主制造商的适航业务活动的数字化、集成化与智能化。

3.1.1　系统总体目标与功能

民用航空器主制造商适航信息化系统贯穿民用航空器全寿命周期适航活动,主要面向民用航空器研制过程中涉及的设计人员、制造人员、客户服务人员和适航人员,该系统覆盖适航证件取证管理过程核心业务、覆盖适航体系建设与运行过程,与民用航空器主制造商已有的研制系统、适航当局开发的审定方系统及供应商自身的管控系统对接集成,实现数据流无缝衔接,支持多人远程协同办公。该系统以国内主流架构为基础进行开发建设,便于系统进一步升级改造及维护。该系统的总体核心目标为:①统一、标准、管控过程与流程的适航取证过程自动化管理;②适航体系建设与运行过程自动化管理;③民用航空器主制造商与适航当局协同工作;④适航知识管理。

3.1.1.1　统一、标准、管控过程与流程的适航取证过程管理

适航取证过程是民用航空器型号研制最重要的组成部分,从统一性、标准性、共享性、集中性等方面着手建立适航信息系统,覆盖民用航空器适航取证过程核心业务活动,包括 TC 证取证过程、PC 证取证过程、AC 证取证过程、AEG 评审过程、其他适航证件取证过程和服务文件过程等。

(1) TC 证取证过程涵盖民用航空器型号全寿命周期所有适航业务活动,以下核心业务流程需要实现信息化管理:TC 证验证任务定义与管理、TC 证证件管理、会议管理、信函管理、问题纪要管理、团队管理(包括申请方与审查方)、资料传递管理、证据管理、型号合格数据单(TCDS)管理、设计更改适航验证管理、适航知识管理、适航规章管理。

(2) PC 证取证过程涵盖 PC 证取证及证后阶段所有适航业务活动,以下核心业务流程需要实现信息化管理:PC 证取证任务管理、PC 证证件管理、会议管理、信函管理、团队管理、资料传递管理、证据管理、日常监督管理、适航知识管

理、适航规章管理。

（3）AC 证取证过程，重点为确认民用航空器生产交付时是否获得型号合格证和生产许可证，以下核心业务流程需要实现信息化管理：AC 证取证任务管理、AC 证证件管理、会议管理、信函管理、团队管理、资料传递管理、证据管理、适航知识管理、适航规章管理。

（4）其他适航证件取证过程，按型号合格审定、生产许可审定和适航合格审定三类规范管理 CCAR-21 部中定义的补充型号合格证 STC、改装设计批准书 MDA、型号认可证 VTC、补充型号认可证 VSTC、零部件设计批准认可证 VDA、出口适航证、外国适航证认可书、特许飞行证、技术标准规定项目批准书 CTSOA 和零部件制造人批准书 PMA 等 11 个证件，以下核心业务流程需要实现信息化管理：证件验证任务管理、证件管理、会议管理、信函管理、问题纪要管理、团队管理、资料传递管理、证据管理、适航知识管理、适航规章管理。

（5）AEG 评审过程包括航空器（AEG）评审和航空器（AEG）持续评审过程，以下核心业务流程需要实现信息化管理：AEG 评审任务管理、AEG 评审项目管理、会议管理、信函管理、问题纪要管理、团队管理、资料传递管理、证据管理、航空器评审报告管理、AEG 持续评审管理、适航知识管理、适航规章管理。

（6）服务文件的业务过程重点关注工程技术类中超手册修理方案、服务通告 SB、服务信函 SL 的相关内容，以下核心业务流程需要实现信息化管理：信息管理、资料传递管理、适航知识管理、证据管理。

上述适航取证过程通过分析提取各个子过程中需信息化管理的业务，适航取证过程管理主要业务内容如图 3-1 所示。

通过对上述适航取证过程中核心业务的分析整理，可以看出在取证过程中一些业务是日常性的、通用的，比如证件管理、会议管理、问题纪要管理、团队管理、信函管理、证据管理、适航规章管理、适航知识管理等，将此类通用的日常业务活动进行分类合并管理，设置为适航日常工作管理；民用航空器适航取证过程中与审查方资料传递非常频繁且考虑到资料传递的规范性、独立性等特点，规划将资料传递管理单独设置为协同工作管理，用于管理资料分类及资料传递等内容；将证据管理、适航知识管理、适航规章管理合并整理为适航知识管理，进而将适航取证过程管理规划整理为 4 大部分：①适航取证任务过程管理，用于管理所有适航证件取证过程中独特的、核心的业务过程（见图 3-1 中标 * 的内容）；②适航日常工作管理，用于管理所有适航证件取证过程中通用的适航日常业务工作；③协同工作管理，用于管理民用航空器主制造商与适航当局之间的协同工

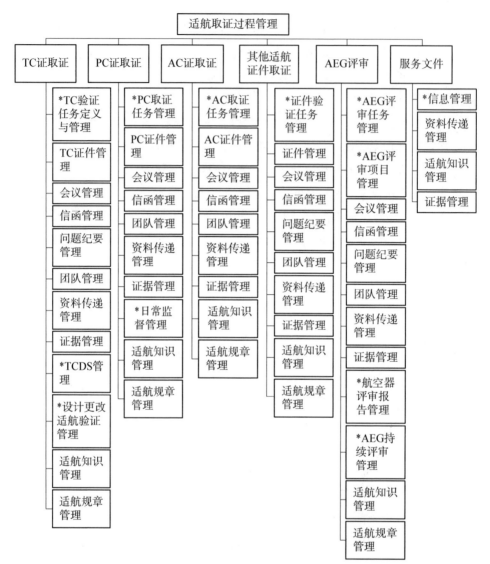

图 3-1 适航取证过程管理主要业务内容

作;④适航知识管理,用于管理适航取证过程中所产生的适航知识和型号适航取证案例。通过对适航取证过程的业务内容进一步分析整理,构建出适航取证过程管理业务内容规划,如图 3-2 所示。

3.1.1.2 适航体系建设与运行过程管理

民用航空器主制造商建立的适航体系是民用航空器研制过程、生产过程和使用与维修过程符合适航规章要求的重要保证措施,适航体系由设计保证系统、

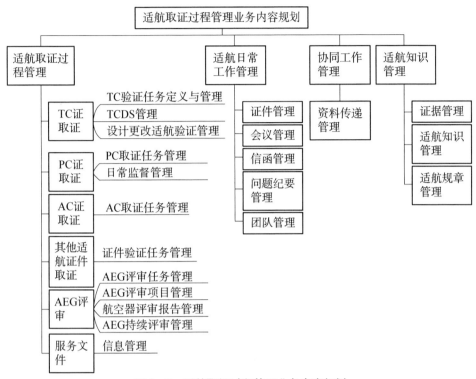

图 3 - 2　适航取证过程管理业务内容规划

持续适航体系、生产质量保证体系、运行支持体系和适航知识体系组成。从共通性、完整性、可追溯性等方面出发建立适航信息系统,管控适航体系的建设与运行过程中的各类核心业务。

(1) 设计保证系统,保证型号合格证及其更改的过程符合适航要求,以下核心业务需要实现信息化管理:体系的建立与维护、体系的运行、知识管理、证据管理。其中,体系的建立与维护的载体为设计保证手册及支撑性程序文件,故设计保证体系的建立与维护过程主要是对设计保证手册及其支撑性程序文件进行管理,在手册及其支撑性程序文件管理过程中会涉及人员资质管理、会议管理、行动项目管理、信函管理、问题及意见管理、资料传递管理等业务内容;设计保证系统运行过程主要是独立监控、履行职能与功能以及行使权利和体系有效性评估的管理,运行过程中也会涉及人员资质管理、会议管理、行动项目管理、信函管理、问题及意见管理、资料传递管理等业务内容管理。

(2) 持续适航体系,保证持续改进民用航空器设计,保障航线机队的运行安全,以下核心业务需要实现信息化管理:体系的建立与维护、体系的运行、知识管理、证据管理。其中,体系的建立与维护过程的载体为持续适航管理手册,故持续适航体系的建立与维护过程主要是对持续适航管理手册及其支撑性程序文件进行管理,在持续适航管理手册及其支撑性程序文件管理过程中会涉及人员资质管理、会议管理、行动项目管理、信函管理、问题及意见管理、资料传递管理等业务内容;持续适航体系运行过程主要是持续适航事件的管理、体系有效性评估的管理,运行过程中也会涉及人员资质管理、会议管理、行动项目管理、信函管理、问题及意见管理、资料传递管理等业务内容管理等。

(3) 生产质量保证体系,保证在经批准的质量体系下,按经批准的型号设计生产具备适航性的民用航空器,以下核心业务需要实现信息化管理:体系的建立与维护、体系的运行、知识管理、证据管理。其中,体系的建立与维护过程的载体为生成质量保证手册及其支撑性程序文件,故生产质量保证体系的建立与维护过程主要是对生产质量保证手册及其支撑性程序文件进行管理,在生产质量保证手册及其支撑性程序文件管理过程中会涉及人员资质管理、会议管理、行动项目管理、信函管理、问题及意见管理、资料传递管理等业务内容;体系运行过程主要是对生产过程的控制及体系有效性评估的管理,运行过程中也会涉及人员资质管理、会议管理、行动项目管理、信函管理、问题及意见管理、资料传递管理等业务内容管理。

(4) 运行支持体系,保证为民用航空器安全运行提供的培训、航材及技术支援及时有效,以下核心业务需要实现信息化管理:体系的建立与维护、体系的运行、知识管理、证据管理。其中,体系的建立与维护过程的载体为运行支持管理手册及其支撑性程序文件,故运行支持体系的建立与维护过程主要是对运行支持管理手册及其支撑性程序文件进行管理,在运行支持管理手册及其支撑性程序文件管理过程中会涉及人员资质管理、会议管理、行动项目管理、信函管理、问题及意见管理、资料传递管理等业务内容;体系运行过程主要是对运行符合性设计、人员训练、运行和持续适航文件管理、维修支持、使用信息收集和处理等相关过程的管理以及体系有效性评估的管理,体系运行过程中也会涉及人员资质管理、会议管理、行动项目管理、信函管理、问题及意见管理、资料传递管理等业务内容管理。

(5) 适航知识体系,沉淀民用航空器主制造商在适航工作中的所有知识,为后续民用航空器研制提供适航取证方案与案例,以下核心业务需要实现信息化管理:体系的建立与维护、体系的运行。其中,体系的建立与维护过程主要是将适航取证过程与适航体系运行过程中所产生的各类知识沉淀下来,并按照一定规则分类存储及展示;体系运行过程主要是对适航知识挖掘与利用,并提供案例及可参考的适航取证方案。

通过分析提取各适航体系的建立与维护、运行过程中需信息化管理的业务内容,形成适航体系管理主要业务内容,如图3-3所示。

通过对上述适航体系建立与维护、运行过程的核心业务的分析整理,可以看出在体系的建立与维护及运行过程中通用的业务内容如下:

(1) 体系手册及程序文件的管理:所有适航体系的建设均包括相应手册及程序文件的管理,包括手册、程序文件、指南及表单的模板、编辑、内部审签及提交局方批准等管理。

(2) 人员资质管理:包括适航体系建设与运行过程中人员角色、人员资质、人员培训、人员考核等内容。

(3) 会议管理:包括适航体系建设与运行过程中民用航空器主制造商内部团队会议、与适航当局高层会、审查会等,主要涉及内容为会议通知、会议讨论项、会议纪要、会议相关行动项目管理等。

(4) 行动项目管理:包括适航体系建设与运行过程中各类会议纪要、审定信函等各类正式输入材料中产生的行动项目的管理,主要涉及内容为行动项目整理成行动项目计划、行动项目计划跟踪、行动项目计划交付物管理等。

(5) 信函管理:包括适航体系建设与运行过程中局方发送的信函的接收、答复、关闭等内容。

(6) 问题及意见管理:包括适航体系建设与运行过程中民用航空器主制造商或局方提出的所有问题及意见的管理,包括问题来源、问题产生的原因、问题的分类、问题的跟踪与落实、问题的关闭等内容。

(7) 资料传递管理:包括适航体系建设与运行过程中民用航空器主制造商与局方资料及文件交互的过程管理,主要涉及内容为手册及文件提交、接收审查方对手册及文件的反馈、信函与会议纪要的接收、信函答复等与审查方需要交互资料及信息等内容。

(8) 体系有效性评估管理:包括适航体系运行过程中对体系的阶段有效性评估管理,主要涉及内容包括年度/季度体系运行有效性数据管理、运行结果管理等内容。

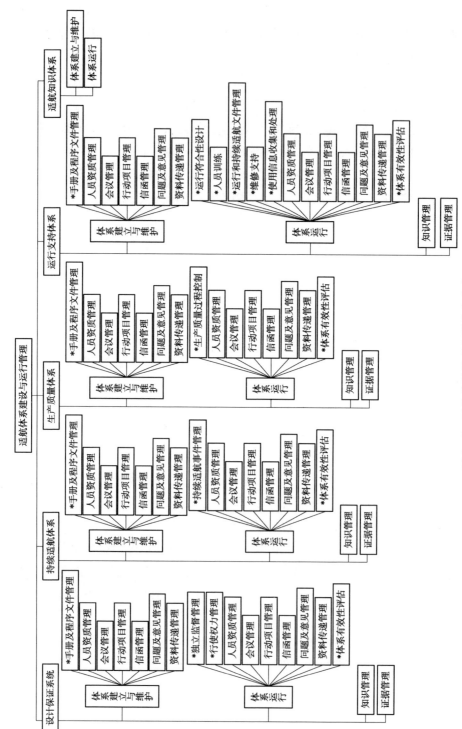

图 3 - 3　适航体系管理主要业务内容

(9) 知识管理:体系建立与维护及运行过程中产生的资料通过一定的规则纳入适航知识管理,相应的资料可按不同的分类进行管理。具体内容如下:①手册程序类,包括体系手册及相应的程序文件,按体系手册与程序文件归类;②审查过程类,包括体系文件评审和现场评审的意见与纠正措施以及措施验证状态、体系运行中行使权利和履行职责的记录;③审批资料,包括审批意见、审批结论等。

(10) 证据管理:体系建立与维护及运行过程支撑体系符合适航规章要求的证据,包括民用航空器主制造商编制的体系手册和程序文件及其支持材料、审查方对需批准体系手册和程序文件的批准/认可信函、体系文件评审和现场评审的意见与纠正措施以及措施验证状态等、体系运行中行使权利和履行职责的记录。

除此之外,体系建设与运行过程中根据其功能、作用的不同,存在其独特的部分:

(1) 设计保证系统:设计保证系统主要有设计、适航和独立监控这三大职能。三大职能的设置为设计保证系统特有。三大职能通过设计保证系统的组织机构、职责、程序和资源安排加以落实。组织机构、职责、程序和资源均在设计保证手册进行陈述并在设计保证程序中加以细化落实。故设计保证系统必须包含手册及程序的管理,手册和程序必须获得局方的批准。在设计保证系统运行过程中,民用航空器主制造商需对体系进行独立监控,并接收审查方对体系的文件审查或现场审查。另外,民用航空器主制造商获得设计保证系统权利后,需授权相应资质的人员,并对授权人员赋予相关职责与权利,故设计保证系统在运行过程管理中必须包含设计保证履行职能与功能以及行使权利等相关业务内容。

(2) 持续适航体系:持续适航体系运行的过程对持续适航事件进行的管理有一系列独特的流程,包括事件收集、事件筛选、风险评估、事件调查、制定与管理改进/改正措施、持续适航经验总结等一系列相关的流程。

(3) 生产质量体系:生产质量体系运行过程中主要的控制过程为①设计资料控制;②制造过程控制;③不合格品控制;④内部审核及纠正预防措施的控制程序。由于民用航空器主制造商一般均建设有上述过程管控信息化系统,本书仅考虑与适航业务相关的接口管理,首先在适航信息化系统规划中考虑适航信息化系统与民用航空器主制造商内部过程管控系统的接口关系,并考虑与审查方资料传递的接口。

(4) 运行支持体系:运行支持体系的建设和运行主要是支持航空器研制、生产交付、运行、提供训练、维修、航材、地面设备等服务的基本任务。主要包括以下核心内容:运行符合性设计、人员训练、运行和持续适航文件管理、维修支持、使用信息收集和处理等内容。

（5）适航知识体系:适航知识体系建立与运行的主要目的是为任何需要适航知识的人员提供适航知识查询、适航知识复制的服务。主要对上述适航取证过程及适航体系运行过程中适航相关知识的归类管理,并对知识进行有效挖掘,便于用户对知识的利用。

通过对上述业务流程进行分析整理,可将一些通用的管理内容统一管理,例如:人员资质管理、会议管理、行动项目管理、信函管理、问题及意见管理纳入适航日常工作管理;体系建设及运行过程中与局方的资料传递纳入协同工作管理;知识管理、证据管理纳入适航知识管理;体系独有的功能纳入各体系模块进行单独管理。故适航体系管理通过业务分解可以分为四个部分:①适航体系管理,用于管理适航体系的手册、程序文件及各体系一些独特的业务内容;②适航日常工作管理,用于管理适航体系运行过程中一些通用的适航工作;③协同工作管理,用于管理民用航空器主制造商与适航当局协同工作;④适航知识管理,用于管理适航体系建设及运行过程中的适航知识。通过上述进一步分析整理,构建适航体系建设与运行管理业务内容规划,如图3-4所示。

3.1.1.3 民用航空器主制造商与适航当局协同工作管理

通过上述适航取证过程业务分析及适航体系管理主要业务分析,均包含民用航空器主制造商与适航当局资料传递管理,故采用协同工作管理模式,提高民用航空器主制造商与适航当局工作效率。协同工作过程中以下核心业务需要实现信息化管理:资料传递管理、问题及意见管理、资料统计分析管理。

（1）资料传递管理,主要管理民用航空器主制造商与适航当局之间的资料传递,包括适航取证过程中的资料传递以及适航体系建设与运行过程中的各类资料传递。主要业务内容包括:民用航空器主制造商资料提交、适航当局审批及反馈/适航当局接受的闭环管理并建立与适航业务的关联性;局方资料传递到民用航空器主制造商、民用航空器主制造商对资料进行接收的闭环管理并建立与适航业务的关联性。此管理流程也适用于民用航空器主制造商与供应商之间的资料传递。

（2）问题及意见管理,主要是协同工作过程中双方产生的各类问题及意见,包括问题的来源,问题的后续跟踪落实及关闭。

（3）资料统计分析管理,根据双方资料的交互情况,对协同工作期间的资料进行统计分析管理,便于双方对资料的追溯与再利用。

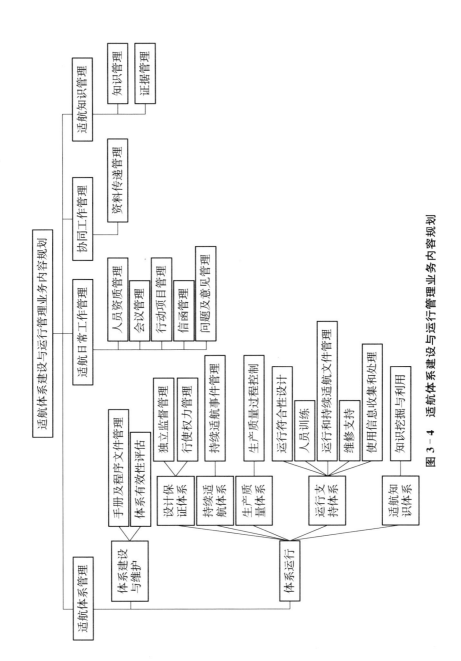

图 3－4   适航体系建设与运行管理业务内容规划

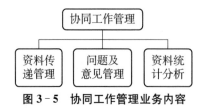

图 3-5　协同工作管理业务内容

通过分析提取协同工作管理需信息化管理的业务内容,形成适航协同工作管理的主要业务内容,如图 3-5 所示。

通过对上述协同工作的业务分析整理,可以看出协同工作管理中也会存在一些通用的业务,比如问题及意见管理,可将其纳入适航日常工作管理;其余协同工作过程中特有的业务纳入协同工作管理。通过合并整理,协同工作管理规划整理为 3 个部分:①协同工作管理,用于管理协同工作中资料传递及资料统计分析;②适航日常工作管理,用于管理协同工作中产生的问题及意见。协同工作管理业务内容规划如图 3-6 所示。

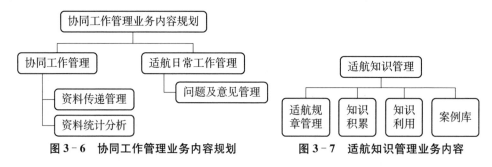

图 3-6　协同工作管理业务内容规划　　　　图 3-7　适航知识管理业务内容

3.1.1.4　适航知识管理

适航知识包括静态适航知识和动态适航知识。适航静态资料包括变动频率较低的各类适航规章、标准等知识的管理;适航动态资料包括在型号取证及证后设计更改过程中产生的、变动频率较高的各类资料。适航知识管理的主要目的是知识利用,故本节主要通过适航规章、知识积累、知识利用、案例库进行分析。适航知识管理业务内容如图 3-7 所示。

(1) 适航规章管理,主要是对适航静态资料的管理:①适航规章的结构化管理及更新,包括 CCAR-21、CCAR-25、CCAR-36 等常用适航规章的结构化管理及定期更新与维护;②适航标准、规范等资料的管理以及其定期更新:包括 AP-21-AA-2022-11、AP-21-AA-2022-31R1 等常用适航管理程序的定期更新与维护;③其他常见咨询通告、管理程序、工作手册及信息通报等资料的管理及定期更新;④双边协议等相关政策的管理及定期更新。

(2) 知识积累管理,主要是对适航取证过程、适航体系建设与运行过程中产生的适航知识的收集与记录、归类:①适航取证过程中、证后活动中产生的知识;

②适航体系建设及运行过程中产生的各类知识;③其他渠道收集的适航知识。

（3）知识利用管理,对适航数据资料进行自动化的有效整合与溯源管理,从而实现更加便捷、快速、安全的数据、功能共享,为适航取证进度及效率的提高打下坚实基础;根据型号研制需求,推送型号相关适航资料。

（4）案例库,通过历史型号积累的各类知识形成宝贵的案例库,供新型号研制取证参考,并作为专家决策系统的数据库基础,例如取证案例库、事故案例库、体系案例库等。

通过上述对适航取证过程的主要业务分析、适航体系建设及运行过程管理的业务分析,与对适航当局协同工作管理及适航知识管理的主要业务分析,并结合对主要业务的分解及分类整理,提出适航信息化系统的整体规划思路,如图3-8所示。

3.1.2　系统的非功能要求

由于民用航空器主制造商对于系统安全性、系统性等具有一些特殊的要求,除了业务功能要求外,还需要满足下述非功能要求。

1）安全性要求

适航信息化系统安全要求需充分考虑与项目实施相关的网络安全、应用安全和数据安全的要求,项目建设须满足民用航空器主制造商内外网安全隔离方面的要求。至少需要满足以下安全要求。

（1）应用开发安全功能要求。

a. 身份认证管理,包括账户管理、认证管理、密码管理、访问区域管理;

b. 授权管理,包括系统权限管理、数据库权限管理、授权粒度管理;

c. 输入输出管理,包括输入安全验证、输入标准化管理、SQL 注入防范、XML 注入防范;

d. 配置管理,包括配置存储、配置用户管理;

e. 敏感数据保护,包括机密数据管理、Cookies 安全控制、HTTP 协议安全控制、数据加密;

f. 会话管理,包括会话时间管理、会话加密管理;

g. 加密管理,包括加密算法管理、密钥管理、密钥安全管理;

h. 参数管理,包括 Cookie 数据保护、参数检查管理、HTTP 协议检查管理;

i. 异常管理,包括异常信息保护、异常信息记录、异常事件处理;

j. 日志管理,包括日志审计、日志事件记录、日志安全管理、日志备份和分析。

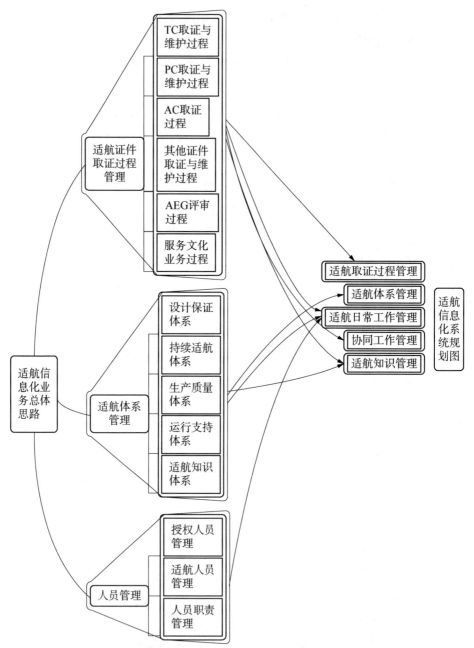

图3-8 适航信息化系统规划总体思路

（2）编码安全要求，需要考虑：软件编码复杂度控制、数据库操作控制、函数调用控制；函数错误代码管理；编码权限控制；编码资源控制；公共函数库管理；编码网络访问；编码漏洞检查。

（3）编码安全规范考虑：编码输入输出安全管理，包括输入信息验证、输入日志记录；WEB技术规范管理，包括HTTP Action控制、SSL通信管理、服务器端安全验证、错误消息控制；文件系统规范管理，包括文件系统访问控制；网络系统规范管理；数据库规范管理；随机数管理。

2）系统性要求

（1）具有良好的响应操作性能，普通操作页面的操作响应时间在1秒内（内网测试，下同）；大量数据的查询统计界面响应时间在3秒内；能够支持500个以上用户同时使用。

（2）具有良好的可维护性，具有强大的二次开发能力，以便于软件功能的扩展。

（3）能够保证与外部系统具有良好的兼容性。

（4）完全兼容浏览器IE11及以上，Chrome，Firefox桌面浏览器，适当考虑适配移动设备浏览器。

3）易用性要求

结合用户的要求与实际体验，此项内容主要从用户角度出发进行考虑：

（1）用户界面友好、美观、方便操作、易于修改（如支持个性化界面定义、字体和颜色定义和常用模块的收藏定制）。

（2）要求系统具有全中文用户界面，中文在线帮助齐全；提供详细完整的用户指导手册，有完善的中文随机帮助。

（3）在进行数据录入的操作时，如果提交的时候没有通过合法性校验（比如不是数字类型或者不是日期类型），已经录入的数据还能应当保留在当前页面上，并且错填的数据项会给出一定的提醒。

（4）在系统运行的保存、修改操作之后，不管成功与否，都要给出操作结果的提示（比如操作成功或者操作失败）；如果有系统在运行过程中有异常发生，系统应能提示用户知晓，并通知用户向系统管理员反馈错误信息。

（5）系统会提供适当的自适应功能，使用户界面美观。

（6）对于页面的必输项，系统会按照某种统一的风格给出提示；对于多种选项的下拉菜单，系统会将最常用的选项作为默认项，以此减少输入。

（7）列表界面、新增界面、修改界面、删除界面、详细界面、树型界面等需要数据库操作的交互性操作，要有友好的提示信息，比如"数据处理中、请稍候！"。

（8）采用网页显示数据列表，为加快列表显示速度、每页显示记录数固定，可有多种选择：10条、20条、50条、100条等。

4）可靠性要求

系统必须稳定可靠，能够确保各项工作正常运转，尽可能实现 7×24 不间断运行，系统恢复时间小于 1 小时。基于此，系统需要提供完善的数据备份策略。

5）可扩展性要求

（1）技术构架应具备扩展性：选用的技术构架必须具有开放性和平台性，系统设计模块化、构件化，并且能在统一的平台上集成。

（2）需求变化应具备可扩展性：充分考虑应用系统需求多变的特性，易于进行功能扩充，并为其他业务应用软件提供灵活的接口，在用户需求和系统运行环境变化时，最大限度地降低由此引发的系统维护。

3.2　应用架构

适航信息化系统是一套贯穿民用航空器全生命周期适航业务的信息化系统，支持内部、外部用户访问，内部用户面向民用航空器主制造商，外部用户为外部供应商，可基于企业网络安全体系。业务模块规划为适航取证过程管理、适航体系管理、适航日常工作管理、协同工作管理、适航知识管理 5 大业务模块，搭建基础开发平台，提供团队管理、生命周期管理、权限管理、图文档管理、工作流管理、接口管理、日志管理、更改管理等通用功能，基于数据库和底层操作系统。

适航取证过程管理覆盖 TC 证取证过程、PC 证取证过程、AEG 评审过程、AC 证取证过程、其他适航证件取证过程、服务文件的管理，业务核心模块划分为 TC 证取证、AC 证取证、PC 证取证、其他适航证件取证、AEG 评审、服务文件，实现统筹规划管控，保证适航符合性验证证据链生成过程完整、准确。

适航日常工作管理对适航日常工作及与适航当局日常交流工作的管理，包括会议管理、行动项目管理、信函管理、人员资质管理、问题纪要管理、问题及意见管理、证件管理、团队管理等。

协同工作管理对内外部系统实现业务数据交换，包括民用航空器主制造商内部系统、审定方系统等的业务交换数据，包括资料传递管理（资料提交管理、资料接收管理）、资料统计分析，确保适航验证、适航审定等过程完整，传输准确。

适航体系管理包括设计保证体系、持续适航体系、生产质量体系、运行支持体系、适航知识体系的建立与维护及运行管理。

适航知识管理包括适航规章管理、知识积累、知识利用、案例库。

团队管理、生命周期管理、权限管理、图文档管理、工作流管理、接口管理、日志管理、更改管理,满足系统功能整体要求,对系统扩展性、性能、可维护性提供解决方案。

发布统一接口,对外实现数据交换、数据传输。集成接口可支持外接供应商系统、审查方系统,内接民用航空器主制造商内部系统等,若民用航空器主制造商内部系统与供应商系统已集成,外部供应商可不直接访问适航信息化系统,若未集成,也可预留与供应商系统直接集成的接口或采用权限管控方式直接访问。适航信息化系统应用架构规划如图3-9所示。

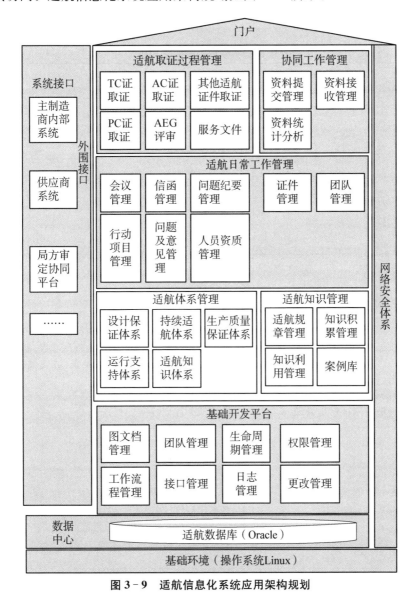

图3-9 适航信息化系统应用架构规划

3.3　数据架构

本节主要解析适航信息化系统涉及的适航数据种类,为系统建立数据架构提供数据分析输入,通过分类及需求解读,给出推荐的可全面结构化管理的数据类型以及非结构化管理的数据类型,为后续的业务方案设计提供参考。

3.3.1　数据种类

通过总体需求分析,整理出各个业务模块涉及的数据种类,模块数据需求分析如表 3-1 所示。

表 3-1　模块数据需求分析

编号	业务模块	数据种类
01	系统管理	➤ 组织机构 ➤ 用户 ➤ 角色 ➤ 菜单资源 ➤ 应用日志 ➤ 机型
02	适航首页	➤ 适航待办 ➤ 信息公告 ➤ 统计图表
03	适航取证过程管理	1. TC 证取证 ➤ 审定基础 ➤ 符合性方法表 ➤ TC 证取证验证任务管理 ➤ 制造符合性检查数据(推荐项目清单、检查项目、推荐工序清单、制造符合性检查请求单、制造符合性声明、制造符合性检查记录表、适航批准标签、不满意项通知书及答复) ➤ 任务关联资料数据 ➤ 适航任务计划数据 ➤ 符合性验证文件信息 ➤ 符合性验证资料 ➤ 任务关闭信息 ➤ 条款关闭信息 ➤ CCL ➤ 审定计划树(CP、CPI、CAI) ➤ 设计更改项目 ➤ 设计更改申请书 ➤ 归档检查单

（续表）

编号	业务模块	数据种类
		➤ 设计更改树（设计更改项目、CP、CPI、CAI） ➤ TCDS ➤ TC 取证阶段评估报告 ➤ 审定信函 ➤ 问题纪要 ➤ PSCP ➤ 型号设计资料 ➤ TIA ➤ TIR ➤ 构型评估报告 ➤ TC 证 2. PC 证取证 ➤ PC 任务 ➤ PC 计划 ➤ 不符合项记录表 ➤ 观察项/建议项 ➤ 发现问题通知书 ➤ 日常监督 ➤ PC 证 3. AEG 评审 ➤ AEG 评审项目 ➤ AEG 评审计划 ➤ 航空器 AEG 评审报告 ➤ 航空器 AEG 持续评审报告 ➤ 评审信函 ➤ 问题纪要 4. 服务文件 ➤ 超手册修理方案 ➤ 服务通告 ➤ 服务信函 ➤ 与客户的交互 5. 其他适航证件取证 ➤ 其他适航证件任务 ➤ 证件 6. AC 证取证 ➤ AC 任务 ➤ AC 计划 ➤ AC 证取证及维护资料 ➤ 国籍登记证 ➤ 无线电执照 ➤ AC 证 7. 与其他模块的关联关系

（续表）

编号	业务模块	数据种类
04	协同工作管理	➢ 批准类文件 ➢ 评审类文件 ➢ 参考类文件 ➢ 适航当局审批表 ➢ 适航当局批准表 ➢ 传递记录 ➢ 统计数据
05	适航知识库管理	➢ 适航知识库、知识库字典 ➢ 适航知识数据（实体文档） ➢ 型号设计 ➢ 取证资料文档 ➢ 统计图表 ➢ 规章跟踪研究 ➢ 适航规章、程序、政策等 ➢ 案例库
06	适航体系管理	1. 设计保证系统 ➢ 手册 ➢ 程序文件 ➢ 体系有效性评估表 ➢ 体系运行数据（独立监督计划、独立监督审核报告、授权批准、独立核查） 2. 持续适航体系 ➢ 手册 ➢ 程序文件 ➢ 体系有效性评估表 ➢ 体系运行数据（信息报告单、事件报告单、风险评估报告、事件调查报告、改正改进措施报告、经验总结报告） 3. 生产质量保证体系 ➢ 手册 ➢ 程序文件 ➢ 体系有效性评估表 ➢ 体系运行数据（生产过程计划、生产过程进度、生产过程质量报告、不合格品控制、日常监督记录） 4. 运行支持体系 ➢ 手册 ➢ 程序文件 ➢ 体系有效性评估表 ➢ 体系运行数据（运行符合性清单、人员训练规范、运行和持续适航文件、维修支持记录、使用信息） 5. 适航知识体系 ➢ 适航规章、程序

（续表）

编号	业务模块	数据种类
		➢ 型号资料 ➢ 企业标准 ➢ 行业标准 ➢ 案例库
07	适航日常工作管理	1. 证件类 型号合格证 TC 证、补充型号合格证 STC 证、型号认可证 VTC 证、补充型号认可证 VSTC 证、零部件设计批准认可证 VDA 证、技术标准规定项目批准书 CTSOA 证、适航证 AC 证、出口适航证、外国适航证认可书、生产许可证 PC 证、改装设计批准书 MDA 证、零部件制造人批准书 PMA 证、特许飞行证、适航批准标签 ➢ 国籍登记证 ➢ 无线电执照 ➢ 其他证件 2. 信函类 ➢ TC 审定信函 ➢ PC 审定信函 ➢ 审查信函 ➢ 取证信函 ➢ 回函 ➢ 函件 ➢ 明传电报 3. 会议类 ➢ 会议通知 ➢ 会议纪要 4. 问题类 ➢ 问题 ➢ 意见 ➢ 措施 5. 行动项目类 ➢ 行动项目 ➢ 行动项目计划 ➢ 行动项目交付物 6. 问题纪要 ➢ 问题纪要 ➢ 问题纪要汇编 7. 人员资质 ➢ 资质条件要求 ➢ 资质培训要求 ➢ 资质授权 ➢ 培训课件

3.3.2　数据及文件分类

结构化数据指在系统中将以数据库关系表形式存储的数据。非结构化数据指以文件形式存储的数据。数据存储方式如表 3-2 所示。

表 3-2　数据存储方式表

业务模块	结构化数据（数据库）	非结构化数据（文件）
系统管理	➢ 组织机构 ➢ 用户 ➢ 角色 ➢ 菜单资源 ➢ 应用日志 ➢ 机型	无
适航首页	➢ 适航待办 ➢ 信息公告 ➢ 统计图表记录	➢ 统计图表
适航验证过程管理	1. TC 证取证 ➢ 审定基础 ➢ 符合性方法表 ➢ TC 证取证验证任务管理 ➢ 制造符合性检查数据（推荐项目清单、检查项目、推荐工序清单、制造符合性检查请求单、制造符合性声明、制造符合性检查记录表、适航批准标签、不满意项通知书及答复） ➢ 任务关联资料数据 ➢ 适航任务计划数据 ➢ 符合性验证文件信息 ➢ 符合性验证资料 ➢ 任务关闭信息 ➢ 条款关闭信息 ➢ CCL ➢ 审定计划树（CP、CPI、CAI） ➢ 设计更改项目 ➢ 设计更改申请书 ➢ 归档检查单 ➢ 设计更改树（设计更改项目、CP、CPI、CAI） ➢ TCDS ➢ TC 取证阶段评估报告 ➢ 审定信函 ➢ 问题纪要	➢ 发现问题通知书 ➢ 航空器 AEG 评审报告管理 ➢ 航空器 AEG 持续评审报告管理 ➢ 超手册修理方案 ➢ 服务通告 ➢ 其他适航证证件 ➢ AC 证取证及维护资料 ➢ TC 证 ➢ PC 证 ➢ 国籍登记证 ➢ 无线电执照 ➢ AC 证

业务模块	结构化数据（数据库）	非结构化数据（文件）
	➤ PSCP ➤ 型号设计资料 ➤ TIA ➤ TIR ➤ 构型评估报告 2. PC 证取证 ➤ PC 任务 ➤ PC 计划 ➤ 不符合项记录表 ➤ 观察项/建议项 ➤ 日常监督 3. AEG 评审 ➤ AEG 评审项目 ➤ AEG 评审计划 ➤ 评审信函 ➤ 问题纪要 4. 服务文件 ➤ 服务信函 ➤ 与客户的交互 5. 其他适航证件取证 ➤ 其他适航证件任务 6. AC 证取证 ➤ AC 任务 ➤ AC 计划 7. 与其他模块的关联关系	
协同工作管理	➤ 民用航空器主制造商内部系统数据接口详情（不含文件内容本身） ➤ 局方审定协同平台数据（适航当局审批表、批准表） ➤ 传递记录 ➤ 统计数据	➤ 批准类文件 ➤ 评审类文件 ➤ 参考类文件
适航体系管理	1. 设计保证系统 ➤ 体系运行数据（独立监督计划、独立监督审核报告、授权批准、独立核查） 2. 持续适航体系 ➤ 体系运行数据（信息报告单、事件报告单） 3. 生产质量保证体系 ➤ 体系运行数据（生产过程计划、生产过程进度、日常监督记录）	➤ 手册 ➤ 程序文件 ➤ 体系有效性评估表 ➤ 设计保证系统体系运行数据（独立监督审核报告） ➤ 持续适航体系运行数据（风险评估报告、事件调查报告、改正改进措施报告、事件总结报告、经验总结报告） ➤ 生产质量保证体系运行数据（生产过程质量报告、不合格品控制）

（续表）

业务模块	结构化数据（数据库）	非结构化数据（文件）
	4. 运行支持体系 ➤ 体系运行数据（运行符合性清单、维修支持记录、使用信息） 5. 适航知识体系 ➤ 适航规章、程序 ➤ 案例库 ➤ 企业标准 ➤ 行业标准	➤ 运行支持体系运行数据（人员训练规范、运行和持续适航文件） ➤ 适航知识体系（案例库） ➤ 型号资料
适航日常 工作管理	1. 信函类 ➤ TC 审定信函 ➤ PC 审定信函 ➤ 审查信函 ➤ 取证信函 ➤ 回函 ➤ 函件 2. 会议类 ➤ 会议通知 ➤ 会议纪要 3. 问题类 ➤ 问题 ➤ 意见 ➤ 措施 4. 行动项目类 ➤ 行动项目 ➤ 行动项目计划 ➤ 行动项目交付物 5. 问题纪要 ➤ 问题纪要 ➤ 问题纪要汇编 6. 人员资质 ➤ 资质条件要求 ➤ 资质培训要求 ➤ 资质授权	1. 证件类 ➤ 型号合格证 TC 证、补充型号合格证 STC 证、型号认可证 VTC 证、补充型号认可证 VSTC 证、零部件设计批准认可证 VDA 证、技术标准规定项目批准书 CTSOA 证、适航证 AC 证、出口适航证、外国适航证认可书、生产许可证 PC 证、改装设计批准书 MDA 证、零部件制造人批准书 PMA 证、特许飞行证、适航批准标签 ➤ 国籍登记证 ➤ 无线电执照 ➤ 其他证件 2. 信函类 ➤ 明传电报 3. 人员资质 ➤ 培训课件
适航知识 库管理	➤ 适航知识库、知识库字典 ➤ 取证资料数据信息 ➤ 型号设计 ➤ 统计图表数据	➤ 适航知识数据（实体文档） ➤ 取证资料实体文档 ➤ 符合性验证资料 ➤ 统计图表 ➤ 规章跟踪研究 ➤ 适航规章、程序、政策等 ➤ 案例库

3.4 技术架构

技术架构是对在应用架构中提出的功能或服务进行技术方案的实现,提出可实现的技术方案,其定义系统实现所需的技术集合与结构,包括开发类、过程管理类、运维支撑类以及相关技术规范等。

基于图 3-9 适航信息化系统应用架构规划图,本章技术架构将对适航信息化系统技术框架进行设计,描述软件系统实现、操作系统选择以及前端、后端、数据库、通信等之间的关系等内容。

3.4.1 总体技术架构

技术架构的选取除了要实现民用航空器主制造商的核心适航业务,满足业务常态化变化,提升适航业务和数据管理效率,同时要考虑底层架构的扩展性与集成性、稳定性等因素,具有敏捷迭代、可持续交付、快速响应、灵活配置等功能,支持大数、量高、并发访问,能够应对民用航空器主制造商动态多变的业务需求,顺应当前数字化变革与转型的大趋势。

随着信息技术的不断发展,以及云计算的普及应用、大数据和实体经济的深度融合,微服务架构得到蓬勃发展,是当前主流的一种技术架构。微服务架构是将以前传统的面向服务的 SOA(service oriented architecture)架构的单体应用拆分一组职责明确的微服务,便于运营的、开发运维一体化的架构模式,能够以快速灵活、轻便、松耦合的方式构建复杂的应用,同时为开发者提供快速启动、开发的工具,能够快速高效地进行开发技术工作,为开发运维一体化提供有力保障。

基于微服务架构进行设计,前端使用主流的 VUE、JavaScript 等技术,后端开发采用微服务化,提升软件开发的工作效率,能够实现微服务高内聚、低耦合,提升平台稳定性、可用性、可靠性与扩展性。总体技术架构如图 3-10 所示。

前端与后端之间使用 Nginx 进行负载均衡,并分发请求。后端接收前端请求后,根据业务处理需求调用不同微服务,完成业务的逻辑处理。

服务层由一组相互独立的微服务组成,可处理来自应用层的请求,各服务数据库相互独立。服务间通过接口进行同步或异步通信。

3.4.2 前端

前端采用 MVVM 架构,支持 WEB 应用,WEB 应用采用 H5/CSS/

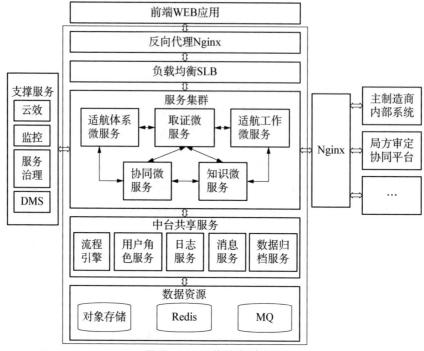

图 3 - 10　总体技术架构图

JavaScript 前端框架技术支持,支持中英文界面。

1) 前端 MVVM 架构优势

(1) 低耦合性:View 可以独立于 Model 变化和修改,同一个 ViewModel 可以被多个 View 复用;并且可以做到 View 和 Model 的变化互不影响。

(2) 可重用性:视图的逻辑可以封装在 ViewModel,供多个 View 复用。

(3) 独立开发性:开发人员可以专注于业务逻辑和数据的开发(ViewModel),界面设计人员可以专注于 UI(View)的设计。

(4) 可测试性:清晰的 View 分层,使得针对表现层业务逻辑的测试更容易,更简单。

2) JavaScript 前端框架具有的优势

(1) 整合性:JavaScript 前端框架是由单一项目组常年开发维护的一体化框架,涵盖了 MVC/MVVM 等各个层面,不需要组合、评估其他技术就能完成大部分前端开发任务。这样可以有效降低决策成本,提高决策速度。

(2) 模块化:JavaScript 前端框架很好地践行了开放关闭原则与关注点分离原则。它非常有效地分离了渲染与交互逻辑,这就让它可以很好地和包括

React 在内的渲染引擎搭配使用。除此之外,它还可以使用内存渲染引擎,以实现服务端渲染;还可以使用 Native 渲染引擎,以编译出真正的原生程序(NativeScript)。JavaScript 前端框架还分离了数据供应与变更检测逻辑,从而让它可以自由使用第三方数据框架/工具。

(3) 工具更加完善、简单:提供命令行工具,可以方便创建、开发、测试、构建项目,而无须额外的依赖,使得开发工作更简单方便。

(4) 更有利于分工:在 JavaScript 前端框架中,模板、样式、组件代码、服务等都是明确分开的。样式需要精通 CSS,服务需要丰富的设计经验和架构观。分开之后,精通某项技能的人可以去做专项增强,而不用担心意外影响别人(都不在同一个文件里),甚至可以打通前后端,把服务交给实现 API 的后端程序员来写。

(5) 严谨的版本发布计划:JavaScript 前端框架开发团队将遵循严格的语义化版本方式进行发布,这种发布策略可以兼顾技术更新与向后兼容,通过使用这种发布策略,在将来可以安全地不断引入新技术,保持和业界最新的进展同步。

3.4.3 后端微服务

后端采用微服务架构,运用 Spring Cloud 实现微服务。

1) 微服务架构技术优势

微服务最早是由 MFlow 和 JLewis 于 2011 年提出的一种新的软件架构风格,也是面向服务软件开发的新趋势。微服务是将传统的复杂的软件功能集,划分为若干相互独立的"服务",服务以业务逻辑划分边际,服务之间通过轻量级交付机制实现调用与通信,最终交付全部功能集,以更灵活、轻量级的模式进行独立设计开发与部署,形成服务高度内聚自治。其理念也就是将传统的复杂的业务应用功能,以无状态的、独立的业务组件形式分散到每个微服务中。运用微服务架构,能够解决孤岛式应用,实现资源共享。并且能够实现快速发布、快速响应业务需求变化,从而提升运维质量,降低运维成本,提高资源利用率,实现能力共享。

微服务具有以下技术优势:

(1) 业务功能拆分。通过分解各个功能模块为多个服务方法,规避了原本复杂度无止境的积累,在功能不变的情况下,应用被分解为多个可管理的微服务,每一个微服务专注于单一功能,并通过定义良好的 API 接口清晰表述服务边界。

（2）前后端分离。微服务可以完全让前后端分离,前端开发小组只专心负责 UI 设计与实现,后端开发小组负责提供规范化 API 接口与业务逻辑实现。各小组开发完成后通过 API 进行数据交互。

（3）技术选型灵活。每个团队可以根据自身服务的需求和行业发展的现状,自由选择最适合的技术栈。由于每个微服务相对简单,当需要对技术栈进行升级时所面临的风险较低,甚至完全重写一个微服务也是可行的,只提供规范化的 API 服务入口即可。

（4）独立部署。微服务具备独立的运行进程,每个微服务可以独立部署。当某个微服务发生变更时,无须编译部署整个应用。由微服务组成的应用具备一系列可并行的发布流程,降低对生产环境所造成的风险、缩短应用交付周期、加快产品的迭代速度。

（5）动态扩展。微服务架构模式使得每个服务独立扩展。可以根据系统访问的资源瓶颈来动态调整服务的部署规模。

2）微服务 Spring Cloud 特点

Spring Cloud 是一种微服务架构风格,是微服务架构的集大成者,将一系列优秀的组件进行了整合。通过该框架设计理念,可将大型的单体应用程序或服务按需按类型拆分为多个微服务,服务之间采用简单轻量级通信机制相互协作和配合,并可按需弹性部署运行在独立进程中,为用户提供最终价值。

Spring Cloud 微服务基于 Spring Boot 构建,具有以下特点:

（1）约定优于配置。

（2）适用于各种环境。开发、部署在 PC Server 或各种云环境(例如阿里云、AWS 等)均可。

（3）隐藏了组件的复杂性,并提供声明式、无 xml 的配置方式。

（4）开箱即用,快速启动。

（5）轻量级的组件。Spring Cloud 整合的组件大多比较轻量。例如 Eureka、Zuul 等,都是各自领域轻量级的实现。

（6）组件丰富,功能齐全。Spring Cloud 为微服务提供了非常完整的支持。例如,配置管理、服务发现、断路器、微服务网关等。

（7）选项中立、丰富。例如,Spring Cloud 支持使用 Eureka、Zookeeper 或 Consul 实现服务发现。

（8）灵活。Spring Cloud 的组成是解耦的,开发人员可按需灵活挑选技术选型。

3) 平台微服务组成

（1）微服务支撑。提供服务注册发现、配置管理、API 网关、集群监控、日志分析等为微服务运行支持的系统。

（2）数据访问。采用 Spring Data 和 Hibernate 进行数据访问。

（3）集成。集成分布式事务组件、监控检查组件、链路跟踪组件、服务熔断保护组件、日志组件等。

（4）公共服务。提供物料管理、物流服务、消息服务、工作流服务、资产管理等公共服务。

（5）业务服务。提供供应商管理、生产计划管理、工程数据管理、现场管理、工厂模型管理、看板管理、质量管理等业务服务。

3.4.4　中间件

中间件采用基于云技术的微服务托管平台，提供微服务的支撑和集成能力。提供微服务的全生命周期管理，包括应用的部署、扩容、停止和删除等。从平台上支持限流降级、全链路灰度、内存对象分布、运行快照、热点方法跟踪、链路跟踪分析等管控诊断功能。平台还提供 Redis 缓存服务，MQ 消息中间件等。

3.4.5　系统软件平台

系统软件由云基础设施服务提供。提供弹性计算资源 ECS，提供云关系数据库、云 NoSQL 非结构化数据库、云对象存储 OSS 基础设施服务。数据库采用基于阿里云的 Mysql RDS 服务，同时使用阿里云的对象存储服务，Redis 服务，RockMQ 服务等支持整个系统的运转，SLB 直接采用阿里云负载均衡服务。

4 适航信息化系统方案

基于上述适航信息化系统总体目标与功能要求、非功能要求、总体规划思路、应用及数据架构、技术架构、网络架构规划，本章重点讲述适航信息化系统整体及分模块方案、适航信息化系统功能方案、适航信息化系统与民用航空器主制造商内部系统及外部系统集成方案，为适航信息化系统的需求分析、开发实施提供输入。

4.1 总体方案

基于第三章中适航信息化系统的总体规划思路、应用架构与网络架构的构建，进一步提出适航信息化系统的整体方案，为民用航空器主制造商构建一套贯穿民用航空器全寿命周期的适航信息化系统提供有效的帮助，该系统可实现管控过程、检索证据、提供案例、积聚知识的主要功能，可提升适航业务工作管理的效率与质量，可有力保障型号研制适航取证，同时支撑民用航空器 TC 证后设计更改适航验证工作，保证适航体系高效运行，并为相关人员提供适航知识、取证案例等检索查询与输出。

该适航信息化系统适用于多个型号项目、贯穿于型号全寿命周期，以实现对适航数据及其过程的有效管理。适航信息化系统按照适航业务板块划分为如下模块:适航取证过程管理、适航体系管理、适航日常工作管理、协同工作管理、适航知识管理。适航信息化系统业务模块如图 4-1 所示。

该适航信息化系统覆盖民用航空器适航取证过程核心业务活动，包括 TC 证取证过程、PC 证取证过程、AC 证取证过程、其他适航证件取证过程、AEG 评审过程、服务文件处理过程等主要核心取证过程，并管理适航当局关注的适航体系过程。适航取证过程中及适航体系建设与运行过程中使用的各类方法及工具

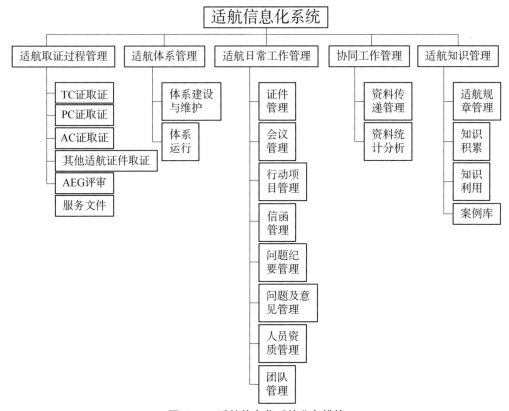

图 4-1　适航信息化系统业务模块

纳入适航日常工作模块管理,与适航当局工作的对接纳入协同工作模块进行管理。此外,适航取证过程、适航体系建设及运行管理过程、适航日常工作、协同工作管理过程中产生的各类适航数据通过适航知识管理模块进行管理,并通过大数据统计分析,自动生成适航案例库、适航取证数据等适航宝贵知识。结合第三章适航信息化系统规划对核心业务活动的分析,适航信息化系统业务模块分解图如图 4-2 所示。

该适航信息化系统主要使用的角色如下:

(1)具有操作权限的角色:适航主管(包含工程、制造、客服等)、型号适航主管、适航专业专题组组长、适航取证管理组组长、验证任务责任人等。具体每项业务的操作权限的角色依据后续功能方案进行确定。

(2)具有查阅权限的角色:民用航空器主制造商的其他成员等。

(3)具有下载权限的角色:型号管理员、超级管理员等。

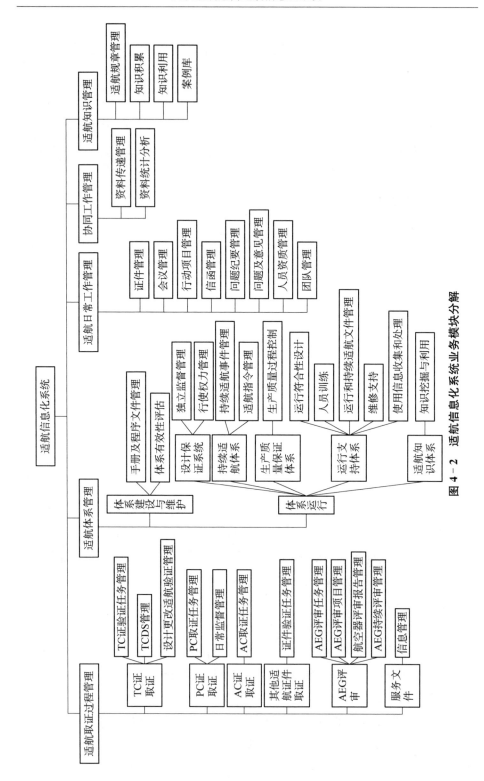

图 4-2　适航信息化系统业务模块分解

该适航信息化系统涉及的子模块的方案见 4.1.1 节～4.1.5 节子模块方案。

本章将重点介绍适航信息化系统所规划的适航取证过程管理模块、适航体系管理模块、适航日常工作管理模块、协同工作管理模块、适航知识管理模块的方案。

4.1.1　适航取证过程管理方案

适航取证管理模块主要管理如下内容:TC 证取证过程、PC 证取证过程、AC 证取证过程、其他适航证件取证过程、AEG 评审过程、服务文件。

4.1.1.1　TC 证取证过程管理

TC 证取证过程模块核心业务包括 TC 证验证任务管理、设计更改适航验证管理、TCDS 管理。

1) TC 证验证任务管理

TC 证验证任务管理是对 TC 证取证过程中所有验证活动数据进行管理的模块,围绕 TC 证取证过程,按①TC 证验证任务定义管理,包括审定基础管理、符合性方法管理、TC 证验证任务定义管理;②TC 证验证任务实施管理,包括验证任务实施管理-文件类、验证任务实施管理-试验类、验证任务实施管理-制造符合性;③表明符合性管理,包括审定计划管理、条款关闭管理等业务的内容进行构建。描述为如下子过程:

(1) TC 证验证任务定义管理。

a. 审定基础管理:以结构化的适航规章条款为基础,结合型号实际的设计特征,确定适用条款并向各专业进行分解,形成各专业及全机的审定基础,编制全机审定基础文件,提交适航当局审批。

b. 符合性方法管理:以审定基础为前提,不同专业确认各条款所采用的符合性方法,最终确定出审定基础中所有条款的符合性方法,形成各专业及全机的符合性方法表,编制全机符合性方法表文件,提交适航当局认可。信息化系统可以根据专业、条款等不同纬度查阅符合性方法。

c. TC 证验证任务定义管理:在确定符合性方法的基础上,定义验证任务,包括验证任务-文件类、验证任务-试验类和验证任务-制造符合性。验证任务定义后,系统自动建立验证任务与条款的关联关系、验证任务与各专业的关联关系,进而建立验证任务与审定计划的关联关系。信息化系统可根据专业、条款、符合性方法等不同纬度查阅适航符合性任务。

(2) TC 证验证任务实施管理。

在上述过程定义的 TC 证验证任务的基础上,民用航空器主制造商组织实施 TC 证验证任务,在实施 TC 证验证任务的过程中产生表明符合性的交付物,形成适航符合性证据。由于型号取证周期长且符合性验证任务数量大,信息化系统需提供便利的 TC 证验证任务跟踪管理方式。按验证任务-文件类、验证任务-试验类、验证任务-制造符合性开展任务实施管理。

a. 验证任务-文件类:验证任务-文件类,需要编制完成符合性文件并提交审方审批,这些符合性文件包括 MC0 符合性声明,MC1 说明性文件,MC2 分析计算报告,MC3 安全性评估报告。同时,也将验证任务-试验类中的试验大纲、试验构型评估报告和试验报告也按验证任务-文件类的要求进行管理。

b. 验证任务-试验类:验证任务-试验类,即通过完成相应的试验任务来获取可用于表明符合性的试验数据,这些试验包括 MC4 试验室试验、MC5 机上地面试验、MC6 飞行试验、MC7 机上检查、MC8 模拟器试验、MC9 设备鉴定试验。为了确保数据的有效性,需建立详细的试验子任务,并按相关要求实施完成:试验大纲编写与审批、试验构型评估报告编写与审批、试验件制造符合性检查、试验前制造符合性检查、审查方试验目击、试验报告编制与审批等流程。其中,试验大纲、试验构型评估报告、试验报告的编制与审批可以参照验证任务-文件类完成,试验件制造符合性检查、试验前制造符合性检查参照验证任务-制造符合性实施完成。

c. 验证任务-制造符合性:制造符合性检查是验证试验过程中的环节,分为试验件的制造符合性检查和试验前的制造符合性检查,其子业务流程包含:确定制造符合性检查项目(包含工序)、编制制造符合性检查请求单、编制与提交制造符合性检查声明、不满意项通知书及答复、适航符合性标签等。其中,适航符合性标签纳入其他适航证件取证过程统一管理,并建立与制造符合性检查项目及制造符合性检查请求单的关联关系。

(3) 表明符合性管理。

在型号研制初期,需依据型号的设计特征规划 TC 证取证的验证方案,形成审定计划(CP)规划,其中明确出表明符合性的所有 CP,并规划出 CP 与各专业的关联关系。依据审查方按专业审查,以条款收口的审定原则,为向适航当局表明符合性,需将 TC 证验证任务实施管理,通过专业与审定计划的关联关系,转换为①审定计划管理,再落实为②条款关闭管理。

a. 审定计划管理:依据型号的审定计划规划对所用 CP 实施管理。审定计划中所有符合性验证任务实施的过程中收集表明符合性的证据,确定符合性证据资料的完整性与有效性,生成适航符合性证据链。当审定计划中所有符合性验证任务完成后,审定计划关闭。型号所有审定计划得到局方批准,且所有符合性任务完成后,形成完整的型号适航取证证据链。

　　b. 条款关闭管理:对型号审定基础中所有条款实施管理。依据条款与各专业的关系、各专业与 CP 的关系,按条款梳理出对应的 TC 证验证任务,增加编制条款综述报告和建立条款符合性检查清单(CCL)的任务,形成每个条款关闭计划,并进行跟踪管理,确认条款相关的各项验证任务的完成情况,在验证任务开展的每个环节收集表明符合性的证据,确认符合性证据资料的完整性与有效性,确认验证结果的符合性,生成适航符合性证据链。编制条款综述报告,向审查方表明条款的符合性。条款综述报告被审查方认可,则表明该条款的验证结果已经全部获得审查方批准。

　　审定基础中所有条款的符合性得到审查方确认后,形成完整的型号适航取证证据链。

　　2) 设计更改适航验证管理

　　设计更改适航验证管理主要是对 TC 证后设计更改申请、变更申请、设计更改验证任务管理。

　　(1) TC 证后设计更改申请管理:主要包括证后设计更改申请内部流程管理及提交审查方受理流程管理。

　　(2) TC 证后设计更改变更申请管理:主要包括证后设计更改的变更管理,包括对申请书的变更以及重新提交审查方受理流程的管理。

　　(3) TC 证后设计更改验证任务管理:主要是对 TC 证后设计更改开展的验证任务的管理。

　　a. 证后设计更改分类管理:民用飞机完成 TC 取证、开始交付航空公司运营之后,证后的设计更改需获得审查方审批。根据更改项目情况,按需开展适航验证工作。依据 CCAR-21.93 条规定,型号设计更改分为大改和小改。为提升设计更改验证工作及审查方审批的效率,确保型号设计满足适航规章要求,民用航空器主制造商依据规章要求进行解读后,将设计更改分类细化为设计大改、需补充验证工作的设计小改、无须补充验证工作的设计小改。

　　b. 证后设计更改验证管理:对于上述设计大改和需要补充验证工作的设计小改,需要向审查方提交设计更改申请且审查方受理后才能开展后续证后符合性验证工作,相关的型号设计资料和验证资料需提交审查方审批。如民用航空器主制造商的设计保证系统获得适航当局的批准,也可根据获得的权利,需要补充验证工作的设计小改由设计保证系统的授权适航工程师审批相关的型号设计资料和验证资料。

对于上述无需补充验证工作的设计小改：无需提交设计更改申请，可在设计小改完成后，将型号设计资料提交审查方批准。如民用航空器主制造商的设计保证系统获得适航当局的批准，也可根据获得的权利，由设计保证系统的授权适航工程师批准。

3）TCDS 管理

TCDS 是型号合格证的组成部分，包含产品型别和批准日期、型号合格审定基础和生产依据、技术特性和使用限制以及批准的技术资料等内容。TC 证前，TCDS 由申请方编制草稿，形成初稿文件，提交审查方审核，随 TC 证批准而批准。TC 证后，由于型号设计更改而更新 TCDS，此时换版 TCDS 文件，再提交审查方审核并批准。由于 TC 取证前与 TC 证后均会涉及 TCDS 的管理，故 TCDS 单独进行管理，但必须关联相应的 TC 证件，包括：①TCDS 的编制，通过结构化方式管理 TCDS，关联相关型号设计数据和适航符合性验证数据，快速生成 TCDS 文件或更新 TCDS 文件；②TCDS 提交审查方批准管理。

4.1.1.2　PC 证取证过程管理

PC 证取证过程包含 PC 证取证及其证后的管理，PC 证取证过程管理主要是对已取得 TC 证的民用航空器主制造商申请生产许可证（PC 证）过程中质量体系审查的要求进行规范化管理，核心业务包括 1）PC 证取证任务管理、2）日常监督管理。

1）PC 证取证任务管理

PC 证取证任务管理主要是对依据质量系统审查准则确定的 PC 证验证任务进行管理，围绕 PC 证取证过程中取证任务的定义、分解、计划及跟踪等核心业务内容进行构建，主要包括如下子过程：

（1）取证任务定义：①取证任务定义管理，民用航空器主制造商与适航当局依据基于产品的系统审查原则和质量系统审查准则确定 PC 证验证任务，依据 PC 证验证任务，列出所有文件评审和现场评审的各项任务，其中，编制相应的管理程序提交审查方审批，此类任务为文件评审；接受审查方的现场审查确认，此类任务为现场评审。②取证任务变更管理，针对已定义的取证任务的变更管理。

（2）取证任务分解：对确定的各项取证任务分解到团队可实施的最小单元，便于后续计划的制定。

（3）计划管理：PC 证取证计划分为三部分，即①针对上述 PC 证验证任务，确定申请方和审查方的相关责任人，在确认各项任务关联性的基础上，给出时间节点,形成 PC 证验证任务计划;②PC 审查评审计划管理:审查方受理生产许可申请后,与民用航空器主制造商共同确定评审计划,相关信息包括评审活动时间安排、被评审人的类别、被评审人的生产设施、指派的评审人员的数量和专业、评审项目的编号、负责评审的地区管理局审定处等内容;③手册/程序文件的编制计划。

(4) 取证任务跟踪:对上述 PC 证取证任务的状态进行实时跟踪及统计。

2)日常监督管理

日常监督是审查方开展的一种针对 PC 证持证人质量系统要素所进行的有计划的、系统性的且基于产品的审查活动,目的是验证 PC 证持证人是否有效地持续符合规章要求、适用的质量系统要求以及经审查方批准的设计要求。日常监督通常会选在 PC 证持证人或其供应商的具有较高风险的生产设施处进行,通过质量系统复查(QSRA)、供应商控制审查(SCA)和主管检查员审查(PIA)实施。在信息化实施中可以考虑:日常监督计划管理、问题的结构化记录、问题的预防措施管理、问题的跟踪管理、问题关闭管理等。此部分内容纳入 4.1.3 节适航日常工作管理中的问题及意见管理。

4.1.1.3 AC 证取证过程管理

AC 证取证过程包含 AC 证取证及其证后的管理,AC 证取证过程管理主要针对 AC 取证验证任务进行管理。核心业务可分为:AC 证取证验证任务管理。与 PC 证取证过程管理类似,核心业务内容可分为如下子过程进行管理:①AC 证取证验证任务定义、②验证任务分解、③验证任务计划管理、④验证任务跟踪管理。

1)AC 证取证验证任务定义

民用航空器主制造商根据其生产民用航空器阶段的持证状态,可将 AC 证取证验证任务分为两类:一类为依据型号合格证生产时的 AC 证验证任务管理,另一类为有生产许可证生产时的 AC 证验证任务管理。

(1) 依据 TC 证生产时 AC 证取证验证任务管理

如果仅持有 TC 证,此时审查方投入检查的范围与程度较大,主要为民用航空器的资料检查、航空器交付状态检查以及一些其他审查方认为必要的检查,例如,确定制造符合性检查项目清单并配合开展检查。民用航空器主制造商根据检查的内容进一步确定具体 AC 取证验证任务。

(2) 有 PC 证生产时 AC 证取证验证任务管理

在 PC 证已经建立的经批准的生产质量保证体系下,审查方仅查证 AC 证申请方提交的相关资料与交付状态,可视情在民用航空器的生产过程中开展适航检查。民用航空器主制造商根据审查方检查的内容确定具体 AC 证取证验证任务。

2) 验证任务分解

针对 AC 证验证任务进一步分解为可实施操作的最小单元,便于后续计划制定。

3) 验证任务计划管理

针对上述分解后的 AC 证验证任务,确定申请方和审查方的相关责任人,在确认各项任务关联性的基础上,给出时间节点,形成 AC 证验证任务计划。

4) 验证任务跟踪管理

对上述 AC 证取证任务及计划的状态进行实时跟踪及统计。

4.1.1.4 其他适航证件取证过程管理

其他适航证件取证过程包含适航证件取证及其证后,其他适航证件取证过程管理主要针对证件取证任务进行管理。核心业务为:证件验证任务管理。依据 CCAR - 21 - R4 的定义,其他适航证件包括除 TC 证、PC 证和 AC 证外的 11 张适航证件。根据适航当局设置的审定类别,分为三类:①型号合格审定类,共计 5 张,分别是:补充型号合格证 STC 证、改装设计批准书 MDA 证、型号认可证 VTC 证、补充型号认可证 VSTC 证、零部件设计批准认可证 VDA 证,型号合格证 TC 证属此类。②生产许可审定类,11 张证件中无此类证件,生产许可证 PC 证属此类。③适航合格审定类,共计 4 张,分别是出口适航证、外国适航证认可书、特许飞行证、适航批准标签,适航证 AC 证属此类;而技术标准规定项目批准书 CTSOA 证和零部件制造人批准书 PMA 证,既需型号合格审定,又需生产许可审定才能颁发,但允许完成单项审定后,颁发单项部分的证件,即存在技术标准规定项目批准书设计批准部分或生产批准部分、零部件制造人批准书设计批准部分或生产批准部分。根据适航证件的分类,进一步将验证任务管理进行分类管理:

(1) 第一类适航证件的验证任务管理:型号合格审定类的适航证件的验证任务参照 TC 证验证任务进行管理;

(2) 第二类适航证件的验证任务管理:生产许可审定类的适航证件的验证任务参照 PC 证验证任务进行管理;

(3) 第三类适航证件的验证任务管理:适航合格审定类的适航证件的验证任务参照 AC 证验证任务进行管理;

(4) 技术标准规定项目批准书 CTSOA 证和零部件制造人批准书 PMA 证

的验证任务管理;同时参照 TC 证验证任务与 PC 证验证任务进行管理。

4.1.1.5　AEG 评审过程管理

航空器评审是以民用航空器运营安全为重点,从使用者的角度,验证民用航空器在预期使用环境及条件下对运行规章的符合性,证明民用航空器在不同运行条件、环境、标准和程序下均能安全运营的评审活动,AEG 评审过程分为评审与持续评审两阶段。AEG 评审过程模块核心业务包括 AEG 评审任务管理、AEG 评审项目管理、航空器评审报告管理、AEG 持续评审管理。

1) AEG 评审任务管理

AEG 评审任务可分为如下子过程管理:

(1) AEG 评审任务定义:民用航空器主制造商与中国民用航空局飞行标准司共同确定针对民用航空器开展运行符合性评审的具体项目,审查方以"航空器评审项目确认单"的形式发布,依据此项目确定 AEG 评审的具体任务。

(2) 航空器评审计划确定:作为申请方的民用航空器主制造商依据 AEG 评审任务定义中确定的具体任务,在考虑与型号合格审定的计划节点协调一致的基础上,制定航空器评审计划并下发实施。

(3) 评审任务实施与跟踪:在型号研制过程中,AEG 评审任务会随型号设计的进程开展,通过文件评审和会议评审来实施航空器评审任务。民用航空器主制造商需要不断跟踪任务的实施与完成情况。

2) AEG 评审项目管理

AEG 评审项目确定:民用航空器主制造商依据所研制民用航空器设计特征,编制航空器评审项目清单,提交中国民用航空局飞行标准司审批,经飞行标准司司长批准后实施。

3) 航空器评审报告管理

航空器评审组针对①驾驶员资格规范;②维修人员资格规范;③主最低设备清单;④计划维修要求;⑤运行文件;⑥运行规章符合性;⑦申请方提出并经适航当局同意的其他项目等 7 方面开展运行符合性评审。评审的结论需与运行支持体系中运行与持续适航文件关联。

(1) 阶段评审结论:申请方在实施型号合格证验证与接受审查的同时,启动并接受航空器评审方通过文件评审和会议评审两种方式实施的航空器评审,评审方以函件和会议纪要的方式给申请方反馈阶段评审结论。

(2) 航空器评审报告:在民用航空器首次交付运行前采用航空器评审报告的形式给出评审符合的结论,同时,给出相应的批准文件和认可文件信息。

4) AEG 持续评审管理

民用航空器投入运行后,航空器评审组将根据①对民用航空器型号进行的设计更改;②民用航空器实际运行反馈的信息;③法规要求的修订这三种情况,开展持续评审,并贯穿于民用航空器型号运行的全寿命周期。持续评审以修订航空器评审报告的形式给出意见。

4.1.1.6　服务文件管理

民用航空器主制造商采用服务文件与客户建立良好的关系,一方面解决自身型号设计中存在的缺陷、改进民用航空器的可靠性、安全性和维修性,另一方面,及时处理解决客户运行民用航空器过程中的使用困难、故障及超出手册规定的问题。服务文件包括超手册修理方案、服务通告、服务信函,服务文件管理的核心业务主要是信息管理,围绕服务文件管理的主要子过程包括:①收集信息;②编制服务文件;③跟踪客户执行情况;④关闭信息。

1) 收集信息

编制服务文件均需要依据一定的信息来启动。民用航空器主制造商内部依据设计、制造、试验试飞及客户服务分类,建立信息收集机制,各自负责其领域内的相关信息,收集的信息传递至客户服务部门,识别、判断是否符合编制服务文件的条件,确定编制何种类型的服务文件。

2) 编制服务文件

民用航空器主制造商组织相关人员编制服务文件,相关流程包括:服务文件的编写、审核、提交审查方确认/审批、发送客户等流程。

3) 跟踪客户执行情况

民用航空器主制造商将服务文件发送客户后,客户对服务文件进一步判断是否需要实施,并将实施的结果定期反馈给民用航空器主制造商。其中,部分服务文件为强制实施的服务文件,客户必须在文件规定的期限内实施,并反馈实施情况。对于部分非强制实施的服务文件,客户可以依据其类别与要求及自身情况决定是否实施,并将结果反馈给民用航空器主制造商。与客户资料的传递与信息反馈归入协同工作管理。

4) 关闭信息

(1) 对于发送到客户的服务文件,民用航空器主制造商需要跟踪。

(2) 对于不需要实施的服务文件,客户收到后,信息即可关闭。

(3) 对于强制实施的服务文件,客户在规定期限内完成,信息即可关闭。

(4) 对于选择性实施的服务文件,若客户决定不实施,信息可关闭;若客户决定实施,在实施完成后,信息可关闭。

4.1.2　适航体系管理方案

适航体系管理主要包含设计保证系统、持续适航体系、生产质量保证体系、运行支持体系、适航知识体系的建设和运行管理。体系建设和运行过程中问题及意见管理、信函管理、会议管理、人员资质管理等纳入适航日常工作管理,体系建设与运行过程中与适航当局的资料交互纳入协同工作管理,各体系独特的部分纳入适航体系管理模块进行管理。适航体系管理从体系建设与维护、体系运行两个方面管理。

4.1.2.1　体系建设与维护

体系建设与维护模块核心业务包括手册及程序文件管理;体系有效性评估。

1) 手册及程序文件管理

适航体系建设与维护的载体为手册及其支撑性程序文件,故适航体系建设与维护重点关注适航体系的手册及程序文件、指南、表单等支撑性的文件的管理。主要包括如下内容:

(1) 手册管理:设计保证系统、持续适航体系、生产质量保证体系、运行支持体系的手册的结构化模板管理、手册的编辑及内部审核管理、手册提交审查方审批状态管理;

(2) 程序文件、指南、表单管理:设计保证系统、持续适航体系、生产质量保证体系、运行支持体系的手册对应的支撑性程序文件、指南、表单的管理,包括内部签署管理、提交审查方管理、表单管理、层级对应关系管理等。

2) 体系有效性评估

设计保证系统、持续适航体系、生产质量保证体系、运行支持体系、适航知识体系运行有效性评估管理,包括评估要素、评估准则、评估周期、评估结果的管理,针对有效性评估结果可以进行便利快捷的数据统计。

4.1.2.2　体系运行

本节重点讲述适航体系在运行过程中,各自独特且核心业务内容的管理方案。依次讲述:①设计保证系统运行管理;②持续适航体系运行管理;③生产质量保证体系运行管理;④运行支持体系运行管理;⑤适航知识体系运行管理。

1) 设计保证系统运行管理

设计保证系统运行过程中的核心业务包括:①设计职能管理;②独立监控职能管理;③适航职能管理(包含行使权利管理和执行功能管理)。

（1）设计保证系统设计职能管理，通常民用航空器主制造商均针对双 V 流程的需求识别及确认与验证、设计方案及验证、产品设计及制造、产品试验试飞验证、产品设计更改与验证，建立有相应的信息管理系统，在适航信息化系统中需要关注的是型号设计/更改符合适航标准并得到符合性验证，获得审查方批准，故型号设计/更改提交审查方审批的流程纳入适航日常工作管理。

如果民用航空器主制造商未建立设计过程的信息化系统，可将适航工作的要求与切入点纳入其建设方案中，以实现包含适航工作的设计管控系统。

（2）设计保证系统独立监控职能管理，主要包括日常监控和集中审核监控。其中，日常监控应提供各种收集信息的渠道，并将日常监控问题反馈至设计保证系统进一步分析评估。集中审核监控管理包括年度集中审核计划制定、审核计划实施、审核问题项及建议项跟踪、审核总结等内容。

（3）设计保证系统适航职能管理，主要包括行使权利管理（申请 TC 证、型号设计大改、小改的分类、设计小改的批准、修理方案批准）和执行功能管理（核查型号设计资料、符合性验证资料的符合性和符合性声明的有效性）。这些过程均包含在适航取证过程管理中。行使权利人员和执行功能人员的授权管理主要包括授权工作情况的统计管理和授权人员资质管理，人员资质管理纳入适航日常工作管理。

2）持续适航体系运行管理

依据各国适航当局颁布规章的要求，民用航空器主制造商需建立持续适航体系，以收集民用航空器的不安全信息，分析其安全风险，制定改进/改正措施，从而提升机队运行的安全风险水平，保证民用航空器的持续适航性。持续适航体系运行过程中的核心业务主要是持续适航事件的管理、适航指令的管理。

（1）持续适航事件管理

主要包含如下流程：①事件收集；②事件筛选；③风险评估；④事件调查；⑤制定与管理改进/改正措施；⑥持续适航经验总结；⑦向局方报告；⑧事故事件跟踪。

a. 事件收集：事件收集作为持续适航体系的源头和输入，其收集的事件数据是有效识别航空器潜在不安全状态、评估航空器安全性水平、制定相应改正/改进措施的数据基础。因此，建立收集的机制、明确收集的范围和来源、制定收集的标准，保证收集的及时性、准确性、完整性，对保证持续适航体系的高效运转，进而保障民用航空器主制造商交付飞机的持续适航具有重要意义。具体操作为:相关责任单位和相关责任人需按照事件收集范围,收集相关信息,信息收集的范围包括:工程事件信息、制造事件信息、试飞事件信息、在役事件信息、客服工程事件信息和适航当局信息等多个方面的事件信息收集范围。

b. 事件筛选:民用航空器主制造商相关责任部门/责任人对收集到的事件信息,按照事件收集的标准和样例,判断该事件信息是否满足要求,能否作为事件流转入持续适航体系。事件判断的原则如下:航空器运行中威胁或可能威胁航空器安全运行的故障、失效、缺陷或超出技术限制的情况;产品、零部件和设备设计、制造和维修中影响或可能影响航空器安全运行的故障、失效、缺陷或其他情况。民用航空器主制造商相关责任部门/责任人对判断出的事件,在规定的时间内,及时、准确、完整地将事件报告给持续适航体系。对于 CCAR – 21.5 事件,持续适航体系需在规定的时间内报告适航当局。

c. 风险评估:建立初始风险评估流程和详细风险评估流程,结构化管理评估过程中生成的各类信息,根据风险评估的结论,对事件进行进一步详细分析调查。

d. 事件调查:为有效开展风险评估,按需建立事件调查组,调查事件根本原因。

e. 改正改进措施管理:建立改正/改进措施及反馈流程,有效地管理事件机队改正/改进措施方案、结构化的改正/改进措施跟踪反馈单、结构化的改正/改进措施有效性评估单,与适航工作的会议纪要模块做好关联集成。

f. 持续适航经验总结:对持续适航事件进行总结,并将结果进行结构化管理,为后续搭建持续适航事件案例库奠定基础。

g. 向审查方报告:事件确定后,需要按规定时间向审查方报告事件的进展状态。

h. 事故事件跟踪:建立方便、快捷的事件状态跟踪表,可实时把控事件状态并查询事件相关资料。

(2) 适航指令管理

主要对适航指令收集、筛选、适用性和符合性评估、贯彻实施、跟踪管理过程进行信息化管理,实现适航指令工作各方在平台上协同工作以及信息共享,提高工作效率。通过收集和评估适航当局发布的适航指令,经评估得到适用于某型号的适航指令,民用航空器主制造商依据适航指令要求对飞机的设计、生产、试飞以及使用信息进行更改,确保符合适航指令要求。如需要对型号设计进行更改,则将适航指令的相关内容作为设计更改输入,纳入 4.1.1.1 节 TC 证设计更改验证管理;在申请标准适航证时需向适航当局和客户表明适航指令的适用性和符合性的评估情况,对适航指令的适用性和符合性的评估作为 AC 证验证的一项任务纳入 4.1.1.3 节 AC 证取证过程管理。

3) 生产质量保证体系管理

生产质量保证体系运行过程中的核心业务是对生产质量的过程控制,包括设计资料控制、制造过程控制、不合格品控制、内部审核及纠正预防措施控制。对于上述控制过程通常在民用航空器主制造商内部业务系统进行管理:经批准的设计资料传递到生产,在民用航空器主制造商产品数据管理系统中管理;制造过程控制和不合格品控制通常在民用航空器主制造商的生产管理系统中实施管理;内部审核及纠正预防措施控制过程通常在质量审核系统进行控制。

(1) 对于上述民用航空器主制造商已经建立了相关业务系统的情况下,适航信息化系统与其建立接口,最重要的接口是经批准型号设计与更改资料准确地传递到生产过程中和生产过程中不合格品的处置接口,需要按照业务流程将相关内容传递到审查方,并在适航信息化系统中提供及时、准确、便利的跟踪功能。

(2) 如民用航空器主制造商尚未建立相关业务系统,则在后续建立过程中可以提前规划纳入适航相关的要求与控制点。

此外,民用航空器主制造商所建立的生产质量保证体系,需行使体系具有的不经审查方特别检查即可获得 AC 证的权利。生产质量保证体系经适航当局批准后,民用航空器主制造商按经批准的设计完成航空产品的生产后,不经审查方特别检查即可获得 AC 证,此部分流程纳入 4.1.1.3 节 AC 证取证任务管理,作为 AC 证取证任务的前置。

4) 运行支持体系管理

运行支持体系运行过程中的核心业务包括:运行符合性设计、人员训练、运行和持续适航文件管理、维修支持、使用信息收集和处理等。

(1) 运行符合性设计:主要是主制造商对运行符合性清单的管理,包括清单结构化设计及维护,以保证民用航空器设计时已纳入运行规章要求,并保证在运行过程中满足相关运行规章的要求。

(2) 人员训练:运行支持体系需为飞行、维修及其他必要人员开展机型培训,具体内容为:①编制建议的机型训练规范;②模拟训练设备的研制;③训练机构获得必要的资格批准。需培训的人员为飞行机组人员、乘务人员和维修人员。在适航信息化系统实现时可考虑对机型训练规范的编制及提交审查方认可的管理、飞行模拟器资质申请管理、人员的训练记录管理、与审查方资料传递管理等功能。

（3）运行和持续适航文件管理：

a. 运行文件包括飞行手册、飞行机组操作手册、快速参考手册、载重平衡手册、偏差放行指南、客舱机组操作手册。其中，在民用航空器 TC 证取证过程中，飞行手册和载重平衡手册均需满足 CCAR - 25 部相关条款的要求并验证，在 TC 取证前获得 TCT 审查批准。飞行手册需型号合格审定批准，载重平衡手册需型号合格审定和航空器评审均批准。其他手册/指南可在 TC 证前获得审查方批准/认可，若无法获得，则必须制定相应的审批计划，保证在首架飞机交付民用航空器运行人前获得审查方批准或认可。此部分需要考虑手册的编制、内部审核与批准、提交审查方批准相关业务流程，此时的审查方包括 TCT 审查代表和 AEG 审查代表。

b. 持续适航文件按照实际的用途，一般分为维修要求、维修程序和构型控制等类别，每一类文件都可以按一本或多本手册的形式编制。包括适航性限制项目（ALI）、审定维修要求（CMR）、结构修理手册（SRM）、计划维修要求（SMR）和主最低设备清单（MMEL）；前三项需型号合格审定 TCT 批准，后二项需航空器评审批准或认可。TCT 审批的文件必须在 TC 证前获得批准，AEG 审批的文件可在 TC 证前获得批准/认可，若无法获得，则必须制定相应的审批计划，保证在首架飞机交付民用航空器运行人前获得批准或认可。此部分需要考虑手册的编制、内部审核与批准、提交审查方批准相关业务流程，此时的审查方包括 TCT 审查代表和 AEG 审查代表。

（4）维修支持：民用航空器主制造商需对所研制型号飞机提供全方位的维修支持服务，具体开展工作如下：

a. 建立各级飞机定期检修及部件维修能力，并获得 CCAR - 145 部的批准。其中，包括向适航当局申请维修许可证的过程，纳入 4.1.3 节适航日常工作中证件管理。

b. 建立与机队规模和布局相适应的航材供应能力，包括建立最低库存、航材运输保障、AOG 订货等全面的航材供应服务。此部分由于不涉及适航当局，不纳入适航信息化系统，但其中航材涉及适航标签，纳入 4.1.1.4 节其他适航证件取证过程管理。

c. 为民用航空器运行人或第三方机构建立航线维修或定期检修能力提供需要的专用工具设备支持，此部分由于不涉及适航当局，不纳入适航信息化系统。

d. 为民用航空器运行人或第三方机构在飞机运行或维修过程中遇到的工程技术问题提供支援,此部分纳入 4.1.3 节适航日常工作管理中问题与意见管理。

5) 适航知识体系管理

适航知识体系运行过程中的核心业务主要是对知识的挖掘与利用,包括对适航取证过程、适航体系建设及运行过程、其他渠道产生的各类知识的挖掘与利用。此部分内容纳入 4.1.5 节适航知识管理。

4.1.3　适航日常工作管理方案

适航日常工作模块主要管理适航取证过程、适航体系建设及运行过程、民用航空器主制造商与适航当局协同工作过程中通用的一些活动。适航日常工作管理主要包括:证件管理、会议管理、行动项目管理、信函管理、问题纪要管理、问题及意见管理、人员资质管理、团队管理等内容。

1) 证件管理

对适航业务过程中的各类证件进行管理,包括型号合格证 TC 证、补充型号合格证 STC 证、型号认可证 VTC 证、补充型号认可证 VSTC 证、零部件设计批准认可证 VDA 证、技术标准规定项目批准书 CTSOA 证、适航证 AC 证、出口适航证、外国适航证认可书、生产许可证 PC 证、改装设计批准书 MDA 证、零部件制造人批准书 PMA 证、特许飞行证、适航批准标签 14 张适航证件的统一管理,还包括管理国籍登记证、无线电执照及其他证件(运行合格证、维修许可证等)。主要管理内容包括证件的申请、受理、颁发、证件变更/更改相关内容的管理。由于涉及外部单位,此处可以考虑与外部单位集成或仅民用航空器主制造商内部管理。对于证件的审查和检查等的验证过程在 4.1.1 节适航取证管理过程中体现。

2) 会议管理

适航业务过程中会议信息的有效管理对于适航业务过程的记录以及追溯具有重要意义,通常会议管理的内容包括:会议议题管理、会议通知管理、会议材料管理、会议纪要管理等。在规划会议管理模块时,可以按照不同维度对会议进行分类,例如按年度对会议进行分类管理;按适航会议的类别进行分类管理:TCB会议、PCB 会议、审查会、技术交流会、民用航空器主制造商内部会(不包括审查方的内部会议)、民用航空器主制造商与适航当局的高层会、技术熟悉会、适航体系委员会会议、适航体系技术委员会会议、适航体系委员会办公室会议等与适航业务相关的会议;按会议牵头专业进行分类管理等多种业务维度。为了便于跟踪管理会议生成的行动项目,通常会议纪要需要进行格式化管理,对会议纪要的议题及会议纪要中行动项目进行条目化管理,并关联行动项目管理。

3) 行动项目管理

行动项目的来源较多,可能来源于会议纪要、问题纪要、信函、审查方的评审意见表、不满意项通知、适航体系运行中发现的问题等。在行动项目的管理上,除按文档形式管理外,还要按行动项目内容进行条目化管理,并实现行动项目按项目查询、输出以及整改闭环管理。为了便于行动项目更快落实与关闭,还应对行动项目进行分解,落实责任单位和部门,形成临时计划下发执行,执行完毕后还应审核行动项目完成的交付物、与审查方确认关闭行动项目。

4) 信函管理

包括适航当局发出的审定信函、审查信函、明传电报及适航当局内部交流函件的管理,同时包括民用航空器主制造商发出的信函的管理。信函需要关注信函的传递、答复及状态的跟踪。对于信函中产生的行动项目,纳入统一的行动项目管理并建立关联关系。

5) 问题纪要管理

管理适航取证过程中的问题纪要。包括问题纪要的生成,问题纪要不同阶段、不同版本的管理,问题纪要的关闭,问题纪要分类统计及问题纪要汇编。

6) 问题及意见管理

对适航取证过程中、适航体系运行过程中适航相关的问题及意见进行管理,包含内部发现问题与审查方发现问题,从问题的完整闭环流程进行管理:提出问题、制定整改措施、实施整改措施、确认整改符合性、关闭问题及意见。

7) 人员资质管理

包括对适航当局授权人员 DER、DMIR 的管理,以及民用航空器主制造商授权人员 CVE、DAE、CS、DR 的管理,授权管理的主要内容包括授权人员的申请、培训、授权、续期、考核等各个方面的管理。

8) 团队管理

对于适航业务过程中的团队进行管理,包括民用航空器主制造商团队与审查方团队的管理。

(1) 团队分层管理:在适航取证过程中,审查方建立多个层面的组织以保证完成适航审查任务,相应的民用航空器主制造商需要对应成立相应的团队与审查方建立对口关系,以保证适航审查和取证工作顺利开展。例如:TC 证取证过程中,审查方建立三个层面的组织:型号合格审定委员会 TCB、型号合格审查组 TCT 和型号合格审查专业/专题组 STCT,民用航空器主制造商对口审查方则需要建立三个相应层级的团队开展业务对接。

(2) 团队人员角色配置管理:为了更好完成取证过程中的任务,团队管理需设置不同的人员角色,并关联验证和审查任务,从而有效管控取证任务。

4.1.4　协同工作管理方案

协同工作管理的核心业务包括:①民用航空器主制造商与审查方之间资料传递的闭环管理;②资料统计分析管理。

1) 民用航空器主制造商与审查方之间资料传递的闭环管理

包括民用航空器主制造商提交资料及审查方接收并反馈流程、审查方主发送资料及民用航空器主制造商接收并反馈的流程。为了实现双方资料传递的闭环管理,需要考虑如下内容:

(1) 建立资料分类原则,完成资料分类。

根据规章要求,适航取证的资料需保存至该型飞机机队完全退役。为此,需要建立适航取证资料分类管理,建立适航取证资料数据类型的层级结构,并确定资料的不同分类方法,例如:以型号资料、审查资料、证件和函件对取证过程的所有资料进行了归类整理,并使用信息化手段对各类适航取证资料进行对象化建模管理,建立各类资料之间的结构化关联关系,实现资料有效存储与快速查询。

(2) 建立协同工作模式。

为了提升民用航空器主制造商适航工作效率,搭建与审查方协同工作模式,需要梳理型号适航取证及适航工作活动流程,建立民用航空器主制造商与审查方活动类协同工作模式。建设信息化协同工作平台,对接审查方工作流程,提高申请方与审查方之间信息交互的效率,实现型号数据与适航相关数据的无缝对接、实时存储和快速传递。

建立现场评审、会议评审、函件评审等工作机制,制定审查方审查意见的跟踪、落实与反馈要求,实行行动项目管理、问题清单管理,确保对审查方意见及时评估与反馈,提升审查方审批效率。此部分业务内容与 4.1.3 节适航日常工作管理中会议管理、函件管理、行动项目管理、问题及意见管理建立关联。

(3) 完成适航资料审批。

a. 用于表明符合性的证据文件都必须得到审查方批准。作为民用航空器主制造商与审查方之间高效安全的信息交互系统,适航信息化系统可以在线接收申请方符合性资料、在线提交资料到审查方审查系统,并在线实时接收审查方的反馈,实现民用航空器主制造商与审查方协同工作的无缝对接。

b. 除适航资料需提交审查方批准外,还有一些符合性证据和支持性文件也需要提交到审查方参考。该适航信息化系统需要实现资料间的关联关系,以及适航资料与审查方审批表/审定信函之间的关联关系。

c. 由于审查方在适航资料审查的过程中可能会提出问题及意见,还需要将问题及意见与适航资料建立关联关系。相关的问题及建议需要纳入 4.1.3 适航日常工作管理进行跟踪管理。

2)资料统计分析管理

a. 分类管理:由于民用航空器主制造商与审查方间数据交互数据量大且频率较高,为了便于后续适航数据管理及统计查询,需考虑协同数据的分类管理。通常,可以按照资料的业务类型进行分类管理,例如:MC1 说明性文件、MC2 分析/计算文件、MC4 试验大纲等;也可按照审查方反馈表单的形式不同进行分类管理,例如:批准类文件、认可类文件、参考类文件。

批准类文件:需得到审查方批准的资料,如说明性报告、试验大纲、试验报告等。

认可类文件:需要审查方给出评审意见的资料。

参考类文件:提交到审查方参考,无需审查方反馈的资料。

b. 数据展示:数据资料根据民用航空器主制造商及审查方关注情况多维度展示。

4.1.5 适航知识管理方案

适航知识管理核心业务包括:适航规章管理、知识积累、知识利用、案例库的管理。

1)适航规章管理

对适航规章、管理程序、修正案、标准、规范、咨询通告等内容的结构化管理、更新管理。

2)知识积累

对适航取证过程、适航体系建设与运行过程中以及其他渠道产生的各类适航资源的获取、存储、分类梳理、归纳、总结,进而形成适航知识资产;适航相关角色发现适航资源、创建并加工适航资源,进而形成的适航知识管理。为了便于后续知识利用,需将知识从不同维度进行归类。

(1)适航取证过程中的适航知识管理:对民用航空器全生命周期适航数据进行管理。结合对型号适航取证过程的分析,建立面向民用航空器型号适航取证的数据管理模块,一方面支持以信息化的方式对飞机研制和取证过程中型号取证数据的收集、整理和存储,以提高适航取证的工作效率;另一方面,可保证型号取证数据管理的完整性和有效性,以满足适航规章对于适航取证数据管理的要求。

(2) 体系建设与运行的适航知识管理:包括体系手册与程序文件的相关知识的管理,体系运行过程中监督检查及体系问题的管理、体系有效性的评估结果。便于后续体系的逐步优化。

(3) 用户创建知识、审批知识、编辑知识、知识关联、知识点评等自行创建知识的管理。

3) 知识利用

提供便利的知识利用渠道,包括知识搜索、知识推送。

4) 案例库

根据对知识的积累,生成各种案例库,包括取证案例库、事故案例库、体系案例库等。

4.2　功能方案

4.2.1　适航信息化系统首页

4.2.1.1　模块说明

适航信息化系统首页是适航日常工作的重要模块之一,为适航业务工作人员提供功能访问、代办、信息公告、统计图表、文档检索、机型切换等功能。内部用户可直接通过系统访问地址登录进入首页,若集成至民用航空器主制造商内部系统(如公司门户系统),可直接跳转访问到首页;若为外部供应商、航空公司、维修单位,可提供供应商系统集成适航信息化系统方式访问,也可提供直接带有控制权限的方式访问首页。

首页模块支持机型切换功能,方便用户在各类飞机机型操作界面间切换,设置已授权的用户可快速找到功能模块菜单进入所需模块功能,建立的功能和区域如下:

(1) 设置待办区域,显示每类用户的待办工作,便于用户快速处理响应;

(2) 设置信息公告区域,为用户提供及时消息通知提醒;

(3) 设置统计报表展示区域,可定制多个统计图形,供用户选择展示;

(4) 设置统计报表定制功能,为用户提供自定义展示报表功能;

(5) 设置查看数模功能,可跳转民用航空器主制造商内部系统;

（6）设置文档检索区域，提供全系统文档关键字筛选定位、查看、下载功能；

（7）设置网站地图，可以一览全系统功能点，具备权限的用户支持快速进入。

适航信息化系统用户组成如图 4-3 所示。

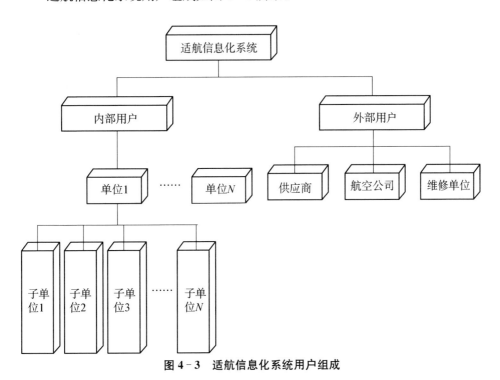

图 4-3 适航信息化系统用户组成

本系统用户分为内部用户和外部用户。内部用户指国内各民用航空器主制造商，外部用户指外部供应商、航空公司、维修单位。首页用户角色功能如表 4-1 所示。

表 4-1 首页用户角色功能

用户角色	具 有 功 能
普通用户	可以登录系统、配置机型、处理待办、查看公告、搜索资料、查看并配置统计图表
内部用户	具有普通用户的所有功能，可以使用局域网登录系统的用户群体。包括管理员、型号适航工作各类业务人员、其他公司员工普通用户
外部用户	具有权限的局部功能，通过互联网访问到系统的用户群体。包括供应商普通用户
时钟	系统后台启动定时任务，将适航待办、适航消息公告同步到民用航空器主制造商内部系统

4.2.1.2 流程及描述

适航信息化系统首页流程如图 4－4 所示。

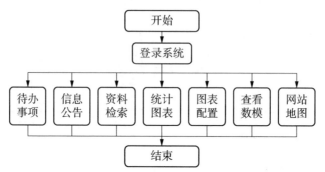

图 4－4 适航信息化系统首页流程

流程描述：

登录系统：对外部用户进行安全认证，取得相应操作权限；

待办事项：显示用户与适航工作相关的待办事项，提醒用户及时完成自己的工作任务；

信息公告：实时反馈消息通知、会议通告等信息给用户；

资料检索：对适航取证工作中保存的各资料，提供全文搜索功能，方便用户快速获取资料信息；

统计图表：可以展示系统中核心数据的统计呈现情况；

图表配置：支持图表的新增修改排序，按机型配置；

查看数模：可以跳转各研制系统查看数据；

网站地图：支持系统各功能模块菜单索引，按型号展示。

4.2.1.3 模块功能方案

1）系统登录

用户通过系统网址登录系统时，弹出登录画面，输入账号和密码后点击【登录】按钮，适航信息化系统进行安全性校验，校验不通过则提示账号或密码错误，认证通过后进入适航信息化系统首页，其中菜单项是根据登录用户的角色进行配置；可以注销，修改用户密码。

功能方案设计点：

（1）外部用户进行网络安全认证进入访问系统，获得已设置的权限功能；内部用户通过民用航空器主制造商内部系统跳转或者直接通过适航信息化系统网址登录到系统时，后台进行用户认证，通过后自动完成飞机型号偏好选择，进入系统首页面。

（2）用户登录系统时，弹出登录画面，输入账号和密码后点击【提交】按钮，系统进行安全性校验，校验不通过则提示账号或密码错误，认证通过后完成用户飞机偏好型号选择，进入系统首页面。

（3）用户进入系统后可以点击【注销】按钮，系统将注销当前用户并退回到登录画面，要求用户重新输入账号和密码。

（4）登录系统后，用户可修改密码、注销系统、查看帮助文档、跳转友情链接。

2）处理待办任务

用户办面板中查看到自己与适航工作相关的待办事项。

功能方案设计点：

（1）用户登录系统，在待办面板中查看到自己与适航工作相关的待办事项；

（2）待办可以看到资料的详细信息，含紧急度、编号、名称、任务名称、提交人、接收时间，可查看资料详情及相关资料；

（3）点击【更多】按钮，系统弹出待办事项主界面，包含：紧急度、资料编号、资料名称、资料类型、任务名称、提交人、创建时间、预计处理时间；

（4）点击具体待办事项，系统弹出待办任务处理页面；

（5）待办任务处理完成后，该任务将在待办面板中消失。

3）查看信息公告

用户登录系统，在信息公告列表中查看到实时的消息通知、会议通知等信息。

功能方案设计点：

（1）用户登录系统，在信息公告列表中查看到实时的消息通知、会议通知等信息，信息公告列表显示 10 条公告信息；公告显示公告名称、发布人、发布时间；【更多】中公告显示公告信息类型、公告信息名称、创建人、发布日期。

（2）发出通告时要设定有效日期，有效时间到了之后，消息通告自动隐藏，可在【更多】中查看历史信息公告。

4）资料搜索

普通用户在资料搜索管理功能模块下能够对资料进行查看、导出操作。

功能方案设计点：

（1）普通用户登录系统，单击首页快捷菜单区域中的【资料搜索】按钮弹出资料搜索功能界面，分机型输入需查询资料的资料类型、编号、名称、填写人、提

交日期时间,单击【搜索】按钮,系统将根据输入的查询条件,在弹出页面中返回符合条件的查询结果;

（2）系统提供资料的查看（支持查看文档种类:word、excel、pdf）与下载功能。

5）查看统计图表

普通用户在首页的快捷菜单区域,单击【统计图表】,弹出统计图表显示页面,可以查看到自己配置或默认的统计图表。

功能方案设计点:

（1）用户登录系统,在首页的快捷菜单区域,单击【统计图表】,弹出统计图表显示页面,可以查看到自己配置或默认的统计图表。

（2）点击【单个图表】,可以使图表放大显示。统计图表是其他模块在后台定制好的统计图表（数量限定为10个左右）。

（3）采用静态图表方式。图表数据由系统动态刷新,生成静态图片,频率定位一天两次（每天零点与十二点进行刷新）。

（4）统计图表设定有不同的用户权限,用户只能查看到自己有权限的图表。

6）配置统计图表

普通用户在首页的快捷菜单区域,单击【统计图表】,弹出统计图表显示页面,可以查看到自己配置或默认的统计图表。

功能方案设计点:

（1）用户在快捷菜单中的统计图表功能中查看的是默认统计图表,该默认图表是用户通过单击快捷菜单功能区的【配置图表】按钮,在弹出的统计图表配置画面中,选择其中自己关心的若干统计图表后生成的。用户最多只能配置10个图表。

（2）每个机型的统计图表模板都是一致的。

7）查看网站地图

用户可以通过首页快捷菜单【网站地图】快速进入系统模块。

功能方案设计点:

用户可以通过快捷菜单中【网站地图】快速进入系统模块,查看相关资料,该模块自动获取人员已授予的权限方可进入。

8）查看数模

用户可以通过首页快捷菜单中【查看数模】进入功能。

功能方案设计点:

用户可以通过查看数模功能,分型号进入民用航空器主制造商内部系统(例如产品数据管理系统)搜索页面,查看数模信息。

4.2.2　适航取证过程管理功能方案

4.2.2.1　适航取证过程顶层管理功能方案

1) 模块说明

适航取证过程管理划分成顶层及次层,实施分层级管理,本顶层级主要包括取证业务过程(TC 证取证、PC 证取证、AC 证取证及其他适航证件取证)、AEG评审业务过程、服务文件业务过程管理,主要实现各业务过程的选择功能管理。适航取证过程管理模块功能如图 4-5 所示。

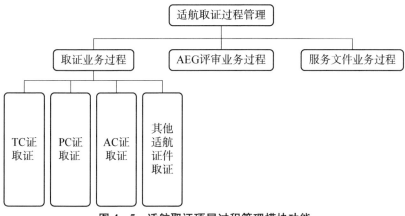

图 4-5　适航取证顶层过程管理模块功能

适航取证顶层过程角色功能如表 4-2 所示。

表 4-2　适航取证顶层过程角色功能

用户角色	具有功能
普通用户	可以登录系统、配置机型、搜索资料、查看并配置统计图表
适航主管(验证任务适航主管、条款适航主管、型号适航主管、CP 适航主管、AEG 适航主管、服务文件适航主管)	具有普通用户的所有功能。依据主管业务选择下级业务
验证任务责任人	具有普通用户的所有功能。依据主管业务选择下级业务

2) 流程及描述

适航取证过程管理主流程如图 4-6 所示。

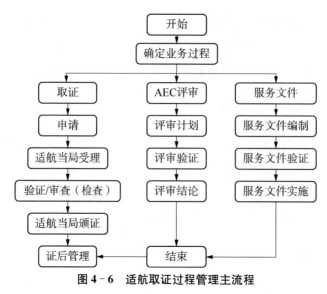

图 4-6   适航取证过程管理主流程

流程描述：

确定业务过程：单击界面进入选择项目，选择取证业务、AEG 评审任务、服务文件业务后进入下一层级。

取证：选择取证业务后，进入下一菜单，确定是取 TC 证、PC 证、AC 证、还是其他适航证件，一旦确定取某张适航证件，后续功能均一致为提交申请、适航当局受理申请、申请方开展证件的符合性验证、审查方开展证件的审查（检查）、适航当局颁发证件、实施证后管理。针对不同适航证件，其验证的核心业务不同，进入相应的下级管理。

AEG 评审：选择 AEG 评审业务，就是进入 AEG 评审计划、AEG 评审验证和 AEG 评审结论等功能。

服务文件：选择服务文件业务，就是进入服务文件编制、服务文件验证和服务文件实施等功能。

3）模块功能方案

本层级的功能是选择确定下级操作的业务入口，在界面上呈现图 4-5 中各功能模块的按钮，供操作人员单击后进入下级功能模块。可依据登录者的身份识别需处理的功能，推送相关操作界面，登录者也可自行手动选择需处理的功能，进入相应的操作界面。

功能方案设计点：

（1）登录者登录适航信息系统后，系统可自动识别其身份，推送相关操作界面；若推送的操作界面不适用，登录者可返回，再选择；也可自行手动选择需处理的功能,进入相应的操作界面。

（2）选择取证业务过程后,还可进入下一层级,选择 TC 证取证、PC 证取证、AC 证取证和其他适航证件取证。建立 TC 证取证、PC 证取证、AC 证取证和其他适航证件取证与 4.2.2.2 节、4.2.2.3 节、4.2.2.4 节、4.2.2.6 节的链接,选择相应业务后,可直接跳转。

（3）建立 AEG 评审业务过程与 4.2.2.5 节的链接,选择 AEG 评审业务后,可直接跳转。

（4）建立服务文件业务过程与 4.2.2.7 节的链接,选择服务文件业务后,可直接跳转。

（5）各项业务均可返回到主页面。

4.2.2.2　TC 证取证过程管理功能方案

1）模块说明

在适航信息系统中承接顶层功能,点击进入取证次级模块功能,选择 TC 证取证模块功能。

TC 证取证功能包括 TC 证验证任务定义与管理、设计更改适航验证管理、TCDS 管理。其中,TC 证验证任务定义与管理包括 TC 证验证任务定义管理、TC 证验证任务实施管理、表明符合性管理;设计更改适航验证包括 TC 证后设计更改申请管理、TC 证后设计更改变更申请管理、TC 证后设计更改验证工作管理;TCDS 的管理包括 TCDS 的编制、TCDS 提交审查方批准管理。各功能模块的关系如图 2-7 所示。

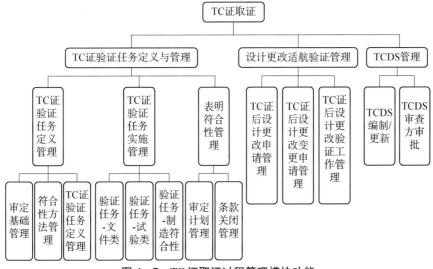

图 4-7　TC 证取证过程管理模块功能

TC 证取证用户角色功能如表 4－3 所示。

表 4－3　TC 证取证用户角色功能

用户角色	具有功能
CP 适航主管	在任务定义子系统定义验证任务、同步验证任务、关联文件编号 跟踪 CP 实施计划的状态
验证任务责任人	创建民用航空器主制造商内部系统文档编号,关联文件编号
验证任务适航主管	任务定义 关联文件编号 编制验证任务计划
条款适航主管	生成和修改单条款关闭计划 具备同步项目管理系统计划任务权限 编制与提交条款综述报告和条款符合性检查单 CCL;关闭条款
型号适航主管	具备所有任务查看权限,且具备修改已关联文件编号的权限 汇总和整理生成全机条款关闭计划
CP 负责人	跟踪 CP 实施计划的状态
设计更改适航主管	编制设计更改申请 确认设计更改分类 编制设计更改 CP
设计更改专业设计人	编制设计更改方案 编制设计更改型号设计资料 实施设计更改 CP

2) 流程及描述

TC 证取证过程主流程如图 4－8 所示。

流程描述:

TC 证取证: 点击后进入开展 TC 证取证相关业务。

取证前: 判断取证业务所属的阶段,选择证前或证后,无论选择证前还是证后,均进入审定基础确定模块,依据所选择的证前或证后自动进入证前或证后确定审定基础的模块。

确定审定基础: 推送所关联的适航知识管理中适航规章条目化的内容,针对证前的操作为逐条确定型号研制 TC 证取证的适用条款,并匹配相应的专业(通常用 ATA 章节号表示),记录相应数据,最终形成可按不同专业、整机梳理形成的审定基础数据,并生成相应的审定基础文档;针对证后的操作,判断获取 TC 证时适用的适航规章版本,设计更改时的适航规章版本,判断采用何版本有利于实施设计更改,进而确定设计更改的审定基础,记录上述过程的所有数

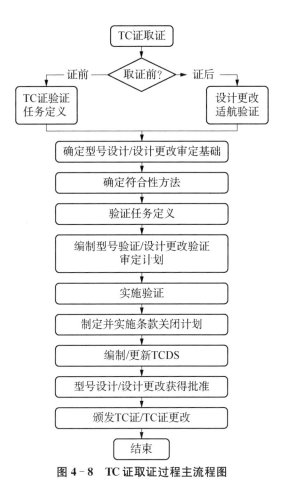

图 4 - 8 TC 证取证过程主流程图

据,最终形成按设计更改确定的审定基础数据,并生成设计更改审定基础文档。

确定符合性方法:依据表 2 - 2 符合性方法说明表中 MC0～MC9 的内容,针对所确定的审定基础的每一条款,按条款要求,确定各专业所需的符合性方法,记录相应数据,最终形成可按不同专业、整机梳理形成的符合性方法数据,并生成相应的符合性方法表文档,证后为仅针对设计更改的符合性方法表。

验证任务定义:依据表 2 - 6 中 CP、ATA、条款、符合性方法与验证任务的关系表,开展验证任务定义,实现可按 CP、条款、ATA 章节、符合性方法归类出验证任务。

编制验证计划：依据所定义的验证任务，增加申请方责任人（包括设计主管、适航主管）、审查方责任人、时间、地点、完成形式等内容，形成多份验证计划（审定计划 CP），证后按每一项设计更改项目生成一份或多份 CP。

实施验证：由申请方设计主管依据验证计划 CP，组织编制验证用的符合性文件、开展验证试验，适航主管协同审定方责任人开展符合性确认，CP 中所有任务完成，也获得审查方确认后，该 CP 的验证任务实施完成，所有 CP 任务完成，飞机的验证任务实施完成。

编制并实施条款关闭计划：实施符合性验证的后期，按条款归类其所有相关的验证任务，增加编制条款符合性检查单 CCL 和条款综述报告的任务后，形成条款关闭计划并实施，每个条款的条款关闭计划完成后，整架飞机的符合性验证工作结束。设计更改验证中不编制条款关闭计划。

编制/更新 TCDS：完成所有 CP 验证任务、关闭所有条款后，编制型号合格数据单 TCDS，设计更改验证完成后，更新 TCDS。

型号设计/设计更改获得批准：将型号设计/设计更改等相关资料提交审查方审批，审查方审查申请方表明的符合性证据，判定符合适航规章要求后，批准型号设计/设计更改资料。

颁发 TC 证/TC 证更改：审查方完成型号设计/设计更改批准后，召开最终 TCB 会议，审议 TC 证审查组提交的型号审定总结报告、相关的型号设计资料及表明符合性的证据，审议做出颁发型号合格证的决议，最终由民用航空局颁发型号合格证 TC 证及 TCDS，设计更改是定期批准纳入设计更改的 TCDS。

3) 模块功能方案

此节依据图 4-7 TC 证取证过程管理模块功能图，描述各层级的模块功能方案。

（1）TC 验证任务定义与管理。

此模块包含 TC 证验证任务定义管理、TC 证验证任务实施管理和表明符合性管理。

a. TC 证验证任务定义管理。

此模块包含审定基础管理、符合性方法管理和 TC 证验证任务定义管理。

a) 审定基础管理。

审定基础管理以适航知识管理中适航规章管理模块结构化的适航规章条款为基础，支持与适航当局的协同，形成专业及全机的审定基础。审定基础及更改确定流程见图 4-9 所示。

功能方案设计点：

适航主管定义审定基础,经条款适航主管确定初稿,型号适航主管发布初稿,随着型号研制适航取证的推进,各专业进一步细化,建立审定基础,经条款适航主管确认修改,型号适航主管修改汇总各审定基础,形成型号审定基础并发布,审定基础通过协同工作管理提交适航当局,召开 TCB 会审议,由审查组长签署 G01 问题纪要批准。

G01 问题纪要与审定基础版本建立关联关系。

需支持建立新版本进行更改功能,流程相同;相关已发布的初稿、已发布的审定基础支持查询、追溯比对调整内容等功能。

设计更改的审定基础,依据上述流程确定,纳入设计更改审定计划,随 CP 批准,无单独的设计更改审定基础文件,需记录所采用的适航规章版本。

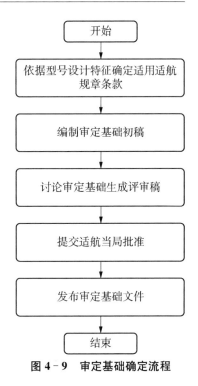

图 4 - 9　审定基础确定流程

开始
定义方法表
确定方法表
提交审查方认可
发布方法表文件
结束

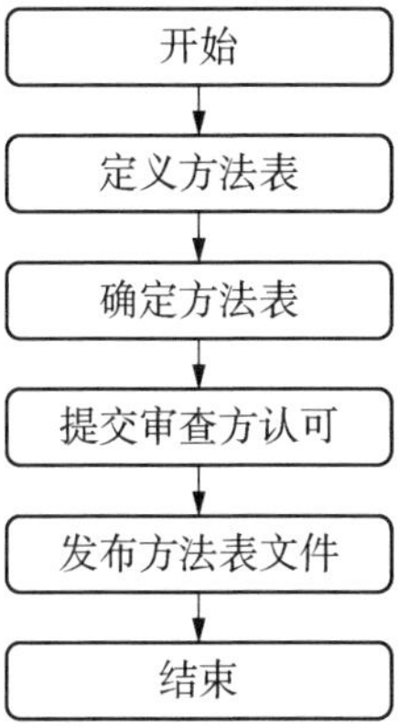

**图 4 - 10　符合性方法
表确定流程**

b) 符合性方法管理。

符合性方法以审定基础为前提,适航主管初步确定各专业的符合性方法,各相关专业进一步确定各条款所采用的符合性方法,形成二维结构化的对应方法。支持与适航当局的协同,形成专业及全机的符合性方法表。符合性方法及更改确定流程如图 4 - 10 所示。

功能方案设计点：

由适航专业主管初步确定主管专业的符合性方法,各专业设计确认符合性方法表,与条款适航主管协调修改,型号适航主管确认修改并汇总符合性方法表,符合性方法表通过协同工作管理提交适航当局认可后,发布符合性方法表文件。

符合性方法表还支持建立新版本进行更改功能,流程同上过程;相关已发布的初稿、已发布的符合性方法支持查询、追溯比对调整内容等功能。

设计更改的符合性方法表，依据上述流程确定，纳入设计更改审定计划，随CP批准认可，无需编制单独的设计更改符合性方法表文件。

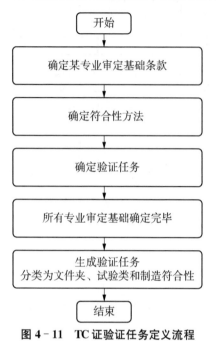

图4-11　TC证验证任务定义流程

c) TC证验证任务定义管理。

此模块仅管理TC证前的验证任务。主要根据条款、符合性方法表、CP与ATA关系，按审定基础的各条款逐一定义TC证验证任务，详细实施规则参见表2-6中所列内容。涉及MC0、MC1、MC3及部分MC9的验证任务归类到验证任务-文件类；涉及MC4、MC5、MC6、MC7、MC8和MC9中设备鉴定的验证任务归类到验证任务-试验类；将验证任务-试验类中关于制造符合性检查的子任务归类到验证任务-制造符合性。支持快速建立验证任务-文件类、验证任务-试验类和验证任务-制造符合性等功能，支持验证任务的更改与查询。TC证验证任务定义流程如图4-11所示。

功能方案设计点：

适航主管在取证任务定义管理功能模块下能够对取证任务进行创建、修改、查看，对任务相关文档编号进行获取修改，并对完成关联任务信息查看，对任务的更改，对于已经完成适航当局审批的任务，不允许更改数据信息。适航信息化系统的查看任务页面只显示登录适航主管自己负责的验证任务数据，并只可更改此数据。根据团队管理中设置的CP适航主管、验证任务适航主管、条款适航主管、验证任务责任人，均实施此管理模式，只能更改自己负责的数据。系统依据符合性方法自动归类形成验证任务-文件类、验证任务-试验类和验证任务-制造符合性。

b. TC证验证任务实施管理。

此模块包含验证任务-文件类、验证任务-试验类和验证任务-制造符合性管理。基于上述任务定义及分类，实现对各类任务实施的跟踪管控。

a) 验证任务-文件类。

验证任务-文件类管理功能为相关验证任务责任人在该功能模块下操作查看任务的完成状态；验证任务适航主管在该功能下操作将验证任务转换为验证

任务计划,关联任务中文件的编号,确认文件审查方审批状态;通过协同工作管理与适航当局的审查过程,完成对验证任务-文件类的自动关联与关闭。相关流程如图 4-12 所示。

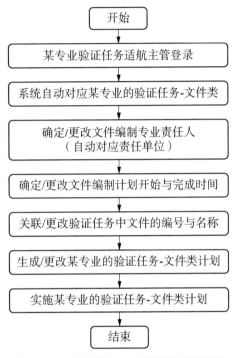

图 4-12　验证任务-文件类实施管理流程

功能方案设计点:

相关验证任务责任人通过本功能模块查看到验证任务-文件类计划,进入系统时仅显示其负责的验证任务,可通过本功能模块设置查询范围后查询到全部文件计划,发现问题,申请修改验证任务计划,不可对数据操作更改;验证任务适航主管将验证任务转换为验证任务计划(计划开始时间、计划结束时间、责任人、责任部门、文件编号、任务状态),可依据验证任务责任人的任务更改申请,操作更改验证任务计划;验证任务适航主管在系统中,进入系统页面时自动对应自己负责的验证任务,并编制与修改验证任务计划,可通过本功能模块设置查询范围后查询到全部文件计划。

验证任务的状态:**编制中**,文件尚未完成民用航空器主制造商内部的审批,未提交审查方;**提交审批中**,任务未获得审查方的批准意见;**已完成**,任务完成,当审查方反馈批准表和认可表时,系统自动对应验证任务-文件类关闭。

b) 验证任务-试验类。

验证任务-试验类的子任务有编制试验大纲、编制试验构型评估报告、完成试验件设计(按需)、完成试验件制造符合性检查、完成试验前制造符合性检查、审查方目击试验(完成目击试验观察报告)、编制试验报告。子任务中的编制试验大纲、试验构型评估报告、试验件设计和试验报告归到验证任务-文件类管理，试验件制造符合性检查和试验前制造符合性检查归到验证任务-制造符合性管理，此模块建立相互的关联关系。审查方完成的目击试验观察报告需作为目击试验子任务完成的证据，需通过协同工作管理建立相互的关联关系。相关验证任务责任人在该功能模块下操作查看任务的完成状态；验证任务适航主管在该功能下操作依照上述子任务的顺序，将验证任务转换为验证任务计划，确认试验的进程。相关流程如图 4-13 所示。

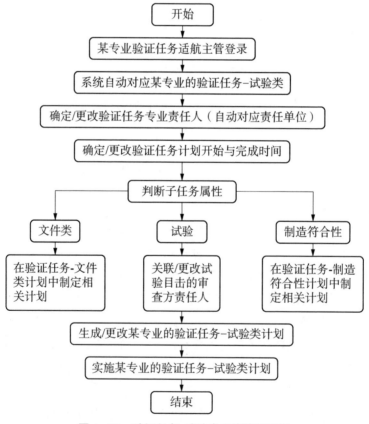

图 4-13 验证任务-试验类实施管理流程

功能方案设计点：

相关验证任务责任人通过本功能模块查看到验证任务-试验类计划，进入系统时仅显示其负责的验证任务，可通过本功能模块设置查询范围后查询到全部验证任务-试验类计划，发现问题，申请修改验证任务计划，不可对数据操作更改；验证任务适航主管将验证任务转换为验证任务计划（计划开始时间、计划结束时间、责任人、责任部门、文件名、任务状态），可依据验证任务责任人的任务更改申请，操作更改验证任务计划；验证任务适航主管在系统中，进入系统页面时自动对应自己负责的验证任务，并编制与修改验证任务计划，可通过本功能模块设置查询范围后查询到验证任务-试验类计划。

试验子任务的初始状态为未开始。试验大任务的初始状态为未开始。试验大任务下只要有一个试验子任务的状态为进行中，试验大任务的状态由未开始变为进行中。若试验大任务中所有子任务都已经关闭，则该试验大任务状态由进行中变为关闭。

试验验证任务的状态：**任务未开始**：所有子任务均未开始；**任务进行中**：某项子任务开始执行；**子任务完成率**：以完成子任务数量与子任务总数比表示；**已关闭**，所有子任务完成，系统自动计算子任务完成率，当数值为1时，该项试验类任务关闭。系统依据与其他两类验证任务的关联关系自动对应验证任务-试验类关闭。

c) 验证任务-制造符合性。

验证任务-制造符合性包括试验件制造符合性检查和试验前制造符合性检查，两项任务均包含的子任务有确定制造符合性项目（包含确定检查工序）、编制完成制造符合性请求单、编制完成制造符合性声明、制造符合性检查、不满意项通知书及答复（按需）、编制完成制造符合性检查记录。两项任务仅试验件制造符合性的子任务为签发适航符合性标签（按需），依据制造符合性请求单的要求确定此子任务。审查方完成的制造符合性检查记录和适航符合性标签需作为制造符合性检查子任务完成的证据，需通过协同工作管理建立相互的关联关系。确定制造符合性项目（包含确定检查工序）和编制完成制造符合性声明可归到验证任务-文件类管理。不满意项通知书及答复（按需）归到适航日常工作管理的问题及意见管理。相关验证任务责任人在该功能模块下操作查看任务的完成状态；验证任务适航主管在该功能下操作依照上述子任务的顺序，将验证任务转换为验证任务计划，确认计划的状态。相关流程如图4-14所示。

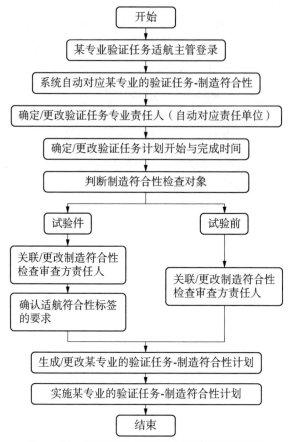

图 4－14　验证任务-制造符合性实施管理流程

功能方案设计点：

相关验证任务责任人通过本功能模块查看到验证任务-制造符合性计划，进入系统时仅显示其负责的验证任务，可通过本功能模块设置查询范围后查询到全部验证任务-制造符合性计划，发现问题，申请修改验证任务计划，不可对数据操作更改；验证任务适航主管将验证任务转换为验证任务计划（计划开始时间、计划结束时间、责任人、责任部门、任务状态），可依据验证任务责任人的任务更改申请，操作更改验证任务计划；验证任务适航主管在系统中，进入系统页面时自动对应自己负责的验证任务，并编制与修改验证任务计划，可通过本功能模块设置查询范围后查询到验证任务-制造符合性计划。

验证任务适航主管通过本模块功能编制针对每一制造符合性检查项目的制造符合性请求单草稿，提交审查方工程代表确认与签署后，发制造代表，系统在协同工作管理中接收正式签署的请求单,自动关联该子任务完成。

制造符合性声明签署授权人员通过本模块功能完成制造符合性声明编制并提交审查方,系统在协同工作管理中获取审查方接收声明的信息,自动关联该子任务完成。

验证任务的状态:**任务未开始**:所有子任务均未开始;**子任务进行中**:某项子任务开始执行;**子任务完成**;某项子任务已完成;**已关闭**,所有子任务完成。系统依据与其他两类验证任务的关联关系自动对应验证任务-制造符合性关闭。

c. 表明符合性管理。

此模块包含审定计划管理和条款关闭管理。需实现将 TC 证验证任务计划通过专业 ATA 与 CP 的关系转换成按 CP 归类的审定计划管理功能,转换为按条款的条款关闭管理功能。

a) 审定计划管理。

审定计划管理模块功能包括审定计划树建立与维护和审定计划管理。审定计划树建立与维护是用于管理审定计划 CP、审定实施计划 CPI 和细化 CP 任务。审定计划管理为将 TC 证验证任务计划通过专业 ATA 与 CP 的关系转换成按 CP 归类的验证任务计划。审定计划管理流程如图 4‐15 所示。

功能方案设计点:

支持从 CP、CPI、细化 CP 的任务树形展示任务情况及维护,对应条款关联情况,进行相关 TC 取证审定过程任务活动维护,通过协同工作管理发送审查方确认取证审定任务活动:初始化数据导入:实现对历史数据的批量导入功能;CP 维护:包括 CP 创建及送审,创建方式有两种,一种是主动创建 CP 对象,一种是根据外围系统推送的 CP 文件自动创建 CP 对象;CPI 维护:包括 CPI 的创建、删除、修改及审批;细化 CP 任务维护:包括细化 CP 任务的创建、删除、修改及审批;CP/CPI/

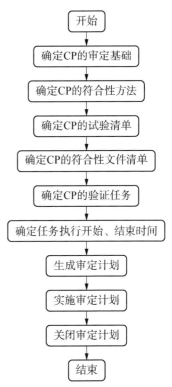

图 4‐15 审定计划管理流程

非 CP 定义任务同步:实现与审查方系统 CP/CPI/细化 CP 任务信息修改的同步;查询功能:可通过 CP、CPI、非 CP 定义任务编号及名称、状态进行查询。

功能方案设计点：

支持 CP 与 ATA 关系维护,同时支持用户可查看 CP 相关信息以及批准表号和任务的完成情况,其中 CP 编号、CP 名称、CP 版本、CP 负责人属性来源于民用航空器主制造商内部系统;CP 适航主管、CP 负责人来源于任务定义系统;批准表来源于协同管理模块;完成数/任务数是根据适航平台 TC 证任务中的取证任务页面信息进行统计的。呈现信息:序号、CP 编号、CP 名称、CP 版本、CP 负责人、CP 适航主管、批准表、完成数/任务数、备注;按照 CP 编号降序排序显示,CP 负责人、CP 适航主管、审查人员支持数据库排序。

支持将 TC 证验证任务计划通过专业 ATA 与 CP 的关系转换成按 CP 归类的审定计划功能。

CP 负责人通过本功能模块查看到审定计划及状态,进入系统时仅显示其负责的审定计划及状态,可通过本功能模块设置查询范围后查询到全部审定计划及状态,不可对数据操作更改;CP 适航主管通过本功能模块将 TC 证验证任务计划转换为审定计划,进入系统时仅显示其负责的审定计划及状态,只可更改自己所负责的审定计划,可通过本功能模块设置查询范围后查询到全部审定计划及状态。

依据 TC 证验证任务实施管理中,各验证任务状态自动设置审定计划 CP 的状态:**未开始**:初始设置状态;**进展**:CP 中任一项任务计划开始执行,以完成任务数/CP 总任务数表示;**完成**:当完成任务数等于 CP 总任务数时,该审定计划 CP 完成,系统自动计算并更新。

b) 条款关闭管理

条款关闭管理模块包括管理编制及更新条款关闭计划、条款关闭进度跟踪、已关闭条款的重新打开功能、自动生成条款符合性检查清单 CCL。条款关闭管理流程如图 4 - 16 所示。

功能方案设计点：

条款适航主管进入本模块时,系统自动推送其负责的条款并附带 TC 证验证任务计划的相关内容,在增加编制条款综述报告和条款符合性检查单 CCL 两项任务的基础上,形成所负责条款的条款关闭计划,可修改已生成的条款关闭计划。型号适航主管采用本模块功能,汇总系统自动推送的所有条款适航主管生成的条款关闭计划,在增加编制型号设计符合性声明和全机符合性检查单 CCL 两项任务的基础上,协调各条款关闭计划间的逻辑性、先后顺序关系,形成全机条款关闭计划。

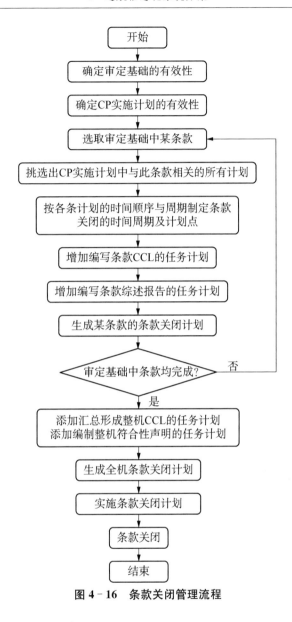

图 4 - 16　条款关闭管理流程

所有用户通过本模块的查询功能,查看某条款或全机条款关闭计划及状态,查看影响条款关闭的问题,查看条款 CCL 或全机 CCL,但不可修改相应的数据。

系统对条款关闭计划进行管理,记录条款关闭计划的飞机型号、计划名称、条款标题、条款适航主管、条款关闭计划开始时间、条款关闭计划完成时间、审查代表、条款关闭计划的状态。

依据 TC 证验证任务实施管理中,各验证任务状态,系统自动检测各条款信息,当某条款下的所有任务计划的状态都为完成,系统自动生成待办项通知条款。适航主管提交条款综述报告和CCL,一旦此两份文件都获得审查方审批,则系统自动生成一条待办项,提醒条款适航主管检查确认,并关闭条款。经条款适航主管检查确认后,则可以点击【关闭】按钮,对该条款进行关闭操作。

条款适航主管通过本模块功能,将已关闭条款设置为打开状态,此时需更新相应的条款关闭计划,待更新的条款关闭计划完成后,更新条款综述报告和CCL,并完成条款关闭的后续操作。记录条款关闭、打开和重新关闭的历史情况,记录条款关闭后被打开的原因。

条款的状态:**未关闭**:条款适航主管执行"关闭条款"操作前的状态;**已关闭**:条款主管执行"关闭条款"操作后的状态。**条款打开**:条款关闭后因某种原因被打开。

依据TC证验证任务实施管理中,各验证任务状态自动设置条款关闭计划的状态。**未开始**:初始设置状态;**进展**:条款关闭计划中任一项任务计划开始执行,以完成任务数/条款总任务数表示;**完成**:当完成任务数等于条款总任务数时,该条款关闭计划完成,系统自动计算并更新。

型号适航主管和条款适航主管使用本模块功能,生成全机CCL和条款CCL清单文件,通过协同工作管理提交审查方认可,获得审查方认可的CCL反馈保存。

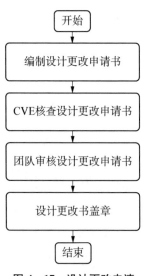

图4-17　设计更改申请
内部流程

(2) 设计更改适航验证管理。

此模块包含TC证后设计更改申请管理、TC证后设计更改变更申请管理和TC证后设计更改验证工作管理。

a. TC证后设计更改申请管理。

TC证后设计更改申请管理包括证后设计更改申请、民用航空器主制造商内部流程管理及提交审查方受理流程管理。设计更改申请内部流程如图4-17所示,提交审查方受理流程管理归入协同工作管理。

功能方案设计点:

系统接收民用航空器主制造商内部系统形成的设计更改项目及方案,推送待办信息至设计更改适航主管;设计更改适航主管接收到推送的内容,进行设计更改项目、方案等的关联,可填写是否纳入TCDS

信息,并填写设计更改申请书草稿,提交内部审批;审批通过的设计更改申请在协同工作管理中提交审定方,审定方完成审核后,反馈受理申请通知书。系统自动关联设计更改项目、设计更改申请书、设计更改受理申请通知书、相应的操作时间、相应的操作人员等数据。

设计更改申请状态:**编制中**:收到设计更改项目,启动申请流程;**内部审批中**:设计更改申请书处于内部审批流程中;**已提交**:设计更改申请及相关资料已提交审查方;**已受理**:审查方已反馈受理申请通知书。

b. TC证后设计更改变更申请管理。

TC证后设计更改申请会因各种原因发生变更,设计更改申请变更管理流程如图4-17所示。

功能方案设计点:

在上述TC证后设计更改申请管理的基础上,增加设计更改申请变更的审批子流程功能;设计人员、适航主管均可在系统中发起设计更改申请变更,设置相应的操作界面,经批准的设计更改申请变更信息通过协同工作管理传递至审查方,审查方确认信息反馈至系统。系统自动关联设计更改项目、设计更改申请书、设计更改受理申请通知书、设计更改申请变更、相应的操作时间、相应的操作人员等数据。设计更改申请书由系统自动编号,设计更改申请受理书由系统自动获取审查方的编号。

设计更改申请状态:**变更中**:提出设计更改申请变更时;**已撤销**:已撤销设计更改申请。

c. TC证后设计更改验证任务管理。

设计更改项目是TC证取证后,开展提升民用航空器性能与品质的设计优化的模块化管理,其与设计、制造、适航指令强制执行、客户服务等内容有关,围绕设计更改项目实施。TC证后设计更改验证任务管理包括证后设计更改分类管理、证后设计更改验证管理。证后设计更改分类管理流程所图4-18所示。证后设计更改验证管理流程如图4-19所示。

功能方案设计点:

系统接收民用航空器主制造商内部系统形成的设计更改项目及方案,推送待办信息至设计更改适航主管;设计更改适航主管接收到推送的内容,依据第2章表2-21型号设计更改类别判断准则,判断并确认设计更改的类别,输出设计大改、补充验证类小改和非补充验证类小改三类确认结果;系统将表2-21中型号设计更改类别判断准则设置成条目化的对比数据标准,系统自动按条目推

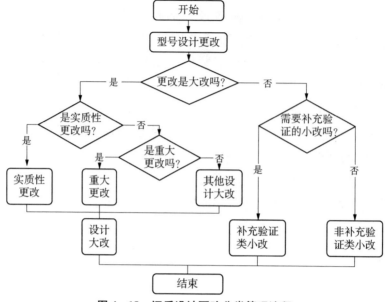

图 4-18　证后设计更改分类管理流程

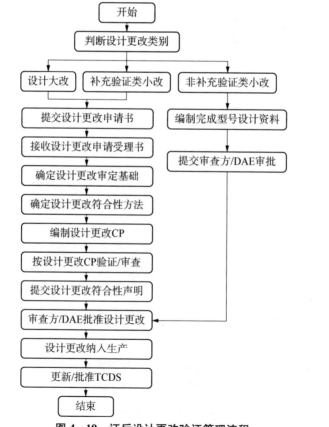

图 4-19　证后设计更改验证管理流程

送选择判断界面,由设计更改适航主管实施对比确认。支持设计更改申请变更后的重新分类确认过程。

证后设计更改验证管理功能方案设计点:

系统依据证后设计更改分类的结果,设置设计大改、补充验证类小改和非补充验证类小改三类操作按钮,自动推送待办信息至设计更改适航主管;设计更改适航主管接收到推送的内容,点击进入后续流程。

针对设计大改、补充验证类小改提交设计更改申请,该步骤关联设计更改申请内部流程和协同工作流程;获得设计更改申请受理书时,推送待办确定设计更改审定基础,该步骤关联审定基础管理功能;系统建立设计更改与 TC 证时型号设计状态的关联关系、与适航规章版本的关联关系,设置设计更改时获取适航规章版本的流程,设置在判断设计更改是大改还是小改同时判断设计更改对飞机产生影响的评估流程,以确定设计更改所适用的适航规章版本,在此基础上确定设计更改的审定基础,系统将确定的审定基础纳入设计更改 CP 的审定基础章节;推送待办确定设计更改符合性方法,该步骤关联符合性方法管理功能,系统将确定的符合性方法纳入设计更改 CP 的符合性方法章节;推送待办编制设计更改审定计划,依据前面确定的审定基础和符合性方法确定验证任务,编制设计更改审定计划文件通过协同工作管理提交审查方批准,获得审查方批准的设计更改审定计划转换生成设计更改审定实施计划、执行设计更改审定实施计划,该步骤关联审定计划/审定实施计划管理功能;推送待办提交设计更改符合性声明,并自动推送设计更改符合性声明模板界面至设计更改适航主管填写,并通过协同工作管理提交设计更改符合性声明及相关的型号设计更改资料至审查方审批,自动获取审查方审批结论并关联相关的型号设计更改资料。

针对非补充验证类小改,系统推送待办至设计更改项目专业设计,待型号设计更改在民用航空器主制造商内部系统完成并内部审批后,相关资料推送至适航信息化系统,并推送待办至设计更改适航主管,通过协同工作管理提交审查方审批,自动获取审查方审批结论并关联相关的型号设计更改资料。

经批准的型号设计更改资料系统自动传递至民用航空器主制造商内部的系统并传递至生产过程;系统自动关联设计更改项目、设计更改申请书、设计更改受理申请通知书、设计更改申请变更、设计更改 CP、设计更改 CP 实施计划、设计更改符合性声明、型号设计更改资料、资料审批信息、相应的操作时间、相应的操作人员等数据。

支持一项设计更改项目可对应一份或多份设计更改审定计划。

证后设计更改验证状态:按设计更改项目对应显示设计更改分类、设计更改申请、设计更改受理、设计更改申请变更、编制设计更改 CP、实施设计更改 CP、提交声明、设计更改型号设计资料批准、设计更改验证完成等状态。

(3) TCDS 管理。

此模块包含 TCDS 的编制管理和 TCDS 提交审查方批准管理。

a. TCDS 的编制管理。

功能方案设计点:

系统针对 TCDS 的内容实现全面结构化管理,设置 TCDS 编制/更改的操作界面,自动获取型号设计数据和适航符合性验证数据,形成关联 TC 证的 TCDS 草案、关联设计更改的 TCDS 更改草案。支持关联民用航空器主制造商的内部签审过程(三级签审:编制、审核、批准);支持快速生成/更改 TCDS 文件。建立 TCDS 文件与 TC 证/证后设计更改的关联关系;支持对 TCDS 全文在线查看,历史记录追踪。

b. TCDS 提交审查方批准管理。

系统通过协同工作管理模块将关联 TC 证的 TCDS 草案和关联设计更改的 TCDS 更改草案提交审查方批准,系统自动获取审查方的审批结论并建立相应的关联关系。

4.2.2.3　PC 证取证

1) 模块说明

在适航信息系统中承接顶层功能,点击进入取证次级模块功能,选择 PC 证取证模块功能。

PC 证取证功能包括 PC 证/PC 证更改取证任务管理、日常监督管理。其中,PC 证/PC 证更改取证任务管理包括取证任务定义、取证任务分解、计划管理、取证任务跟踪。PC 证取证过程管理模块功能如图 4-20 所示。

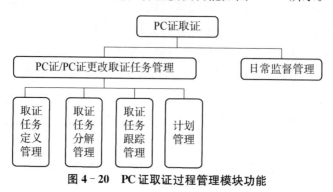

图 4-20　PC 证取证过程管理模块功能

PC 证取证用户角色功能如表 4-4 所示。

表 4-4　PC 证取证用户角色功能

用户种类	具有功能
PC 证取证适航主管	定义 PC 证验证任务
	分解 PC 证取证任务 编制验证计划 跟踪验证任务及计划状态
PC 证取证型号适航主管	审批验证任务与计划
质量主管	实施 PC 证验证评审计划 编制质量手册及相关程序文件
普通用户	查看、统计 PC 证取证状态

2）流程及描述

PC 证取证过程管理主流程如图 4-21 所示。

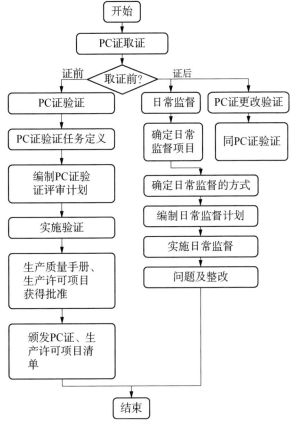

图 4-21　PC 证取证过程主流程

流程描述：

PC 证取证：点击后进入开展 PC 证取证相关业务。

取证前：判断取证业务所属的阶段，选择证前或证后，选择证前，自动进入 PC 证验证模块，选择证后，自动进入日常监督模块，形成后续操作；选择证后，再选择 PC 证更改验证，后续流程同 PC 证验证。

PC 证/PC 证更改验证任务定义：证前依据表 2 – 12 质量系统审查准则与 PC 验证任务关系示意表的内容，开展 PC 证验证任务定义，证后可依据 PC 证更改的内容开展 PC 证更改任务定义，实现可按质量要素归类的验证任务。

编制 PC 证/PC 证更改验证评审计划：依据所定义的验证任务，增加申请方责任人（包括质量主管、适航主管）、审查方责任人、时间、地点、完成形式等内容形成 PC 证验证评审计划。

实施验证：由申请方质量主管依据验证计划，组织编制验证用的质量手册与程序文件、接受审查方的文件审查与现场审查；适航主管协同审定方责任人开展 PC 证验证确认，评审计划中所有任务完成，也获得审查方确认后，PC 证的验证任务实施完成。

颁发 PC 证/PC 证更改：审查方完成质量手册验证评审后，召开最终 PCB 会议，审议 PC 证审查组提交的生产许可审定总结报告、相关的评审记录及表明符合性的证据，审议做出颁发生产许可证的决议，最终由民用航空局地区管理局颁发生产许可证 PC 证及生产许可项目。证后与生产许可证及生产许可项目相关的质量体系、生产场地、生产设施、生产产品等发生变化，需申请 PC 证更改，并获得相应的 PC 证更改。

确定日常监督项目及方式：选择证后，进入日常监督管理操作后，首先依据与审查方共同评估确认的民用航空器制造商作为生产许可证持有人的风险等级，确定年度开展日常监督的项目，并确定质量系统复查、供应商控制审查以及主管检查员审查三种审查方式的一种或多种。

编制日常监督计划：依据所确定的日常监督项目与审查方式，增加申请方责任人（包括质量主管、适航主管）、审查方责任人、时间、地点、完成形式等内容形成日常监督计划。

实施日常监督计划：由申请方质量主管依据日常监督计划，组织实施，接收审查方的文件审查与现场审查，适航主管协同审定方责任人开展相应审核确认。

问题及整改：日常监督审查过程中发现的任何问题，审查方发出《发现问题通知书》，民用航空器制造商作为生产许可证持有人针对此问题制定纠正措施,验证后提交《纠正措施答复》供审查方最终验证后,关闭问题。

3) 模块功能方案

此节依据图 4-20 PC 证取证过程管理模块功能图,描述各层级的模块功能方案。

(1) PC 证/PC 证更改取证任务管理。

PC 证取证任务为依据质量系统审查准则确定的 PC 证验证任务,PC 证更改验证任务为证后生产许可证及生产许可项目相关的质量体系、生产场地、生产设施、生产产品等发生变化时,申请 PC 证更改所定义的验证任务。PC 证/PC 证更改取证任务管理功能包括:取证任务定义、取证任务分解、计划管理、取证任务跟踪。

适航当局受理民用航空器主制造商的生产许可证申请后,与民用航空器主制造商共同确定 PC 证验证任务,民用航空器主制造商适航主管进行任务定义、任务分解、任务跟踪,编制并下发 PC 证验证任务评审计划至各责任部门执行。证后 PC 证更改亦按上述过程管理,PC 证/PC 证更改取证任务管理流程见图 4-22 所示。

a. 取证任务定义。

功能方案设计点:

系统接收适航当局的 PC 证申请受理通知书,启动 PC 证取证任务定义;系统将梳理完整的表 2-12 质量系统审查准则与 PC 验证任务关系示意表中内容,按章节/名称、要素说明、审查准则与 PC 证验证任务(任务名称统一为编制××管理程序提交审查方审批,此类任务为文件评审任务,任务名称统一为接受审查方的现场审查确认,此类任务为现场评审),建立结构化的关联数据库,自动弹出任务定义界面,选择是否适用,适用便自动生成 PC 证验证任务数据,所有章节判断完成,自动生成 PC 证取证任务,关联申请书、受理通知书、适用型号等信息。

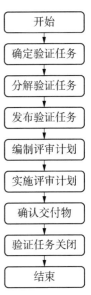

图 4-22
PC 证/PC 证
更改取证任务
管理流程图

系统设置证后依据更改申请的内容实施的 PC 证更改取证任务定义的界面。系统依据任务名称自动判断并将 PC 证验证任务分类标识为文件评审和现场评审。

系统建立 PC 证取证任务文件的三级审批流程:适航主管 1 编制、适航主管 2 审核、型号适航主管批准。

支持任务编制者对已定义任务的新增、删除与更改。

支持普通用户查询 PC 证取证任务。

b. 取证任务分解。

功能方案设计点：

系统设置 PC 证取证任务的再分解，提供按章节、主题、责任单位划分的任务分解功能，相关适航主管在系统中接收待办任务，完成任务细化分解，形成分解后的 PC 证取证任务文件，该文件经系统三级审签。

支持分解的任务同步到民用航空器主制造商内部系统管理。

c. 计划管理。

功能方案设计点：

系统设置编制 PC 证验证任务评审计划制定功能界面，在已生成的 PC 证取证分解任务的基础上，增加申请方责任人（包括质量主管、适航主管）、审查方责任人、时间、地点、完成形式等内容，形成 PC 证/PC 证更改取证任务评审计划，该计划需形成文件，经三级审签并通过协同工作管理提交审查方确认。

支持与民用航空器主制造商内部系统集成获取计划。

d. 取证任务跟踪。

功能方案设计点：

系统设置 PC 证/PC 证更改取证任务的跟踪功能，依据最终形成的任务分解项目实施跟踪，系统自动获取 PC 证/PC 证更改取证任务评审计划的执行状态，标识任务的状态。

系统设置手动单项或批量上传任务完成交付物的功能。

系统自动获取民用航空器主制造商内部系统与 PC 证取证相关的任务交付物。

支持普通用户查询 PC 证/PC 证更改取证任务状态。

任务的状态：**待发布**：PC 证/PC 证更改取证任务定义与分解中；**已发布**：完成任务定义与分解；**执行中**：完成评审计划并实施中；**关闭**：任务的交付物已完成并确认。

（2）日常监督管理。

在取得生产许可证（PC）之后，适航当局会定期对民用航空器主制造商开展 PC 证后的检查与监督，以确认作为生产许可证持有人的民用航空器主制造商是否有效地持续符合规章要求、适用的质量系统要求以及经适航当局批准的设计要求。日常监督管理功能包括日常监督计划管理、问题及整改管理（包括问题的

结构化记录、问题的纠正/预防措施管理、问题的跟踪
管理等）。日常监督计划管理功能流程见图 4 - 23 所
示。问题及整改管理功能纳入 4.1.3 适航日常工作
管理的问题及意见管理模块实施。

功能方案设计点：

系统通过协同工作管理功能设置接收审查方评
定的生产许可证持证人风险等级，建立风险等级与日
常监督项目的关系数据库；收到审查方系统生产许可
证持证人风险等级新的评定信息时，系统推送确定日
常监督项目的待办给适航主管，并自动匹配风险等级
与日常监督项目信息供适航主管确认，系统设置可修
改、新增或删除项目的确认和确定日常监督审查方式
的操作功能界面；确认操作后，系统自动生成带审查
方式的日常监督项目。

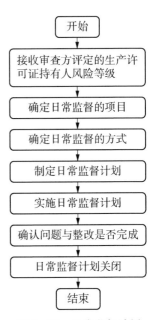

图 4 - 23　日常监督计划
管理流程图

系统在确定的日常监督项目的基础上，设置增加
申请方责任人（包括质量主管、适航主管）、审查方责
任人、时间、地点、完成形式等内容的操作界面，形成日常监督计划，该计划需形
成文件，经三级审签并通过协同工作管理提交审查方确认。

系统设置下发日常监督计划、依据计划交付物自动判断计划关闭的功能（默
认功能），同时，系统设置手动单项或批量上传计划完成交付物的功能。

系统自动获取协同工作管理中问题及意见管理中所管理日常监督发现问题
及整改的完成状态，推送待办至适航主管确认，待确认问题及整改完成后，关闭
日常监督计划。

支持普通用户查询日常监督计划状态。

计划状态：初始状态为未启动；**待发布**：确定日常监督项目、审查方式、编制
计划；已发布：计划已经审查方确认并下发；**执行中**：日常监督计划实施中；**问题
整改**：问题纠正措施确定与整改阶段；**问题关闭**：问题整改完成并获得审查方确
认；**计划关闭**：问题关闭、计划的交付物已完成并确认。

4.2.2.4　AC 证取证

1）模块说明

在适航信息系统中承接顶层功能，点击进入取证次级模块功能，选择 AC 证
取证模块功能。

AC 证取证功能为 AC 证取证验证任务管理,包括验证任务定义、验证任务分解、验证任务计划管理、验证任务跟踪管理。AC 证取证过程管理模块功能如图 4-24 所示。

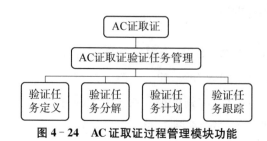

图 4-24　AC 证取证过程管理模块功能

AC 证取证用户角色功能如表 4-5 所示。

表 4-5　AC 证取证用户角色功能

用户种类	具有功能
适航主管	定义 AC 证取证任务 分解 AC 证取证任务 编制取证计划 跟踪取证任务及计划状态
型号适航主管	审批取证任务与计划
质量主管	实施 AC 证取证计划
普通用户	查看、统计 AC 证取证状态

2) 流程及描述

AC 证取证过程验证任务管理主流程如图 4-25 所示。

流程描述:

确定生产依据状态:为民用航空器主制造商所生产的民用航空器申请 AC 证时,首先确定生产依据,确定是在已经获得民用航空器型号合格证未获得生产许可证的状态生产,还是在获得了生产许可证,两种状态所要求的检查内容有差异,AC 证验证任务就有差异。

确定 AC 证取证验证任务(依据 TC 证生产):从以下几方面确定相应的验证任务:①提交资料,包括资料的种类、提交的时间及责任人;②制造符合性检查,包括确定制造符合性检查项目、开展制造符合性检查、提交制造符合性声明等内容及提交时间和责任人;③航空器交付状态检查,包括确定检查内容、时间及责任人;④适航指令 AD,包括确定的 AD、确认适用 AD 的贯彻情况、时间及

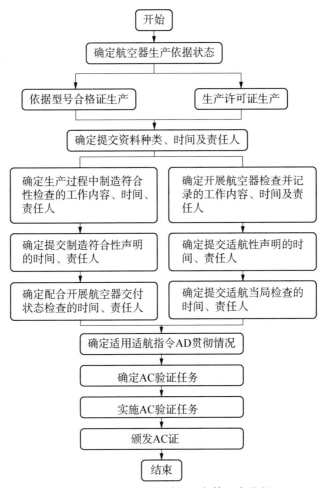

图 4‑25 AC 证取证验证任务管理主流程

责任人。

确定 AC 证取证验证任务（PC 证生产）：从以下几方面确定相应的验证任务：①提交资料,包括资料的种类、提交的时间及责任人;②航空器检查,包括确定检查与记录的内容、时间及责任人;③适航性声明,包括编制适航性声明、时间及责任人;④适航当局检查,包括提交时间及责任人;⑤适航指令 AD,包括确定的 AD、确认适用 AD 的贯彻情况、时间及责任人。

实施 AC 证取证验证任务：验证任务确定后,依据相应的时间实施所有的验证任务。

颁发 AC 证：AC 证验证任务完成后,生产交付的民用航空器经审查方确认

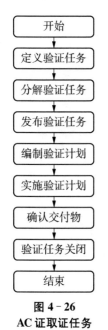

图 4 - 26
AC 证取证任务
管理流程

提交的相关资料的正确性与完整性、确认民用航空器检查所处状态的适航性后，由民用航空地区管理局颁发 AC 证。

3）模块功能方案

在此章节依据图 4 - 24 AC 证取证过程管理模块功能图，描述各层级的模块功能方案。

（1）AC 证取证验证任务管理。

民用航空器主制造商为所生产的民用航空器申请 AC 证，需编制与实施 AC 证取证任务。AC 证取证任务管理功能包括：取证任务定义、取证任务分解、计划管理、取证任务跟踪。

适航当局受理民用航空器主制造商提交的适航证申请后，与民用航空器主制造商共同确定 AC 证取证验证任务，民用航空器主制造商适航主管进行任务定义、任务分解、任务跟踪，编制并下发 AC 证验证任务计划至各责任部门执行。AC 证取证任务管理流程如图 4 - 26 所示。

a. 取证任务定义。

功能方案设计点：

系统接收适航当局的 AC 证申请受理通知书，启动 AC 证取证任务定义；系统设置选择生产依据的功能，适航主管进入任务定义操作界面后，选择依据型号合格证生产或生产许可证生产，自动弹出各自对应的任务项内容，逐项确认后，系统自动生成 AC 证验证任务数据，自动生成 AC 证取证任务，关联申请书、受理通知书、适用型号、生产序列号、国籍登记、无线电执照等信息。

系统建立 AC 证取证任务文件的三级审批流程：适航主管 1 编制、适航主管 2 审核、型号适航主管批准。

支持任务编制者对已定义任务的新增、删除与更改。

支持普通用户查询 AC 证取证任务状态。

b. 取证任务分解。

功能方案设计点：

系统设置 AC 证取证任务的分解功能，提供（针对依据 TC 证生产）按提交资料、制造符合性检查、航空器交付状态检查、适航指令 AD、责任单位划分的任务分解功能；提供（PC 证生产）按提交资料、航空器检查、适航性声明、适航当局检查、适航指令 AD、责任单位划分的任务分解功能。相应适航主管在系统中接收待办任务,完成任务细化分解,形成分解后的 AC 证取证任务文件,该文件经系统三级审签。

支持分解的任务同步到民用航空器主制造商内部系统管理。

c. 计划管理。

功能方案设计点:

系统设置编制 AC 证验证任务计划操作功能界面,在已生成的 AC 证取证分解任务的基础上,增加申请方责任人、审查方责任人、时间、地点、完成形式等内容形成 AC 证取证任务计划,该计划需形成文件,经三级审签并通过协同工作管理提交审查方确认。

支持与民用航空器主制造商内部系统集成落实获取计划。

d. 取证任务跟踪。

功能方案设计点:

系统设置 AC 证取证任务的跟踪功能,依据最终形成的任务分解项目实施跟踪,系统自动获取 AC 证取证任务计划的执行状态,标识任务的状态。

系统设置手动单项或批量上传任务完成交付物的功能。

系统自动获取民用航空器主制造商内部系统与 AC 证取证相关的任务交付物。

支持普通用户查询 AC 证取证任务状态。

任务的状态:**待发布**:AC 证取证任务定义与分解中;**已发布**:完成任务定义与分解;**执行中**:编制完成验证任务计划并实施中;**关闭**:任务的交付物已完成并确认。

4.2.2.5 其他适航证件取证

1) 模块说明

在适航信息系统中承接顶层功能,点击进入取证次级模块功能,选择其他适航证件取证模块功能。

其他适航证件取证过程包含适航证件取证及其证后,其他适航证件取证过程管理主要针对证件取证任务进行管理,即证件验证任务管理功能。其他适航证件取证的证件验证任务管理功能模块如图 4-27 所示。

其他适航证件取证用户角色功能如表 4-6 所示。

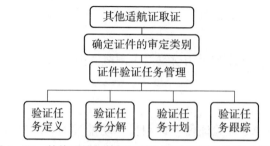

图 4‑27 其他适航证件取证的证件验证任务管理功能模块

表 4‑6 其他适航证件取证用户角色功能

用户种类	具有功能
适航主管	定义证件取证任务 分解证件取证任务 编制证件取证计划 跟踪取证任务及计划状态
型号适航主管	审批取证任务与计划
质量主管	实施证件验证计划
设计主管	实施证件取证计划
普通用户	查看、统计 AC 证取证状态

2）流程及描述

其他适航证件取证过程主流程如图 4‑28 所示。

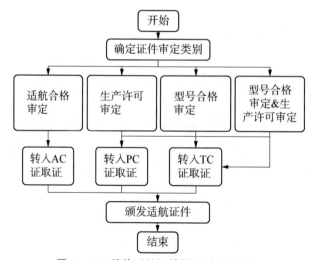

图 4‑28 其他适航证件取证过程主流程

流程描述:

确定证件审定类别:当选择其他适航证件取证后,需先确定该适航证件的审定类别,即确定该证件属于型号合格审定或生产许可审定或适航合格审定。

转入 TC/PC/AC 证取证:当确定适航证件为型号合格审定类别时,进入 TC 证取证过程;当确定适航证件为生产许可审定类别时,进入 PC 证取证过程;当确定适航证件为适航合格审定类别时,进入 AC 证取证过程;当确定适航证件同时为型号合格审定与生产许可审定类别时,分别进入 TC 和 PC 证取证过程。

颁发适航证件:证件验证任务完成后,相关资料提交审查方,经审查方确认,由民用航空局或地区管理局颁发相应的适航证件。

3) 模块功能方案

在此章节依据图 4 - 27 其他适航证件取证的证件验证任务管理功能模块图,描述各层级的模块功能方案。

(1) 确定证件审定类别。

其他适航证件按审定类别分为型号合格审定、生产许可审定和适航合格审定三类,CCAR - 21 - R4 中定义了 14 种证件,按此分类划定:6 种为型号合格审定类,分别为型号合格证 TC 证、补充型号合格证 STC 证、型号认可证 VTC 证、补充型号认可证 VSTC 证、改装设计批准书 MDA 证、零部件设计批准认可证 VDA 证;1 种为生产许可审定类,为生产许可证 PC 证;5 种为适航合格审定类,分别为适航证 AC 证、出口适航证、外国适航证认可书、特许飞行证、适航批准标签;2 种为既需型号合格审定,又需生产许可审定,分别为零部件制造人批准书 PMA 证、技术标准规定项目批准书 CTSOA 证。

功能方案设计点:

系统建立证件名称与审定类别的关联关系,建立各类适航证件取证验证任务的基础数据库,建立与适航日常工作管理中证件申请管理的关联关系,当在其中提交某适航证件申请后,自动关联证件的审定类别,自动推送对应的适航证件取证验证任务项目,设置相应的适航证件与取证验证任务确认并生成验证任务的操作界面,并推送待办至适航主管。

(2) 证件取证验证任务管理。

民用航空器主制造商申请其他适航证件,需编制与实施证件取证验证任务。证件取证验证任务管理功能包括:取证任务定义、取证任务分解、计划管理、取证任务跟踪。

适航当局受理民用航空器主制造商提交的其他适航证申请后,与民用航空

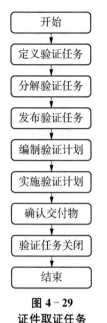

**图 4 - 29
证件取证任务
管理流程**

器主制造商共同确定证件取证验证任务,民用航空器主制造商适航主管进行任务定义、任务分解、任务跟踪,编制并下发证件验证任务计划至各责任部门执行。证件取证任务管理流程如图 4 - 29 所示。

a. 取证任务定义。

功能方案设计点:

系统接收适航当局的其他适航证件申请受理通知书,启动证件取证任务定义;系统设置选择取具体何种适航证的功能,适航主管进入任务定义操作界面后,选择需取证的证件名称,自动弹出各自对应的任务项内容,逐项确认后,系统自动生成证件验证任务数据,自动生成证件取证任务,关联申请书、受理通知书、适用型号、证件类别、证件审定类别、申请人等信息。

系统建立证件取证任务文件的三级审批流程:适航主管 1 编制、适航主管 2 审核、型号适航主管批准。

支持任务编制者对已定义任务的新增、删除与更改。

支持普通用户查询证件取证任务。

b. 取证任务分解。

功能方案设计点:

系统设置证件取证任务的分解功能,相应适航主管在系统中接收待办任务,完成任务细化分解,形成分解后的证件取证任务文件,该文件经系统三级审签。

支持分解的任务同步到民用航空器主制造商内部系统管理。

c. 计划管理。

功能方案设计点:

系统设置编制证件验证任务计划操作功能界面,在已生成的证件取证分解任务的基础上,增加申请方责任人、审查方责任人、时间、地点、完成形式等内容形成证件取证任务计划,该计划需形成文件,经三级审签并通过协同工作管理提交审查方确认。

支持与民用航空器主制造商内部系统集成获取计划。

d. 取证任务跟踪。

功能方案设计点:

系统设置证件取证任务的跟踪功能,依据最终形成的任务分解项目实施跟踪,系统自动获取证件取证任务计划的执行状态,标识任务的状态。

系统设置手动单项或批量上传任务完成交付物的功能。

系统自动获取民用航空器主制造商内部系统与证件取证相关的任务交付物。

支持普通用户查询证件取证任务状态。

任务的状态:**待发布**:证件取证任务定义与分解中;**已发布**:完成任务定义与分解;**执行中**:编制完成验证任务计划并实施中;**关闭**:任务的交付物已完成并确认。

4.2.2.6 AEG 评审

1) 模块说明

在适航信息系统中承接顶层功能,点击进入取证次级模块功能,选择 AEG 评审模块功能。

AEG 评审过程管理功能包括 AGE 评审任务管理、AEG 持续评审管理和评审报告管理等核心业务。AEG 评审过程管理模块功能如图 4 - 30 所示。

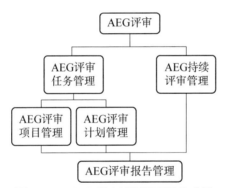

图 4 - 30 AEG 评审过程管理模块功能

AEG 评审用户角色功能如表 4 - 7 所示。

表 4 - 7 AEG 评审用户角色功能

用户种类	具有功能
适航主管	确定航空器评审项目 制定 AEG 评审计划 跟踪 AEG 评审计划
型号适航主管	审批 AEG 评审计划
AEG 评审项目主管	实施 AEG 评审计划
普通用户	查询 AEG 评审计划状态 查询航空器评审项目

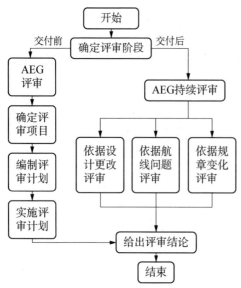

图 4‑31　AEG 评审过程管理主流程

2）流程及描述

AEG 评审过程管理主流程如图 4‑31 所示。

流程描述：

确定评审阶段：AEG 评审分为两阶段进行，进入 AEG 评审信息管理系统时，首先确定评审的阶段，在民用航空器交付首家运营前需与型号合格审定同时开展 AEG 评审，在民用航空器交付首家运营后开展 AEG 持续评审。

AEG 评审：在型号申请型号合格证的同时申请航空器运行符合性评审，依据型号设计特征确定评审项目，制定评审计划，开展 AEG 评审，评审过程中给出阶段性评审意见，反馈设计，协调纠正不符合的部分，型号首架交付运营时以正式的 AEG 评审报告给出评审结论。

AEG 持续评审：型号首架交付运营后，针对设计更改、航线反馈问题、规章变化情况，开展针对性的 AEG 持续评审，以修改 AEG 评审报告的形式给出评审结论。

给出评审结论：评审方以函件和会议纪要的方式给申请方反馈阶段评审结论，在全部评审项目完成后，在民用航空器首架飞机交付前，以航空器评审报告方式给出最终的评审结论，同时，给出相应的批准文件和认可文件信息。航空器持续评审的结论通过修改已发布的航空器评审报告给出。

3）模块功能方案

在此章节依据图 4‑30 AEG 评审过程管理模块功能图，描述各层级的模块功能方案。

（1）AEG 评审任务管理。

AEG 评审任务管理功能包括 AEG 评审项目管理和 AEG 评审计划管理。

a．AEG 评审项目管理。

依据表 2‑18 的内容，分析表中所列项目与所研制民用航空器设计特征的匹配性，初步确定申请方接受审查方开展运行符合性评审各具体项目需开展的工作。通过召开运行符合性评审启动会的形式,确定出具体的项目,拟定出航空器评审项目清单,提交中国民用航空局飞行标准司,经飞行标准司司长批准后实施。航空器评审项目管理流程如图4-32所示。

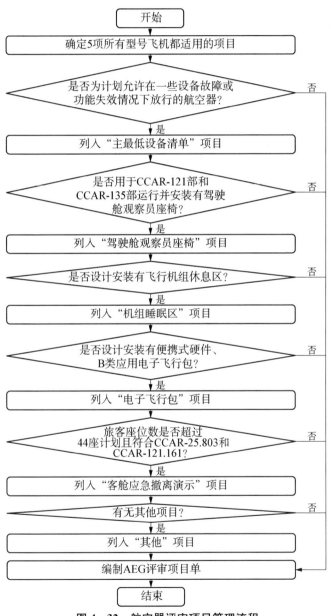

图 4-32　航空器评审项目管理流程

功能方案设计点：

系统按表 2-18 建立规章要求 AEG 评审项目的数据库,设置民用航空器主制造商为不同的型号创建不同的评审项目的操作界面,当型号合格证申请受理后,启动 AEG 评审工作,系统推送待办至适航主管,同时推送 AEG 评审项目的建议清单,适航主管依据型号的设计特征,确认 AEG 评审的适用项目,形成 AEG 评审项目清单草稿,通过协同工作管理提交审查方审核确认,系统接收审查方通过审定信函确认的 AEG 评审项目清单,并标识;同时,接收审查方采用航空器评审问题纪要传递的针对 AEG 评审项目需采用的具体评审标准。

支持普通用户查询 AEG 评审项目清单和具体评审标准。

b. AEG 评审计划管理。

AEG 评审计划依据 AEG 评审项目制定,AEG 评审计划管理功能流程如图 4-33 所示。

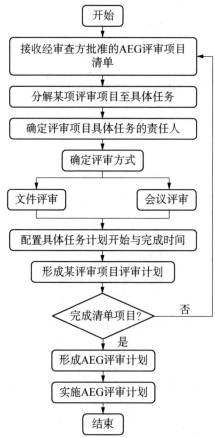

图 4-33　AEG 评审计划管理功能流程

功能方案设计点:

系统接收经审查方批准的 AEG 评审项目清单,推送待办信息至型号适航主管,设置由型号适航主管为每个 AEG 评审项目指定 AEG 评审项目主管和适航主管的操作界面,指定后,系统推送"确认评审项目及评审计划"和"编制评审计划"的待办至评审项目清单上各项目的 AEG 评审项目主管和第一项目的适航主管,该适航主管在系统设置编制评审计划的操作界面上,针对每一项目添加相应的任务,增加责任人(申请方和审查方)、计划开始与完成时间、地点、完成形式等内容后,系统自动生成评审计划初稿,推送至 AEG 评审项目主管和其他项目适航主管确认,确认后的评审计划,由适航主管形成计划文件,经三级审签并通过协同工作管理提交审查方确认,系统接收审查方反馈的评审计划确认稿。

在评审计划内部确认阶段,AEG 评审项目主管和适航主管均可修改、增加和删除评审计划的内容,评审计划经审查方确认后仅可由评审计划的编制者修改、增加和删除评审计划的内容,更新的评审计划需提交审查方重新确认。

支持与民用航空器主制造商内部系统集成落实获取计划。

系统推送"组织实施评审计划"的待办至所有 AEG 评审项目主管和适航主管。

系统设置 AEG 评审计划的跟踪功能,按每一评审项目实施跟踪,系统自动获取 AEG 评审计划的执行状态,标识计划的状态。

系统设置手动单项或批量上传计划完成交付物的功能。

系统自动获取民用航空器主制造商内部系统与 AEG 评审计划相应交付物。

支持普通用户查询 AEG 评审计划状态。

计划的状态:**待发布**:评审计划制定中;**确认中**:各 AEG 评审项目主管和适航主管确认评审计划;**已发布**:审查方反馈评审计划,确认信息;**执行中**:评审计划实施中;**关闭**:计划的交付物已完成并确认。

(2) AEG 持续评审管理。

AEG 持续评审是针对来自设计更改或航线事件或规章修订涉及影响到的航空器评审项目进行 AEG 评估,针对相关批准/认可的文件进行有效性评估,及时修订航空器报告,并发布更新。AEG 持续评审过程管理流程如图 4-34 所示。

功能方案设计点:

系统建立与证后设计更改的关联关系、建立与航线信息收集的关联关系、建立与适航知识管理中规章跟踪管理的关联关系,当这些内容有更新的信息时,自动推送待办至相应适航主管,系统设置提出 AEG 持续评审申请的操作界面,申请通过协同工作管理经审查方确认后,推送待办至受影响项目的 AEG 评审项

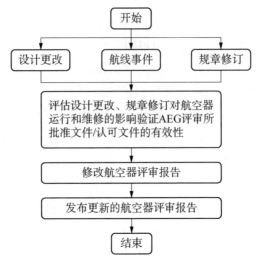

图4-34　AEG持续评审过程管理流程

目和适航主管,实施评审,并更新评审报告。

（3）评审报告管理。

AEG评审报告由审查方编制,经民用航空局飞行标准司司长批准后在网站上公布。

功能方案设计点:

系统接收经审查方批准的AEG评审报告及更新的AEG评审报告。

评审报告管理针对评审项目维度,自动建立与评审报告的关联关系,可从评审报告追溯到评审项目。

4.2.2.7　服务文件管理

1）模块说明

在适航信息系统中承接顶层功能,点击进入取证次级模块功能,选择服务文件管理模块功能。

民用航空器主制造商通常有超手册修理方案、服务通告、服务信函、运营人信息通告等多种提供给客户的服务文件,纳入适航信息化系统的服务文件为超手册修理方案、服务通告、服务信函,服务文件过程管理功能模块如图4-35所示。

图4-35　服务文件过程管理功能模块

服务文件用户角色功能如表4-8所示。

表 4-8　服务文件用户角色功能

用户种类	具有功能
适航主管	确认信息 确定是否编制服务文件 提交报备文件审查方审批 跟踪关闭信息
超手册修理方案责任人	编制超手册修理方案 跟踪超手册修理方案客户执行情况
服务通告 SB 责任人	编制服务通告 SB 跟踪服务通告 SB 客户执行情况
服务信函 SL 责任人	编制服务信函 SL 跟踪服务信函 SL 客户执行情况
普通用户	查询服务文件状态

2）流程及描述

服务文件过程管理流程如图4-36所示。

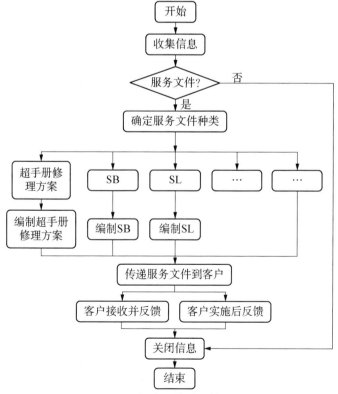

图 4-36　服务文件过程管理流程

流程描述：

收集信息：民用航空器主制造商内部依据设计、局方、生产、运营维护及客户服务分类，建立信息收集机制，分别负责其领域内的相关信息。

确定服务文件种类：适航主管识别、判断是否符合编制服务文件的条件，确定编制何种类型的服务文件。

编制服务文件：适航主管组织编制超手册修理方案、服务通告和服务信函，经民用航空器主制造商内部系统签审后提交适航信息化系统，由适航主管提交审查方确认，审查方确认或审批后的服务文件经适航信息化系统确认后自动反馈至民用航空器主制造商的内部系统，接收内部系统推送的服务文件已传递至客户和客户已反馈实施的信息；建立服务文件与客户的关联关系，建立服务文件实施类别与客户反馈信息的判断准则，接收到客户反馈信息后，由适航主管确认符合性。

关闭信息：适航主管符合性确认完成，系统自动关闭服务文件。当服务文件关闭时，系统自动关闭相关联的信息。

3）模块功能方案

在此章节依据图 4－35 服务文件过程管理模块功能图，描述各层级的模块功能方案。

（1）信息收集管理。

编制服务文件均需要依据一定的信息来启动。民用航空器主制造商内部依据设计、适航当局、生产、运营维护及客户服务分类，建立信息收集机制，分别负责其领域内的相关信息，收集的信息用于识别、判断是否符合编制服务文件的条件，确定编制何种类型的服务文件。信息收集管理流程如图 4－37 所示。

功能方案设计点：

系统设置录入信息的操作界面，可由民用航空器主制造商内任何人操作录入信息。系统按条管理信息状态。建立信息与来源自设计、适航当局、生产、运营维护及客户服务等分类的关联

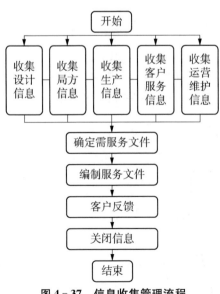

图 4－37　信息收集管理流程

关系,同时关联信息收集人、服务文件、服务文件发送的客户及客户反馈情况等。

当有人在系统中录入信息后,系统自动依据信息的来源推送待办信息至适航主管,适航主管判断是否需编制服务文件,需编制何类服务文件,选择后,系统推送待办至相应服务文件责任人,启动服务文件编制。

信息状态:**新信息**:系统中已录入信息;**服务文件启动**:确定需编制且已开始编制服务文件;**客户反馈**:服务文件传递到客户后,客户反馈执行情况;**信息关闭**:与信息相关的所有服务文件均关闭,无需服务文件时信息也关闭。

支持从民用航空器主制造商的内部系统中获取信息。

支持普通用户查询信息状态。

(2) 服务文件编制管理。

服务文件编制管理包括超手册修理方案编制管理、服务通告编制管理和服务信函编制管理。

功能方案设计点:

服务文件责任人收到编制待办后,在民用航空器主制造商内部系统编制并完成服务文件审签,系统设置获取服务文件编制状态的关联接口,服务文件在内部系统完成文件审签后,推送待办至适航主管,其操作通过协同工作管理提交审查审批的流程;系统接收审查方反馈的审批结论,并反馈至内部系统。系统记录过程的相应数据,形成统计分析使用的数据表单。

服务文件编制状态:**编制**:服务文件尚未完成编制及内部审签;**提交审批**:服务文件已完成编制并提交到审查方;**已审批**:服务文件已获得审查方批准/认可。

支持普通用户查询服务文件编制状态。

a. 超手册修理方案编制管理。

超手册修理方案通常分为针对超过结构修理手册的结构修理方案和针对超过系统、设备手册等和偏离服务通告 SB 的其他修理方案。

功能方案设计点:

在民用航空器主制造商内部系统完成签审后提交协同工作管理模块,并自动在此模块进行记录,超手册修理方案的批准情况,在此模块可查看。经审查方批准的超手册修理方案,由民用航空器主制造商内部系统提交航空公司、维修单位实施。

b. 服务通告编制管理。

服务通告是民用航空器主制造商根据自身与客户信息,对所生产的民用航空器的可靠性、安全性、维修性及性能进行改进的文件,是对客户的一种技术服务措施和对自身生产技术改进要求的文件。

功能方案设计点：

服务通告编制管理包括编制与提交审查方审批。服务通告在民用航空器主制造商内部系统完成签审，推送至适航信息化系统，适航主管通过协同工作管理提交服务通告至审查方审批，系统接收审查方以审查信函反馈的审批信息。

数据对应关系：一个版本的 SB 对应若干份（一份/多份）SB 分类建议表；一个版本的 SB 对应若干（一份/多份）份 SB 审核单；一个版本的 SB 对应若干份（一份/多份）SB 报批材料提交单；一个版本的 SB 对应若干份（一份/多份）解释性说明文件；一个版本的 SB 对应若干份（一份/多份）反馈信函。

服务通告的状态：**SB 分类建议表提交中，SB 分类建议表审核中，SB 报批材料提交中，SB 报批材料审批中，已批准。**

系统设置提交服务通告时可附带其他资料，需填写编号、名称和版本等信息。

服务通告原型图中的搜索项包括：SB 名称、SB 编号、状态、事件编号。

经审查信函审批通过的服务通告，由民用航空器主制造商内部系统提交航空公司实施。

c. 服务信函编制管理。

服务信函是民用航空器主制造商在不紧急的情况下，向客户以信函形式发布针对飞机系统和部件维护的一般或者特定的信息，暂时不涉及对运行和持续适航文件中已有技术内容的更改。

功能方案设计点：

民用航空器主制造商内部系统签审完成的需要适航当局接收的服务信函，并通过协同工作管理模块提交审查方系统供适航当局确认，确认后的服务信函返回适航信息化系统，并传递回民用航空器主制造商内部系统，由内部系统提交航空公司实施，并展示与 SL 的关联关系。

（3）客户执行情况管理。

民用航空器主制造商通过其内部系统将服务文件发送给客户后，客户对服务文件进一步判断是否需要实施，并将实施的结果反馈给民用航空器主制造商。客户执行情况管理流程如图 4-38 所示。

功能方案设计点：

系统自动推送经审查方确认或审批的服务文件至民用航空器主制造商的内部系统，接收内部系统推送的服务文件已传递至客户和客户已反馈实施的信息；

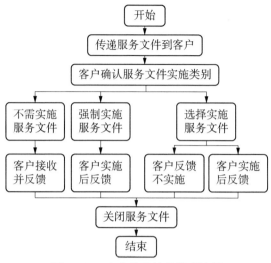

图 4 - 38 客户执行情况管理流程

建立服务文件与客户的关联关系,建立服务文件实施类别与客户反馈信息的判断准则,接收到客户反馈信息后,推送待办至适航主管确认符合性后,点击确认,系统自动关闭服务文件。

支持普通用户查询服务文件客户执行状态。

客户执行状态:**已传递**:服务文件已传递至客户;**反馈确认**:适航主管确认客户反馈信息的符合性;**已关闭**:服务文件已关闭。

(4) 信息关闭管理

民用航空器主制造商收集信息、跟踪信息,最终通过服务文件在客户的实施执行情况关闭信息。

功能方案设计点:

系统建立信息与服务文件的关联关系,当服务文件关闭时系统自动关闭相关联的信息。

支持普通用户查询信息关闭状态。

4.2.3 适航体系管理功能方案

4.2.3.1 适航体系顶层管理功能方案

1) 模块说明

适航体系顶层管理包括体系建设与维护管理和体系运行管理,体系运行管理包括设计保证系统运行、持续适航体系运行、生产质量保证体系运行、运行支持体系运行和适航知识体系运行。适航知识体系纳入适航知识管理中实施管理。适航体系顶层管理模块功能图如 4 – 39 所示。

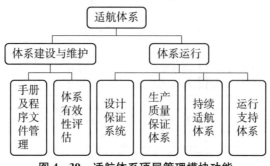

图 4 – 39　适航体系顶层管理模块功能

2）流程及描述

适航体系顶层管理主流程如图 4 – 40 所示。

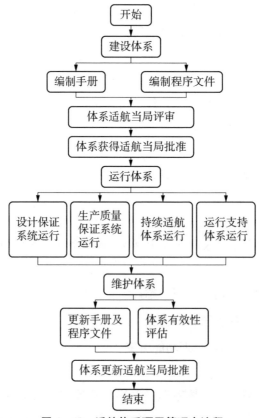

图 4 – 40　适航体系顶层管理主流程

流程描述：

建设体系：民用航空器主制造商建设设计保证系统、生产质量保证体系、持续适航体系和运行支持体系等，均需依据相应适航规章及程序的要求编制并提交体系手册及相应的程序文件，经审查方采用文件评审和现场评审的形式开展审查，审查符合适航规章要求后，适航当局批准/认可手册以认可民用航空器主制造商所建立的体系。

运行体系：民用航空器主制造商所建立的适航体系经适航当局认可后，开始按设计保证系统、生产质量保证体系、持续适航体系和运行支持体系中所定义的体系的管控过程运行。

维护体系：民用航空器主制造商通常会针对各适航体系所管控的过程，开展运行有效性评估，评估的结论作为改进与完善适航体系更新的手册及程序文件的输入。运行适航体系运行过程中会产生各类问题，发现不协调或需改进的部分，也需持续针对手册及程序文件进行更新，更新后的手册及程序文件需提交审查方审查，获得认可。

3）模块功能方案

本层级的功能是选择确定下级操作的业务入口，在界面上呈现图 4 - 39 中各功能模块的按钮，供操作人员单击后，进入下级功能模块。可依据登录者的身份识别需处理的功能，推送相关操作界面，登录者也可自行手动选择需处理的功能，进入相应的操作界面。

功能方案设计点：

登录者登录适航信息系统后，系统可自动识别其身份，推送相关操作界面；若推送的操作界面不适用，登录者可返回，再选择；也可自行手动选择需处理的功能，进入相应的操作界面；

选择体系建设与维护过程后，还可进入下一层级，选择手册及程序文件或体系有效性评估，建立手册及程序文件、体系有效性评估与 4.2.3.2 节的链接，可直接跳转；

选择体系运行后，还可进入下一层级，建立设计保证系统运行、生产质量保证体系运行、持续适航体系运行、运行支持体系运行与 4.2.3.3 节、4.2.3.4 节、4.2.3.5 节、4.2.3.6 节的链接，选择相应业务后，可直接跳转；

各项业务均可返回到主页面。

4.2.3.2　体系建设与维护

1）模块说明

适航体系中设计保证系统、生产质量保证体系、持续适航体系和运行支持体系的体系建设就是编制体系手册与程序文件,通过体系有效性评估及时更新体系手册及程序文件以实施体系维护。体系建设与维护过程管理功能包括手册及程序文件管理和体系有效性评估管理。体系建设与维护过程管理功能模块如图4-39所示。

2）流程及描述

流程见图4-40所示的建设体系和维护体系。

流程描述:

建设体系:民用航空器主制造商建设设计保证系统、生产质量保证体系、持续适航体系和运行支持体系等,均需依据相应适航规章及程序的要求编制并提交体系手册及相应的程序文件,经审查方采用文件评审和现场评审的形式开展审查,审查符合适航规章要求后,适航当局批准/认可手册以认可民用航空器主制造商所建立的体系。

维护体系:民用航空器主制造商通常会针对各适航体系所管控的过程,开展运行有效性评估,评估的结论作为改进与完善适航体系更新手册及程序文件的输入。运行适航体系运行过程中会产生各类问题,发现不协调或需改进的部分,也需持续针对手册及程序文件进行更新,更新后的手册及程序文件需提交审查方审查,获得认可。

3）模块功能方案

(1) 手册及程序文件管理。

功能方案设计点:

分类对设计保证系统、持续适航体系、生产质量保证体系、运行支持体系的手册及程序文件、指南、表单进行全结构化管理,并可以进行版本基线管控,体系支持自定义码表多层级管控,相关体系文件等材料支持民用航空器主制造商自定义签审过程,与协同工作管理模块送审查方审批,接收反馈的审批结论,并与体系文件一一对应。

建立文件层级结构,对体系手册及其程序文件进行结构化管理,并支持对文件的预览、结构化信息维护管理。

(2) 体系有效性评估管理。

功能方案设计点:

分类管理设计保证系统、持续适航体系、生产质量保证体系、运行支持体系、运行有效性评估要素、评估准则、评估周期,对运行有效性评估结果支持指标对照、差距显示,支持优化改进更新对比分析,支持多维度快捷数据统计、图表展示。

4.2.3.3 设计保证系统运行

1) 模块说明

在适航信息系统中承接适航体系顶层功能,点击进入体系运行次级模块功能,选择设计保证系统模块功能。

设计保证系统运行过程管理包括:①设计职能管理;②独立监督职能管理;③适航职能管理。设计保证系统运行管理模块功能如图 4-41 所示。

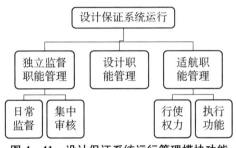

图 4-41 设计保证系统运行管理模块功能

设计保证系统用户角色功能如表 4-9 所示。

表 4-9 设计保证系统用户角色功能

用户/角色种类	具有功能/权限
适航主管	提交确认来自民用航空器主制造商内部系统集成的资料给审查方 确认设计更改分类、修理方案、型号设计资料的完整性 确认设计更改分类手动报备
型号适航主管	组织确定体系问题的整改措施
系统自动	系统自动报备设计更改到审查方
普通角色	查询设计保证系统过程状态
适航核查工程师(CVE)	核查体系文件、设计更改型号设计及验证资料的符合性、符合性声明的有效性
适航授权工程师(DAE)	批准设计更改分类、设计小改和修理方案

2) 流程及描述

设计保证系统运行流程如图 4-42 所示。

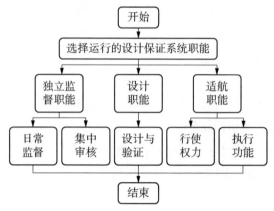

图 4-42　设计保证系统运行流程

流程描述：

选择运行何职能：设计保证系统的设计、适航与独立监督三大职能的运行不分先后，有一定相互的联系，但可各自单独运行，故进入设计保证系统运行时，先选择运行何职能。

运行设计职能：选择运行设计职能时即进入民用航空器主制造商内部系统，开展相关的型号设计与验证活动，相应的结果集成进入适航信息化系统。

运行独立监督职能：选择运行独立监督职能后，可再选择进入日常监控管理或集中审核管理的部分，具体内容后续描述。

运行适航职能：选择运行适航职能后，可再选择进入行使权利管理或执行功能管理的部分，具体内容后续描述。运行适航职能还包括建设适航体系，此见4.2.3.2 节中的描述；还包括组织管理型号取证活动，此见 4.2.2 节。

3) 模块功能方案

本节依据图 4-41 设计保证系统运行管理功能模块图，描述各层级的模块功能方案。

（1）设计职能运行管理。

设计保证系统的设计职能运行，为开展相关的型号设计与验证活动，通常由民用航空器主制造商内部系统管控，需将相应的结果集成进入适航信息化系统。

功能方案设计点：

系统需与民用航空器主制造商内部系统集成，两系统间实现相互的自动推送与接收待办、文件等信息数据的接口。

（2）适航职能运行管理。

本章节仅描述行使权利管理和执行功能管理两项功能。执行功能和行使权利管理流程如图 4-43 和图 4-44 所示。

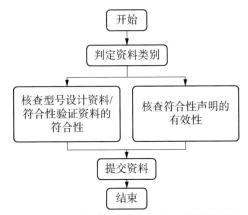

图 4-43　设计保证系统执行功能管理流程

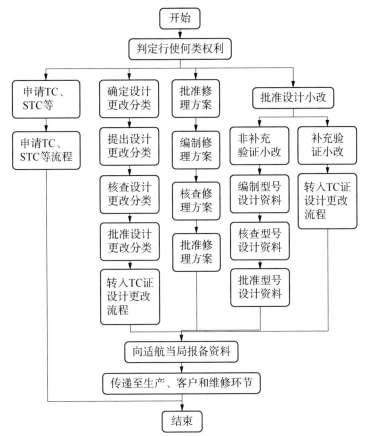

图 4-44　设计保证系统行使权利管理流程

　　a. 设计保证系统执行功能。

　　设计保证系统执行功能是指按 CCAR - 21 - R4 第十四章节要求,执行适航核查的功能,即针对型号设计资料和符合性验证资料,在提交审查方前核查资料的符合性;针对符合性声明,在提交审查方前核查声明的有效性。

　　功能方案设计点:

　　系统设置与民用航空器主制造商内部系统集成的接口,自动接收由内部系统审签完成的型号设计资料和符合性验证资料,推送核查待办至 CVE,经 CVE 核查的资料通过协同工作管理提交审查方,接收审查方审批的结论,并反馈至内部系统。建立相互的关联关系。

　　系统设置编制符合性声明的操作界面,依据声明的来源获取相关信息数据,生成声明文件,通过协同工作管理提交审查方,接收审查方的接收反馈。

　　系统设置记录 CVE 核查意见与结论的操作界面与数据库。

　　支持普通用户查询 CVE 核查的状态。

　　b. 设计保证系统行使权利。

　　设计保证系统经适航当局批准后,该民用航空器主制造商的设计机构具备4 项权利:申请 TC 证及 STC 证、确定设计更改分类、批准设计小改和批准修理方案。

　　功能方案设计点:

　　系统设置由适航主管判断行使何种权利的操作界面,按四项权利设置进入次级功能的操作界面。

　　系统设置成进入"申请 TC 证及 STC 证"权利后,再依据所申请的证件,分别链接至 TC 证过程模块和 STC 证过程模块。

　　系统设置成进入"确定设计更改分类"权利后,链接至设计更改分类过程模块。由设计人员提出设计更改的分类,CVE 核查设计更改的分类、DAE 批准设计更改的分类,此过程管理可在适航信息化系统中设置,亦可在民用航空器主制造商的内部系统中设置,此时系统需建立与内部系统的关联关系,并在系统中记录设计更改分类过程的数据,如设计更改、设计人员提出的分类、CVE 核查及结论、DAE 批准及结论、是否有驳回等信息数据。

　　系统设置进入"批准设计小改"权利后,链接至 TC 证设计更改验证管理模块,系统中设置记录设计小改验证与批准的过程数据。

　　系统设置进入"批准修理方案"权利后,链接至修理方案管理模块,系统中设置记录修理方案批准的过程数据。

系统设置通过协同工作管理自动或手动(由适航主管操作)将此类数据报备审查方的功能,记录报备方式、资料、时间、审查方系统查询等信息。

系统设置确认分类自动报备:民用航空器主制造商内部系统进行设计更改项目审批并完成设计更改分类,触发推送时机,将设计更改项目及确认分类报备信息推送至适航信息化系统时,适航信息化系统成功接收后,自动发送至审查方系统进行报备,无需用户手动报备。成功发送至审查方系统的资料,状态显示为"已报备",如发送至审查方失败,则状态为"未报备",对于此类报备失败的资料,用户可以进行"再次报备";推送报备信息包括资料编号、名称、版本、适航分类、适航分类理由(获取分类理由)、DAE 姓名、DAE 确认分类时间(获取 DAE 批准时间)。

系统设置确认分类手动报备:考虑到确认分类报备是系统自动进行报备推送,系统重启或网络中断时,会存在报备失败的情况,因此在"确认分类报备管理"页面系统提供再次报备功能。在查询页面,选中状态为"未报备"的数据,点击"再次报备"操作,手动进行报备。

系统设置按权利类别、CVE、DAE 等统计与报表功能。

支持普通用户查询各类信息。

(3) 独立监督职能运行管理。

设计保证系统的独立监督职能运行包括日常监控和集中审核监控两种管理方式,日常监控为随时收集信息,集中审核监控为集中在一段时间内收集信息,经分析评估后作为改进与完善设计保证系统的输入。独立监督职能运行管理流程如图 4-45 所示。

功能方案设计点:

系统建立日常监控时所收集到问题的数据库,按问题实施跟踪管理,关联问题评估、制定整改措施并实施、修订的设计保证系统手册或程序文件等信息。

系统设置收集问题的功能,供民用航空器主制造商的任何员工录入其发现的设计保证系统问题,点击保存后,系统推送待办至适航主管;系统设置由适航主管完成初步评估,拟定改进措施,提交型号适航主管确认的操作流程与操作界面;系统设置由适航主管上传线下组织评估的问题及形成整改措施内容的操作界面。

集中审核监控的控制过程由民用航空器主制造商的内部系统控制,本系统设置与内部系统的接口,自动获取集中审核监控整个控制过程的所有数据,加入已建立的问题的数据库,按问题实施跟踪管理,关联集中审核实施时间、审核要素、审核人员、审核总结报告、问题项或建议项、制定整改措施并实施、修订的设

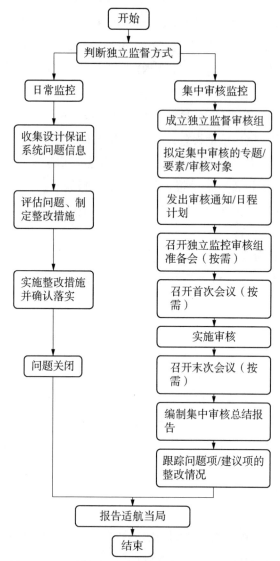

图 4 - 45　设计保证系统独立监督职能运行管理流程

计保证系统手册或程序文件等信息。

　　系统设置定期通过协同工作管理将设计保证系统独立监督问题项、建议项、相关整改措施及实施确认状态情况报告审查方的功能,设置由适航主管确认设计保证系统独立监督问题项和建议项状态的操作界面,到规定时间时,推送待办至适航主管。

　　系统设置问题的状态:**新问题/建议**:日常监控提出问题后或集中审核发出问题项/建议项;**已评估**:已完成对问题/建议的评估;**措施执行中**:已制定整改措

施并实施整改;**关闭**:已完成整改,并获得审查方确认。

支持普通用户查询设计保证系统独立监督的问题及问题状态。

4.2.3.4 持续适航体系运行

1) 模块说明

在适航信息系统中承接适航体系顶层功能,点击进入体系运行次级模块功能,选择持续适航体系模块功能。

持续适航体系运行管理主要收集在民用航空器的设计、制造、使用、维护过程中,发生或发现的所有各类失效、故障、缺陷、超出技术限制或偏离的情况,若影响民用航空器的安全,需判定为持续适航事件,开展事件判定、风险评估、事件调查、改正改进措施、事件总结等工作。持续适航体系运行管理功能模块如图4-46所示。

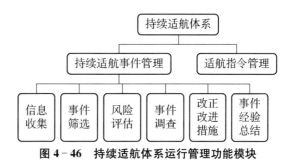

图 4-46 持续适航体系运行管理功能模块

持续适航体系用户角色功能如表4-10所示。

表 4-10 持续适航体系用户角色功能

用户/角色种类	具有功能/权限
信息报告人	收集持续适航相关信息 填写并提交《信息报告单》
事件适航主管	接收《信息报告单》 对事件进行初判 填写并提交《事件报告单》 补充事件信息 负责事件筛选工作 编制并提交《事件筛选单》
事件管理员	管理事件全生命周期内的所有活动,包括事件判断、事件风险评估、事件调查、事件关注、事件合并、事件关闭、事件总结、经验总结等 配置事件相关信息,包括时间约束设定、事件判据、事件风险等级等
设计主管	负责事件风险评估工作 编制并提交《事件风险评估报告》 制定并实施改进改正措施 编制持续适航事件经验总结报告 实施事件调查

（续表）

用户/角色种类	具有功能/权限
型号适航主管	审批各类报告 组织事件调查
普通用户	查询持续适航状态

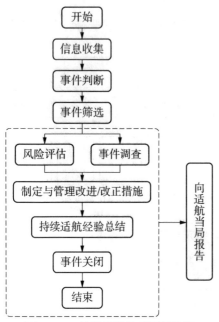

图 4 - 47　持续适航体系运行流程

2）流程及描述

持续适航体系运行流程如图 4 - 47 所示。

流程描述：

信息收集：收集在民用航空器的设计、制造、使用、维护过程中，发生或发现的所有各类失效、故障、缺陷、超出技术限制或偏离的信息，录入此系统，形成信息报告，作为后续分析的输入。

事件判断与筛选：依据收集到的信息判断是否影响民用航空器的安全，影响则判断为持续适航事件，填写事件报告单，进一步开展事件筛选，确定事件影响安全的程序，标识为红色、橙色、黄色、绿色。

风险评估/事件调查：采用一定的方法对事件产生的根原因进行分析，给出事件的风险等级及原因。

改进改正措施：依据事件的风险等级、产生的原因制定消除或减缓事件风险的措施。

持续适航经验总结：归类总结出持续适航事件处置的经验，提出供其他型号改进的建议。

3）模块功能方案

本节依据图 4 - 46 持续适航体系运行管理功能模块图，描述各层级的模块功能方案。

（1）持续适航事件管理。

持续适航事件管理包括信息收集、事件筛选、风险评估、事件调查、改进改正措施、经验总结等功能模块组成。

a. 信息收集。

收集在民用航空器的设计、制造、使用、维护过程中,发生或发现的所有各类失效、故障、缺陷、超出技术限制或偏离的信息,形成信息报告。

功能方案设计点:

系统设置信息录入的操作界面,来自民用航空器主制造商内部的任何员工均可登录系统填报民用航空器在设计、制造、试飞、客服及服役过程中影响或可能影响飞机安全的故障、失效及缺陷等信息;设置结构化编制《信息报告单》的操作界面,提交《信息报告单》后,系统自动推送待办至事件适航主管;系统可通过列表手动选择对应的事件适航主管。

系统按设计、制造、试验/试飞、客服、航线等分类标识信息的来源。

支持普通用户查询信息状态。

信息状态:**新信息**:刚提交信息报告时;**关联事件**:已将信息判断成持续适航事件,并完成事件报告;**关闭**:信息关闭存在两种情况:当判断为非持续适航事件时关闭和当事件关闭时关闭。

b. 事件筛选。

依据收集到的信息判断是否影响民用航空器的安全,影响则判断为持续适航事件,填写事件报告单,进一步开展事件筛选,确定事件影响安全的程序,标识为红色、橙色、黄色、绿色。

功能方案设计点:

事件适航主管处理《信息报告单》待办时,依据信息是否存在影响民用航空器安全的情况判断是否为持续适航事件,再确定事件是否为 CCAR - 21.5 事件,系统依据 CCAR - 21.5 事件的判断准则建立数据库,设置对比进行判断的操作界面,自动向事件适航主管推送;设置事件报告单生成操作界面,事件适航主管完成判断后,系统自动生成事件报告单,通过协同工作管理推送至审查方,若判断为 CCAR - 21.5 事件,立即推送并附带《故障、失效和缺陷报告》(该报告可在民用航空器主制造商内部系统中生成,并关联),其他事件附带事件筛选结果后推送。

系统按事件实施管理,关联信息、责任人(信息报告人、设计主管、事件适航主管、审查人员)、事件筛选单、风险评估报告、改进改正措施、经验总结报告等。

系统设置事件合并管理功能,当事件重复上报,在事件未关闭时,可以对重复的事件进行事件合并管理。保留原事件与合并事件的信息,并标识;事件合并后流程处理,若将事件 A 合并至事件 C,事件合并后,事件 A 的流程阶段引用事件 C,而不是复制事件 C 的流程至事件 A;事件合并只能适用于事件 A 未开始流程的事件,即事件 A 未进行如事件判断、风险评估等流程;事件合并后,不能再拆分;事件合并在事件跟踪管理页面通过功能菜单操作,可以手动操作关闭,同时备注关闭依据。

系统设置事件关闭管理功能,事件可在各阶段关闭:事件筛选为绿色的,可在事件筛选阶段关闭;风险评估结果为绿色的事件,《事件风险评估报告》获得审查会认可,事件在风险评估关闭;风险评估结果为橙色和红色的事件,事件在改正/改进措施行动项目关闭;风险评估结果为黄、橙、红的事件关闭后,需要进行经验总结工作;事件关闭后该事件的处理流程结束,若要重新处理事件,可通过新增任务的方式,与已关闭事件关联;事件关闭在事件跟踪管理页面通过功能菜单操作。

系统设置事件筛选功能,依据风险评估等级方法,由事件适航主管判断后系统自动生成事件筛选单。事件筛选单采用 A、B、C……顺序标识版本管理,最新版有效。

系统设置事件状态跟踪功能,依据状态判定准则自动标识。

事件状态:**新事件**:事件报告生成时;**事件风险水平**:按事件筛选结果标识为红、橙、黄、绿;**阶段**:按风险评估、事件调查、改进改正措施、经验总结标识;**关闭**:满足各类关闭条件后的状态。

支持普通用户查询事件状态。

c. 风险评估。

建立初始风险评估流程和详细风险评估流程,结构化管理评估过程中生成的各类信息。

功能方案设计点:

系统设置事件风险评估报告结构化管理功能,由设计主管在系统中创建,实现三级审签;自动获取事件报告单信息中关于事件主题、事件报告单编号、事件发生时间、飞机型号、发动机型号、ATA 章节。

d. 事件调查。

采用分析、计算和相关的试验方法分析事件的根原因,最终形成事件调查报告。

功能方案设计点:

系统设置事件调查报告结构化管理功能,由设计主管在系统中创建,实现三级审签;自动获取事件报告单信息中关于事件主题、事件报告单编号、事件发生时间、飞机型号、发动机型号、ATA 章节。

　　e. 改进改正措施。

　　依据事件的风险等级、产生的原因而制定的消除或减缓事件风险的措施。

　　功能方案设计点：

　　系统设置改进改正措施报告结构化管理功能，由设计主管在系统中创建，实现三级审签；自动获取事件报告单信息中关于事件主题、事件报告单编号、事件发生时间、飞机型号、发动机型号、ATA 章节；自动获取风险评估报告中的风险等级、原因分析及结论；自动获取事件调查报告中的根原因分析及结论。

　　系统设置事件与改进改正措施的关联关系。一个事件可以关联一项或多项改进改正措施，一项改进改正措施也可对应多个事件。

　　f. 事件经验总结。

　　持续适航经验总结就是归类总结出持续适航事件处置的经验，提出供其他型号改进的建议。由于涉及经验总结的方法较复杂，故目前系统仅针对经验总结报告实施管理。

　　功能方案设计点：

　　系统设置事件经验总结报告结构化管理功能，由设计主管在系统中创建，实现三级审签；自动获取事件报告单信息中关于事件主题、事件报告单编号、事件发生时间、飞机型号、发动机型号、ATA 章节。自动获取事件相关的所有报告内容。

　　(2) 适航指令管理

　　适航指令 CAD 管理主要完成对适航指令收集、适用性和符合性评估、贯彻实施、跟踪管理及报告编制等相关工作，通过收集和评估适航当局(CAAC)发布的适航指令 CAD，得到适用于民用航空器主制造商研制型号的适航指令，确认落实到民用航空器研制、生产及运行与维修的各类活动中。适航指令功能管理流程如图 4 - 48 所示。

　　功能方案设计点：

　　系统设置从适航当局系统中自动获取 CAD 的功能，也可设置人工上传 CAD 的功能，实现对 CAD 进行统计、查询等管理功能。

　　新适航指令进入系统时，系统推送待办至适航主管；系统设置开展适航指令适用性评估的操作界面；系统设置自动生成适航指令适用性评估单，并按版本实施更改管理。

　　系统设置适航指令贯彻跟踪功能，对应判断准则系统实现自动判断并标识。适用的 CAD 可作为输入启动型号设计更改、服务文件更改、生产现场直接应用

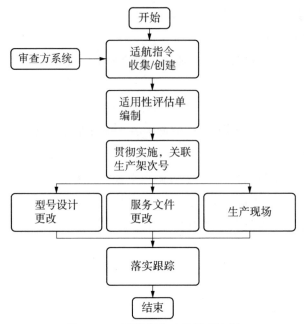

图 4‑48　适航指令功能管理流程

等,故需跟踪这些状态。

系统设置按民用航空器生产单架次统计适航指令落实状态的功能,通过关联民用航空器的生产架次号与 CAD 信息实现。

适航指令状态:**新 CAD**:收集到新发的 CAD 时;**评估中**:分析与评估适用性状态;**适用性**:按设计、生产、服务、不适用标识;**关闭**:不适用时关闭;可在任何环节贯彻时关闭。

4.2.3.5　生产质量保证体系运行

1) 模块说明

在适航信息系统中承接适航体系顶层功能,点击进入体系运行次级模块功能,选择生产质量保证体系模块功能。

生产质量保证体系运行过程中的核心业务是对民用航空器生产质量的过程控制,通常民用航空器主制造商均建立有相应的内部管理系统,故生产质量保证体系运行功能模块管理包括设计资料传递管理和不合格品控制管理。生产质量保证体系运行过程管理功能模块如图 4 - 49 所示。

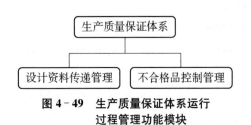

**图 4‑49　生产质量保证体系运行
过程管理功能模块**

生产质量保证体系用户角色功能如表 4 - 11 所示。

表 4 - 11　生产质量保证体系用户角色功能

用户/角色种类	具有功能/权限
适航主管	接收生产过程中所使用型号设计资料的情况 接收与生产质量保证过程相关的民用航空器主制造商内部系统中不合格品控制数据 按每项偏离设置对应关系,并形成数据库 查询相关生产保证体系文件、分析报告
质量主管	确认不合格品管理状态
系统自动	定期自动生成不合格品控制统计分析报告
普通角色	查询生产质量保证体系文件

2) 流程及描述

生产质量保证体系运行管理流程如图 4 - 50 所示。

流程描述:

生产计划及实施:依据客户订单与交付计划,制定民用航空器生产计划,包括原材料采购计划、零件生产计划、组件生产计划、部件装配计划、总装配计划、生产试飞计划等,开展工艺准备、生产准备等,完成零件生产、组件生产、部件装配、总装装配和生产试飞。

生产过程质量控制:在整个生产过程检验检测每道工序,记录检测数据,若发现不合格状态,严格执行不合格品管理程序,在生产质量保证体系下采用 MRB 体系处置不合格品,并报备适航当局。

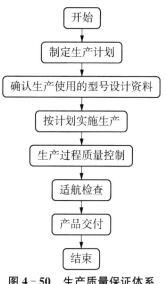

图 4 - 50　生产质量保证体系运行管理流程

适航检查:民用航空器交付运营商前需获得标准适航证 AC 证,故在产品完成生产试飞后,提交审查方开展适航性检查。

3) 模块功能方案

在此章节依据图 4 - 49 生产质量保证体系运行管理功能模块图,描述各层级的模块功能方案。

（1）设计资料传递管理。

生产质量保证体系运行最重要的是保证民用航空器严格按照经适航当局批准的型号设计生产。

功能方案设计点：

系统设置与民用航空器主制造商内部系统集成的接口，随时接收生产过程中所使用型号设计资料的情况，在本系统中设置按架次展示所使用的型号设计资料的功能，并关联型号资料的审批状态，系统会自动判断型号设计资料的审批状态，若在内部系统中提取的型号设计资料无审批状态，系统会自动给相应专业的适航主管推送待办，设置处置此待办的操作界面。

支持普通用户查询生产用型号设计资料的审批状态，按架次的生产用型号设计资料清单。

（2）不合格品控制管理。

生产质量保证体系运行还需保证在经批准的质量保证体系下生产民用航空器，而质量控制中不合格品控制管理是适航当局重点关注的对象。在此系统中积累不合格品与型号设计偏离状态数据，为进一步改进型号设计与生产提供数据支撑。

功能方案设计点：

系统设置与民用航空器主制造商内部系统集成的接口，随时接收与生产质量保证过程相关的民用航空器主制造商内部系统中不合格品控制数据，包括偏离描述、工程处置描述、工程处置实施后检测、原因分析、工程处置人员、适航当局审批等内容的数据，按每项偏离建立对应关系，并形成数据库，设置开展统计分析的操作界面，定期自动生成不合格品控制统计分析报告。

4.2.3.6　运行支持体系运行

1）模块说明

在适航信息系统中承接适航体系顶层功能，点击进入体系运行次级模块功能，选择运行支持体系模块功能。

运行支持体系运行的功能是为保障民用航空器顺畅运行提供人员培训、维修支持等活动，包括运行符合性设计、人员训练、运行和持续适航文件管理、维修支持管理。运行支持体系运行管理功能模块如图4-51所示。

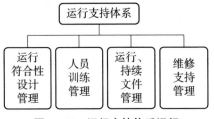

图4-51　运行支持体系运行管理功能模块

运行支持体系用户角色功能如表4-12所示。

表4-12 运行支持体系用户角色功能

用户/角色种类	具有功能/权限
适航主管	结构化创建、更新、维护运行符合性清单 运行规章的标识 提交运行支持体系文件给审查方 设置分类资料与运行支持体系文件的对应关系索引
人员训练责任人	编辑和管理建议的机型训练规范等
文件责任人	编辑和管理运行和持续适航文件
维修支持责任人	提供维修支持服务
普通角色	查询运行支持体系文件

2) 流程及描述

运行支持体系运行管理流程如图4-52所示。

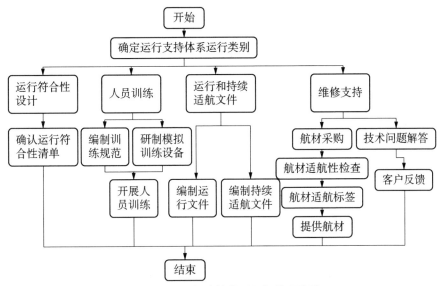

图4-52 运行支持体系运行管理流程

流程描述：

确定运行类别：运行支持体系运行的功能模块均无相互关联,可独自运行,故需在确定运行类别的基础上,再继续下一步的操作。

运行符合性设计：运行符合性设计的主要工作流程是结合民用航空器的研

制开展,即识别出运行规章的相关要求,纳入型号设计中,形成民用航空器的相应功能,以保证民用航空器在运行过程中满足相关运行规章的要求。

人员训练:人员训练包含编制训练规范,并提交审查方认可;开展模拟训练设备的研制,有些训练设备需获得适航当局的资质认证,如飞行模拟器;按经适航当局认可的训练规范,在获得适航当局资质认证的训练设备上开展人员训练。

运行和持续适航文件:及时与客户沟通,确认运行和持续适航文件的适用性与可用性。

维修支持:在客户提出需求时,提供相应的技术问题解答支持;依据持续适航文件的要求,准备航材,按一定数量比例采购与储存航材,航材管理流程中涉及适航性检查、航材挂适航标签的过程,最后依据客户的需求提供;还有一类建立维修能力,此需获得适航当局的维修单位许可证,归入证件管理。

3) 模块功能方案

本节依据图 4-51 运行支持体系运行管理功能模块图,描述各层级的模块功能方案。

(1) 运行符合性设计。

功能方案设计点:

全面结构化创建、更新、维护运行符合性清单,支持按民用航空器主制造商内部签审环节自行定义签审流程,运行符合性清单中进行运行规章的标识,支持按运行规章的统计查询。

(2) 人员训练。

功能方案设计点:

支持飞机、维修及其他类型人员的机型培训记录管理,支持在线编辑和管理建议的机型训练规范,支持按民用航空器主制造商内部签审环节自行定义签审流程,通过协同工作管理模块提交局方批准,并与航空公司供应商系统预留接口,支持资料传递;支持模拟训练设备的研制记录管理;支持训练机构申请资质,并支持按民用航空器主制造商内部签审环节自行定义签审流程,通过协同工作管理模块提交局方批准。

(3) 运行和持续适航文件管理。

功能方案设计点:

抽取民用航空器主制造商内部系统的运行文件,例如飞行手册、飞行机组操作手册、快速参考手册、载重平衡手册、偏差放行指南、客舱机组操作手册,通过协同工作管理模块提交局方批准;支持分类资料与运行支持体系文件的对应关系索引。

抽取民用航空器主制造商内部系统、适航信息化系统的持续适航文件,例如维修要求、维修程序和构型控制类别的手册,通过协同工作管理模块提交局方批准;支持分类资料与运行支持体系文件的对应关系索引。

(4)维修支持。

此部分涉及的维修许可证、适航挂签参见 4.2.4 节适航日常工作管理的证件管理功能,证件管理中标识运行体系程序文件(编号、名称、版本),工程技术问题提供支援参加 4.2.4 节适航日常工作管理的问题及意见管理,相关问题及意见,增加标识运行体系程序文件(编号、名称、版本)。

4.2.3.7　适航知识体系运行

适航知识体系功能均纳入适航知识管理,详细参见 4.2.6 节,此处不做赘述。

4.2.4　适航日常工作管理功能方案

4.2.4.1　模块说明

适航日常工作管理主要对适航取证过程中的相关工作进行管理,确保适航取证的相关管理要求得到贯彻,相关工作得到落实,相关的信息及时有效传递,各项问题及时处理和关闭。包括会议管理、问题纪要管理、信函管理、行动项目管理、团队管理、人员资质管理、证件管理、问题及意见管理。适航日常工作管理模块功能如图 4-53 所示。

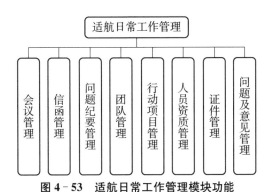

图 4-53　适航日常工作管理模块功能

适航日常工作用户角色功能如表 4-13 所示。

表 4-13　适航日常工作用户角色功能

用户角色	具有功能
适航主管	编写会议通知、会议纪要 编写及分解、关闭行动项目

用户角色	具有功能
	处理审查方反馈 接收问题及意见 编写取证信函、审定信函回函 接收审定信函 关联取证任务
设计主管	执行行动项目 生成交付物 落实问题及意见
专业专题组组长	编写/审核取证信函、审定信函回函 接收审定信函 编制问题纪要
取证管理组组长	接收审定信函 签发取证信函
型号适航主管	定义团队角色，关联取证任务 授权人员资质审核、批准
证件管理员	对证件及基本信息进行定义 上传证件及证件证书
资质/授权申请人	申请获得适航当局授权的 DER、DMIR；民用航空器主制造商授权的 CVE、DAE、CS、DR 编制资质/授权申请书 参加资质/授权培训 行使授权
系统自动	系统自动定期生成问题纪要汇编报告
普通用户	查询各类状态

4.2.4.2　主流程及描述

详细流程情况已细化入以下章节的各子模块功能方案中。

4.2.4.3　模块功能方案

本节依据图 4-53 适航日常工作管理模块功能图，描述各层级的模块功能方案。

1）会议管理

在 TC 证过程中，采用会议的方式开展审查活动，会议有审查会、TCB 会议、申请方与审查方之间通过双方高层工作会议、申请方或审查方各自召开的内部会议，无论申请方还是审查方发起的涉及双方的会议，均需要会议信息的传递。

型号合格审定委员会会议 TCB 会议是 TC 证过程申请方和审查方最为重要的会议。一般项目的 TCB 会议为 3 次,TCB 的会议纪要经 TCB 主任签署后发布;审查会是 TC 证审查过程一种常见的审查活动方式。主要审查申请方提交的型号设计和符合性验证资料,对这些资料的符合性给出认可/批准的结论。可在审查组层面召开,亦可在专业专题审查组层面召开。审查会形成的会议纪要经申请方和审查方共同签字后发布。

在 PC 证过程中,采用会议的方式开展审查活动,会议有审查会、PCB 会议、申请方与审查方之间通过双方高层工作会议、申请方或审查方各自召开的内部会议,无论申请还是审查方发起的涉及双方的会议,均需要会议信息的传递。若组建生产许可审定委员会,每次 PCB 会议均需完成会议纪要,并以审定信函的方式传递至申请方;若不组建,直接组建生产许可审定审查组,开展审查,并给出是否颁发 PC 证的审查结论。审查会模式同 TC 证过程。

在 AC 证过程中,可采用审查会的方式开展审查活动,也可直接开展现场检查,在 AC 证过程中,一般不会发生需要申请方与审查方双方高层解决的关键问题和决策的重大事项。各自内部会议模式同以上两个模式。

其他适航证件过程中审查会、申请方内部会议、审查方内部会议、双方高层协调过程模式同上。

AEG 评审过程中,航空器评审和持续评审大多通过召开会议的方式进行。其包括航空器评审项目组会议、飞行标准化委员会 FSB 会议、飞行运行评审委员会 FOEB 会议、维修审查委员会 MRB 会议以及 AEG 评审方与型号合格审定方的会议。会议流程同上。

会议管理包括会议议题管理、会议通知管理、会议材料管理、会议纪要管理,会议管理功能模块如图 4-54 所示。

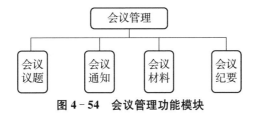

图 4-54　会议管理功能模块

（1）流程描述:

会议管理流程如图 4-55 所示。

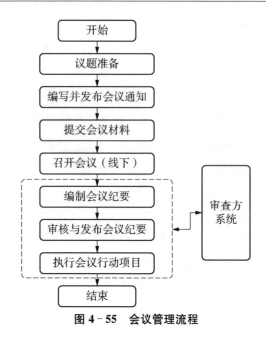

图 4 - 55　会议管理流程

流程描述：

会议通知编制：适航主管均可发起编写会议通知的流程，确定主题、会议时间、会议地点、参会人员等，下发会议通知后，参会人员会收到一条参加会议的待办提醒。

会议纪要编制与审核：会议结束后，适航主管录入会议纪要，此处不涉及TCB 会议、PCB 会议，这两个会议纪要从审定方系统获取；会议纪要中如果有行动项目，其中与局方会议需双方在线签审，签审完成后将涉及的行动项目新增到行动项目模块的行动项目列表中。

（2）功能方案设计点：

会议管理划分为会议通知、会议纪要，适航信息化系统的会议通知主要面向民用航空器主制造商，会议纪要一方面来源于民用航空器主制造商内部会议，另一方面来自民用航空器主制造商关注或参与的适航当局会议，故功能涉及的相关会议类型包括：审查会、TCB 会议、申请方与审查方之间通过双方高层工作会议、申请方召开的内部会议、PCB 会议、航空器评审项目组会议、飞行标准化委员会 FSB 会议、飞行运行评审委员会 FOEB 会议、维修审查委员会 MRB 会议以及 AEG 评审方与型号合格审定方的会议。会议纪要可集成审查方系统获取，双方召开的会议也可由适航信息化系统推送会议纪要至审查方系统，涉及的行动项目申请方落实申请方的行动项目内容。

　　会议通知与会议纪要为多对一关系,会议设定议题,会议完成后可创建会议纪要,自动生成简要版会议纪要供适航主管细化编写;会议纪要中可创建和分解行动项目,与行动项目相互关联。

　　会议管理功能管理 TCB 会议、PCB 会议、适航审查会、技术交流会、双方高层会议、航空器评审项目组会议、飞行标准化委员会 FSB 会议、飞行运行评审委员会 FOEB 会议、维修审查委员会 MRB 会议以及 AEG 评审方与型号合格审定方的会议、申请人内部例会等与适航取证相关的会议,包括会议通知下发、会议资料准备及检查、会议纪要/记录生成及管理等。

　　(3) 其他功能要点:

　　a. 针对民用航空器主制造商的内部例会,取证团队内部会议、各类体系成立的技术委员会会议、委员会会议、办公室例会及内部其他例会所生成的会议纪要无需提交局方。

　　b. 针对审查会、技术交流会、TCB 会议、与审查方高层会议,会议纪要同步至审查方系统,涉及双方的会议,具备双方共同提出议题功能。

　　c. 关于持续适航体系运行中模块与会议管理模块的关联:新增会议纪要行动项目时需关联持续适航事件信息、一项行动项目对应一个事件,一个事件可对应多项行动项目、一份会议纪要可关联多个事件(该事件的事件报告单必须为"已批准"状态。

　　d. 不需强制要求每一个会议纪要都要关联一个会议通知。

　　e. 会议纪要涉及线下审核签字批准的,支持上传归档,分为三种类型:审查方签署的会议纪要、需要双方签署的会议纪要、无需审查方签署的内部会议纪要、纸质扫描归档的会议纪要。

　　f. 内部会议纪要支持已有规则的会议自动取号功能并且能够预取号,且会后可以撤销已经取的多余的号。

　　g. 会议通知支持推送到适航首页信息公告提醒。

　　2) 信函管理

　　在 TC 证过程中,审查方采用审定信函的方式①发布召开 TCB 会议通知,此类审定信函由 TCB 主任签署;②批准审定计划 CP,涉及所有或多份 CP 时,此类审定信函由审查组组长签发,涉及系统级或专业专题级的审定计划可由专业/专题审查组组长签发;③提出审查过程中发现的问题(包含设计保证系统的问题)或要求,此类审定信函可由审查组组长签发,也可由专业/专题组组长签发;④传递型号检查核准书(TIA),此类审定信函由审查组组长在批准 TIA 时签发;⑤认可申请方设计保证系统的程序文件,此类审定信函由设计保证审查组组长签发;⑥批准申请方的《设计保证手册》,认可申请方的设计保证系统,此类审定信函由审查组组长签发。

作为审查方的中国民用航空局采用明传电报这种函件方式发出通知,如发布 TCB 的会议纪要。作为申请方的民用航空器主制造商也采用信函的方式向审查方提出请求、传递信息等。

在 PC 证过程中,审定信函、各类沟通信函(包括 PC 证审查组与 TC 证审查组之间的沟通);在 AC 证过程中,各类沟通信函模式同上。其他适航证件取证中,审定信函、各类沟通信函模式同上。

AEG 评审中航空器评审项目组、飞行标准化委员会 FSB、飞行运行评审委员会 FOEB 和维修审查委员会 MRB 组织评审给出的阶段性评审结论,以航空器评审信函形式向型号合格审查组及民用航空器主制造商提供航空器评审状态及初步结论。评审过程中,AEG 评审审查人员与 TC 证审查人员以及民用航空器主制造商之间均采用信函方式沟通。

信函管理分为审查方发起信函管理、申请方发起信函管理和回复函件管理。审查方发起信函包括 PC 审定信函、TC 审定信函、航空器评审信函、明传电报、审查信函;申请方发起信函包括取证信函和其他函件;回复函件适用于双方。信函管理功能模块如图 4-56 所示。

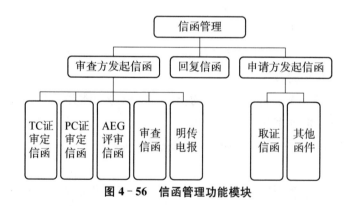

图 4-56 信函管理功能模块

(1) 流程描述:

信函管理流程如图 4-57 所示。

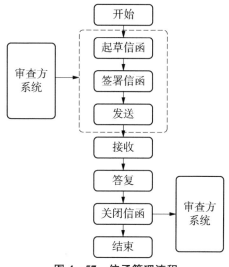

图 4‑57　信函管理流程

流程描述：

起草信函：按申请方或审查方发起信函，分别由申请方或审查方在系统中编制信函，申请方在此系统中编制信函，审查方在审查方系统编制信函。

签署信函：按申请方或审查方发起信函，分别由申请方或审查方的专业/取证组组长在系统中签署信函，申请方在此系统中，审查方通过审查方系统签署信函。

接收信函：双方各自在系统中接收对方发出的信函，对无需回复的信函反馈确认收到的信息，需回复的信函则进入下一步流程。

回复信函：双方各自在系统中编写收到对方信函的回函（可编写多份），通过审核后回复对方。

接收回函：双方各自在系统中接收对方发出的回复信函，反馈确认收到的信息。

发起/确认关闭信函：双方均可在系统中发起关闭信函的操作，对方系统产生一条待办，对方选择是否同意关闭；对方同意关闭时，该信函关闭。

（2）功能方案设计点：

a. PC 审定信函。

管理 PC 证取证过程中审定方发出的审定信函，该审定信函可在系统中设置手动录入功能，也可通过协同工作管理与审查方系统建立接口关联，并与 PC

证取证过程管理模块关联。结构化的数据有：证件号（下拉菜单可扩展型号选项）、项目号、产品名称及型别、适用的产品序列号、标题、签发人员、签发日期、附件、信函内容等。

　　b. TC 审定信函。

　　管理 TC 证取证过程中审定方发出的审定信函，该审定信函可在系统中设置手动录入功能，也可通过协同工作管理与审查方系统建立接口关联，并与 TC 证取证管理模块关联。结构化的数据有：证件号、项目号、产品名称及型别、适用的产品序列号、标题、签发人员、签发日期、附件、信函内容等。审查方审查代表将审定信函通过审查方系统传递给申请方；申请方在协同工作管理走完审定信函的接收流程后，适航日常工作管理模块显示审定信函，推送处理审定信函的待办信息至适航主管；申请方专业专题组组长关闭审定信函，在关闭审定信函时，可以上传一些关闭信函的说明资料；同时，审查方系统为审查方审查代表产生一条待办，待办中展示审定信函，并让审查代表选择是否同意关闭；审查代表同意关闭审定信函，则该条审定信函的状态为"关闭"，如果审查代表不同意关闭，则该条审定信函的状态为"处理中"，相关状态信息显示传递给适航信息化系统。

　　c. 审查信函。

　　管理为服务通告等服务文件审批而发出的审查信函。民用航空器主制造商主发资料审批流程（例如服务通告），经适航当局审查信函批准，批准结论和审查信函会通过传输协议传递至协同工作管理，适航主管接收完成后进入审查信函模块，记录审查信函与审批文件的对应关系。

　　d. 航空器评审信函。

　　管理 AEG 评审过程中航空器评审项目组、飞行标准化委员会 FSB、飞行运行评审委员会 FOEB 和维修审查委员会 MRB 组织评审给出的阶段性评审结论或双方沟通的内容，主要包括如下内容：审查方相关评审组或委员会成员起草信函，评审组或委员会组长签署信函，则集成传递到适航信息化系统；若为沟通内容，则申请方接收并答复；若为评审结论，申请方需按评审文件反馈并回复；最后，评审组或委员会组长关闭信函。

　　e. 取证信函和其他函件。

　　管理适航取证过程中的申请方发出的取证信函和其他函件，包括信函文本管理，适航主管编制取证信函和其他函件；专业专题组组长审核（可选可不选）；取证管理组组长批准（可选）；适航主管（编制人）通过协同工作管理模块发送审查方系统，该类信函也存在需审查方回复的情况。

f. 明传电报。

管理审查方发出的明传电报，主要为通知，一般传阅后无需回复，部分明传电报提出了工作要求，也无需回复。明传电报页面列表显示属性应包括编号、标题、摘要、发送日期、发送方、责任人、附件。筛选属性应包括编号、标题、发送日期、发送方、责任人。明传电报可通过集成审查方系统获取相关信息，也可在本系统中手动录入信息，收到明传电报后，系统需自动反馈收到信息。

g. 回复函件。

双方均需依据对方的来函起草回复函件，本系统设置回复来函功能，用于申请方回复审查方信函，审查方在其审查方系统中设置相应的回复信函功能，双方通过协同工作管理相互传递信息。回复信函的编制流程同发起信函相同，需关联来函的相关信息。系统设置手动上传纸质信函的功能。

页面列表显示属性包括回函类型、信函编号、专业专题组、审查代表、适航主管、回函编号、回函标题、回函版本、回函时间、回函状态等。默认页面筛选属性包括回函类型、信函编号、回函标题、回函编号、专业专题组、审查代表、适航主管。信函编号、专业专题组、审查代表、适航主管数据都是从需回复信函跟踪相关的属性中提取显示，其他数据属性是对应的回函属性。

系统设置函件状态管理功能。管理函件的页面列表显示属性应包括编号、标题、发送日期、发送方、起草人、接收方、接收人、信函编号、附件、回函、回复人、回复时间等信息；

系统设置按上述属性的筛选功能。

函件状态：**新函件**：系统获取有新函件发出时；**收到处理中**：收到需回复的函件，处于回函起草及工作进行中，也包括对方不确认信函关闭的情况；**关闭**：收到不需回复函件时，系统反馈收到信息，需回复的函件经对确认回复后，同意关闭。

3）问题纪要管理

问题纪要的形成过程共分为四个阶段，分别为第 1 阶段、第 2 阶段、第 3 阶段和第 4 阶段，这四个阶段分别与"问题说明（含背景）""审查组立场""申请人立场"和"结论"的产生相对应：

第 1 阶段的目标是提出重要的或有争议的问题以引起审查组和申请人的关注。在本阶段，主要对问题进行说明，包括背景说明。

第 2 阶段的目标是确定审查组立场。在本阶段，审查组形成对问题的要求及所需的符合性验证活动的意见。需要特别注意的是，当问题纪要是由于申请人提出等效安全建议或咨询材料中未包含的符合性方法而产生时，申请人的立场会早于审查组立场而形成,此时,由于审查组立场依然处于形成过程中,问题纪要的阶段仍然为第2阶段。

第3阶段的目标是确定申请人立场。在本阶段,审查组根据申请人反馈的意见形成申请人立场。

第4阶段的目标是形成解决问题的结论。

问题纪要可在"问题说明""审查组立场""申请人立场""结论"的任一阶段签发,凡是问题纪要的阶段状态发生变化时,问题纪要必须重新签发。

图4-58　问题纪要管理功能模块

问题纪要分为四个阶段,四个阶段问题纪要的编号相同,与审查方系统集成完成4个阶段过程的管理。问题纪要管理功能模块如图4-58所示。

（1）流程描述:

问题纪要管理流程如图4-59所示。

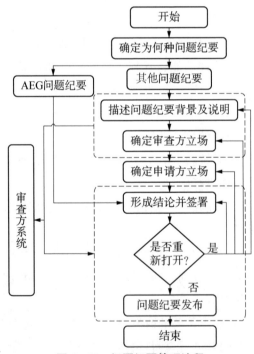

图4-59　问题纪要管理流程

流程描述:

编制背景及说明:审查方通过审查方系统编制问题纪要背景及说明。

确定审查方立场：审查方通过审查方系统编制问题纪要审查方立场，并传递至适航信息化系统。

确定申请方立场：适航主管新增申请人立场，并提交到协同工作管理模块；若为 AEG 评审，则经 AEG 评审相关会议后，直接填写形成结论并提交到协同工作管理模块，跳过申请方立场填写步骤。

形成结论并签署：民用航空器主制造商专业专题组组长与局方形成结论并签署发布。

打开问题纪要：双方若发现问题纪要需要打开，可打开，继续开始原流程。

形成问题纪要汇编：系统自动定期按型号形成问题纪要汇编报告。

（2）功能方案设计点：

a. 适航当局审查代表通过审查方系统发送问题纪要到民用航空器主制造商。

b. 民用航空器主制造商通过协同工作模块接收到问题纪要后在适航工作问题纪要模块显示。

c. 民用航空器主制造商适航主管可新增申请人立场，并提交到协同工作管理模块；若为 AEG 评审，则经 AEG 评审相关会议后，直接填写形成结论并提交到协同工作管理模块，跳过申请方立场填写步骤。

d. 民用航空器主制造商专业专题组组长可上传审查方要求修改的本专业的问题纪要（审查方要求修改的情况下）。

问题纪要的立场回复有多次，审查组立场和申请人立场需要设计成可以增加多次立场，最新的信息排在该模块的最前面，按时间例序排列各次填写的内容。立场信息属性应包含提交人、对方接收人、提交时间以及立场内容。

e. 问题纪要的状态取决于四个阶段问题纪要的状态，全部为关闭则总状态为关闭，其中一个阶段为开口则总状态为开口。

f. 问题纪要列表中，如果某一阶段的问题纪要存在，则显示查看操作，否则不显示。

g. 问题纪要列表中，如果某一阶段的问题纪要状态为开口，则该单元格背景为红色，否则为绿色。

h. 只有专业专题组组长具有编辑问题纪要的权限，点击【编辑纪要】按钮时，可编辑问题纪要，所编辑的纪要为哪个阶段的，保存时把哪个阶段的覆盖掉。

i. 问题纪要可按机型形成整个机型的问题纪要汇编，该报告由审查方系统或适航信息化系统触发生成，双方可共享，记录触发时间。

4）问题及意见管理

对适航取证过程中、适航体系运行过程中适航相关的问题及意见进行管理，类型标识为申请方发现问题、审查方发现问题，审查方发现问题主要来自审查方审查中随认可表、评审表提出的问题；该模块是对问题的完整闭环流程进行管理，过程包括提出问题、制定整改措施、实施整改措施、确认整改符合性、关闭问题及意见。问题及意见管理功能模块如图 4-60 所示。

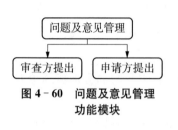

图 4-60　问题及意见管理功能模块

（1）流程描述：

问题及意见管理流程如图 4-61 所示。

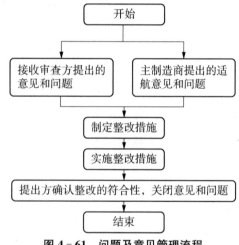

图 4-61　问题及意见管理流程

流程描述：

提出问题/意见：接收审查方系统取证审查过程中意见问题或编制创建意见问题；

制定整改措施：适航主管制定措施（可通过会议），形成行动项；

实施整改措施：实施措施；

确认关闭：适航主管确认关闭，若来自审查方系统取证审查过程中的意见问题，由审查方确认关闭。

（2）功能方案设计点：

a. 审查方提出问题。

接收来自审查方系统取证审查过程中，随审查方审查发现的问题，自动接收并进入问题及意见管理模块自动标识来源系统为审查方系统,并与审查的批单保持关系。

b. 申请方提出问题。

对申请方提出的取证问题、适航管理问题、适航相关会议产生的问题等进行管理,问题来源:(审查方、申请方)适航审查会、技术交流会、现场审查会、申请人内部会议;相关会议形成意见,提出问题(可提解决方案);适航主管制定整改措施;设计员实施整改措施;相关会议形成结论,确认整改情况并关闭。

5) 行动项目

行动项目来源于会议纪要、问题纪要、信函、审查方的评审意见表、不满意通知书、适航体系运行中发现的问题等。行动项目管理包括行动项目管理和临时计划管理。行动项目管理功能模块如图 4 - 62 所示。

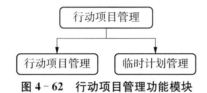

图 4 - 62　行动项目管理功能模块

(1) 流程及描述:

行动项目管理流程如图 4 - 63 所示。

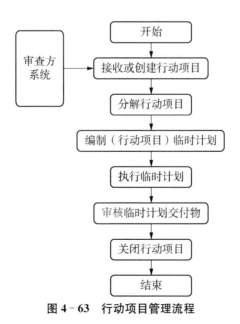

图 4 - 63　行动项目管理流程

流程描述：

创建/分解行动项目：适航主管确认不同来源的行动项目，在系统中创建/分解行动项目（应包括与审查方系统联动形成的任务）；

编制临时计划：适航主管分解行动项目，落实责任人及单位，交付物形式、完成时间等内容后，编制行动项目临时计划下发执行；

执行临时计划：行动项目实施责任人组织执行临时计划，关联交付物；

审核交付物：收集并审核行动项目临时计划完成的交付物，与审查方相关的行动项目，需与审查方系统联动，相互推送交付物及状态；

关闭行动项目：完成交付物审核确认、与审查方相关的行动项目，需与审查方确认，当行动项目涉及的所有临时计划均完成交付物确认时，关闭行动项目。

(2) 功能方案设计点：

系统设置创建/接收（指从审查方系统通过协同工作管理的行动项目）并分解行动项目的功能，建立与行动项目来源的关联关系；设置在来源（会议纪要、问题纪要、审定信函、评审意见表、不满意通知书、适航体系运行问题等）的管理模块中提取相关信息的功能与操作界面，自动链接获取行动项目名称、责任人、完成时间要求等信息，推送创建与分解行动项目的待办至适航主管；设置由适航主管确认信息、创建与分解行动项目的操作界面；一条行动项目可不分解，也可分解增加为相关的多条行动项目任务，依据分解后的行动项目，通过增加责任人、开始及完成时间（"计划开始时间"属性抓取当前时间作为默认时间，且可修改；"计划完成时间"属性建议抓取行动项目的完成时间作为默认时间，且可修改）、交付物等内容后，形成行动项目临时计划。

设置临时计划跟踪功能，仅每条行动项目对应的适航主管可对该条行动项目包括临时计划进行删除、修改、增加等操作。在临时计划中可手动上传交付物，也可关联相应模块中的交付物，系统自动获取。设置交付物审核的功能及操作界面，推送审核交付物待办至适航主管；交付物审核确认后，临时计划关闭，某条行动项目对应的所有临时计划均关闭时，确认行动项目关闭，若行动项目来源于审查方，则需通过协同工作管理提交审查方确认是否关闭。

所有行动项目的交付物及关闭信息均需关联，系统自动反馈至其来源的管理模块。设置行动项目状态的管控功能。

行动项目的状态：**新行动项目**：来源处已产生新的行动项目；**待分解**：尚未分解并编制临时计划；**进行中**：行动项目临时计划已开始执行；**已完成待关闭**：行动项目相关的临时计划均完成，交付物已审核；**关闭**：行动项目来源方已确认交付物,行动项目关闭。

支持普通用户查询行动项目状态及交付物。

6) 人员资质管理

人员资质管理是对适航业务中涉及的相关授权人员的管理,这些人员包括适航当局授权的委任工程代表 DER 和委任制造代表 DMIR,民用航空器主制造商授权的适航核查工程师 CVE、适航授权工程师 DAE、适航制造核查工程师 CS 和制造符合声明签署人 DR,针对这些需要授权的人员进行统一资质、培训及授权的跟踪管理。主要包括资质要求管理、资质评估管理、资质培训管理、适航授权管理。人员资质管理功能模块如图 4-64 所示。

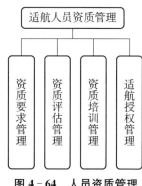

图 4-64 人员资质管理功能模块

(1) 流程描述:

人员资质评估管理流程如图 4-65 所示,适航授权管理流程如图 4-66 所示。

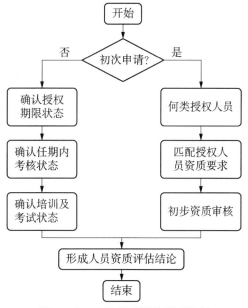

图 4-65 人员资质评估管理流程

流程描述:

资质申请:适航核查工程师(CVE)、适航授权工程师(DAE)、适航制造核查工程师(CS)、制造符合声明签署人(DR)、委任工程代表(DER)、委任制造代表

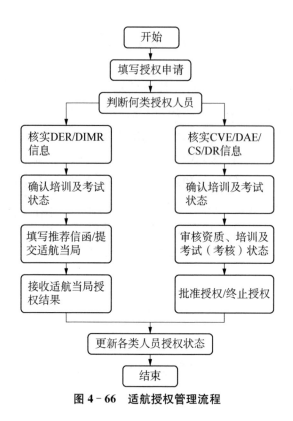

图 4 - 66　适航授权管理流程

（DIMR）进行资质申请并上传/关联佐证；

　　资质审核：审核相关佐证及资质要求，给予审核批准或驳回意见；

　　授权申请：适航核查工程师（CVE）、适航授权工程师（DAE）、适航制造核查工程师（CS）、制造符合声明签署人（DR）、委任工程代表（DER）、委任制造代表（DIMR）进行授权申请并上传/关联佐证；

　　授权审核：审核相关佐证及授权要求，并核实资质情况、培训情况等，若为DIMR、DER，需民用航空器主制造商撰写的推荐信，局方接收同意授权结果后给予审核授权或驳回意见。

　　（2）功能方案设计点：

　　资质要求管理可对适航核查工程师（CVE）、适航授权工程师（DAE）、适航制造核查工程师（CS）、制造符合声明签署人（DR）、委任工程代表（DER）、委任制造代表（DIMR）资质要求进行结构化管理，并支持更新，记录更新时间和更新人员；资质评估管理支持申请资质人员可以对某类资质进行申请，资质审核人依据资质要求初步评估申请者是否符合资质要求，符合条件进入培训环节，不符合则结束申请流程;符合要求状态的管理过程需随时更新资质期限状态、培训状态、考核状态,资质评估结论,支持资质申请及评估报表功能。

资质培训管理包括资质培训要求管理,可按资质类型与培训类型组合管理方式,相关培训记录仅归类记录培训情况及相关培训材料,支持按人员的多次累计记录形式,实际培训申请及实施在民用航空器主制造商内部系统中执行,相关适航培训类别包括适航规章培训、体系程序培训、专业技术培训、上岗实践培训,培训性质包括初始授权培训、任期内持续培训,相关培训实施材料包括培训大纲、培训课题、培训考试;适航授权管理包括适航体系中各类委员会及委员会办公室成员的状态清单,以及对适航授权过程的管理。

申请人授权申请提出,适航核查工程师(CVE)、授权适航工程师(DAE)、适航制造核查工程师(CS)和制造符合性声明签署人员(DR),委任工程代表(DER)和委任制造代表(DIMR)提交授权申请,填写相关授权要求信息,上传培训及证明材料;若为续期,需上传或关联培训及考核通过材料,发起申请;

授权管理员开展授权资格核查,对于适航核查工程师(CVE)、授权适航工程师(DAE)、适航制造核查工程师(CS)和制造符合性声明签署人员(DR)的授权审查,可根据资质评估管理中的评估情况可自动关联到申请授权人员信息上,支撑进行初步资质审查;资质培训管理中的培训情况可自动关联到申请授权人员信息上,支持进行资质培训核查,可看到任期内要求接受的持续培训及考试情况,以及初始授权核查,根据培训考试情况,可选择进行批准授权或终止授权。对于委任工程代表(DER)和委任制造代表(DIMR)授权审查,可根据资质评估管理中的评估情况可自动关联到申请授权人员信息上,支撑进行初步资质审查;资质培训管理中的培训情况可自动关联到申请授权人员信息上,支持进行资质培训核查,核查是否已参加适航当局举办的培训,并培训考试合格,并上传有民用航空器主制造商撰写的推荐信,若符合条件,可通过协同工作管理模块提交适航当局审核并授权,若不符合,则终止授权。

系统设置人员资质状态管理。按适航核查工程师(CVE)、授权适航工程师(DAE)、适航制造核查工程师(CS)、制造符合性声明签署人员(DR)、委任工程代表(DER)和委任制造代表(DIMR)分类实施统计与跟踪申请、培训、考核、授权期限等信息。

人员资质状态:**申请**:已提交授权申请;**培训中**:资质审核通过后已开始培训,包括初次申请的培训与持续培训;考核状态:**待考核、通过、未通过**;授权状态:**待授权、已授权、终止授权**;

7）团队管理

对于适航业务过程中的团队进行管理，包括民用航空器主制造商团队与审查方团队的管理，主要为各取证过程中设定执行角色，不使用组织架构的方式进行管理，可以让赋权更灵活，分为团队分层管理和团队人员角色配置管理。团队管理功能模块如图 4-67 所示。

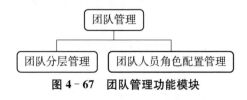

图 4-67　团队管理功能模块

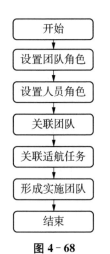

图 4-68
团队管理
流程

（1）流程描述：

团队管理流程如图 4-68 所示。

流程描述：

团队角色设置：依据不同的适航业务设置团队角色，如申请方：取证管理组、专业专题组；审查方：审查大组、专业专题审查组、AEG 评审项目组等。

人员角色设置：依据参与不同适航业务设置人员角色，如适航主管、设计主管、型号适航主管、工程审查代表、制造审查代表、AEG 审查代表、监察员等。

团队关联：将人员与团队组织匹配。

任务关联：将人员与适航业务产生的任务匹配，同时匹配审查方人员。

实施团队形成：根据设置的团队角色、人员角色、关联的任务，自动形成实施团队。

（2）功能方案设计点：

系统设置依据适航业务的团队角色配置和人员配置功能及操作界面，由型号适航主管操作针对不同的型号配置团队角色和人员角色。如 TC 证取证设置执行适航任务的具体责任人，申请方为设计主管、适航主管、适航取证管理组组长、专业/专题取证组组长、型号总设计师/副总设计师。审查方为工程代表、制造代表、委任工程代表、委任制造代表、审查组长、专业/专题审查组组长、TCB 主任及成员。PC 证取证设置执行适航任务的具体责任人，申请方为质量经理、生产经理、适航经理、适航主管、适航取证组组长。审查方为：主管审查员、委任制造代表、审查组长、PCB 主任及成员。AC 证取证设置执行适航任务的具体责任人,申请方为适航主管、质量主管,审查方为:适航监察员。其他适航证件取证依据表 2‐17 设置。根据角色权限控制可支持对应角色进行取证任务的关联,任务提交审查方后可自动关联任务到审查任务,形成整个跨制造商、供应商、适航当局的实施团队。

支持依据适航业务、型号、任务类别查询责任人及责任团队。

8)证件管理

证件管理主要管理涉及适航业务的所有证件,包括 CCAR‐21‐R4 中定义的 TC 证、PC 证、AC 证等 14 个适航证件,亦包括国籍登记证、无线电执照、运行合格证、维修许可证等,记录证件名称及编号、相关型号、架次、颁发时间、申请书及申请资料、受理通知书、签发的证件等信息。

证件申请受理颁证过程管理流程如图 4‐69 所示。

流程描述:

编制证件申请书:民用航空器主制造商编制证件申请书及申请相关资料;

适航当局评估:适航当局评估申请资料合格后,编制受理通知书发民用航空器主制造商适航信息化系统;

接收受理通知书:民用航空器主制造商接收受理通知书,并启动相关取证验证工作;

实施证件取证验证:相关验证过程执行见 4.2.2 节过程;

接收并管理适航证件:接收适航当局颁发的相关适航证件,并归档保存。

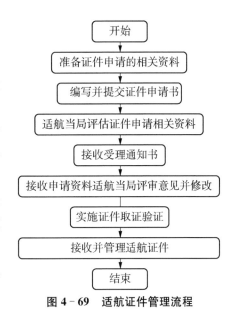

图 4‐69 适航证件管理流程

(1)功能方案设计点:

a. TC 证。

民用航空器主制造商发起型号合格证申请,关联型号定义资料、上传验证计划草案、关联《设计保证手册》评审稿,经内部签审,通过协同工作管理提交适航当局;适航当局在审查方系统开展评估工作,并发起受理通知书至民用航空器主制造商,民用航空器主制造商接收后按意见对《设计保证手册》修订,并接收型号合格证 TC 以及经签署的数据单 TCDS，TCDS 同步存储至取证过程管理中的 TCDS 模块中。适航当局与民用航空器主制造商的资料传递均通过双方约定的传输协议，经协同工作管理传递数据及材料。

　　b. PC 证。

民用航空器主制造商发起生产许可证申请/更改申请，上传相关材料证明，并关联《生产质量手册》及程序；经内部申请，通过协同工作管理提交适航当局；适航当局在审查方系统开展评估工作，并发起受理通知书至民用航空器主制造商，民用航空器主制造商接收后按意见对《生产质量手册》修订，并接收生产合格证 PC 及许可生产项目单。适航当局与民用航空器主制造商的资料传递均通过双方约定的传输协议，经协同工作管理传递数据及材料。

　　c. AC 证。

民用航空器主制造商编制标准适航证/更新颁发申请，关联型号设计资料、关联型号合格证、TCDS、关联生产许可证、许可生产项目、关联航空器国际登记证，经内部签审，通过协同工作管理提交适航当局；适航当局在审查方系统开展评估工作，并发起检查通知信函至民用航空器主制造商，民用航空器主制造商接收并接收标准适航证/更新颁发申请。适航当局与民用航空器主制造商的资料传递均通过双方约定的传输协议，经协同工作管理传递数据及材料。

　　d. 适航批准标签。

标识为符合性的适航批准标签由审查方系统传递，自动入此模块。

标识为适航性的适航批准标签参照 AC 证。

　　e. 补充型号合格证 STC 证、型号认可证 VTC 证、补充型号认可证 VSTC 证、零部件设计批准认可证 VDA 证、技术标准规定项目批准书 CTSOA 证、出口适航证、外国适航证认可书、改装设计批准书 MDA 证、零部件制造人批准书 PMA 证、特许飞行证、国籍登记证、无线电执照及其他证件。

证件管理员可以进行在线信息维护，可上传证件基本信息及证件扫描件。

　　f. 其他功能要求。

证件管理支持证件类型的创建，证件所需属性的定义，支持证件与取证任务的关系引用，可以快速进入查找取证任务及执行信息。

系统针对每项申请实施所申请证件的管理，建立证件名称及编号、相关型号、架次、颁发时间、申请书及申请资料、受理通知书、签发的证件等的关联关系。

支持普通用户查询各类证件的信息。

4.2.5　协同工作管理功能方案

4.2.5.1　模块说明

为了保障民用航空器主制造商与适航当局之间信息通畅、安全、高效的数据交换，通过流程流转，达到信息实时共享，项目进程及时跟踪。基于对民机全生命周期的适航管理工作进行细分整理，明确业务内容与工作流程，建立申请方与审查方的良好衔接，为双方之间工作流程的流转协同建立有力的保障。

建立民用航空器主制造商与适航当局协同工作管理模块，双方主要通过该模块完成提交资料和接收资料两大任务。在资料传递过程中，审查方通过协同工作管理模块传递资料的审批信息。

民用航空器主制造商向适航当局提交的资料包括：批准文件、评审文件和参考文件。批准文件：是需得到审查方批准的资料，如审定计划、试验大纲、试验报告等；认可文件：需要审查方给出评审意见的资料，例如偏离单等；参考类文件：适航主管直接给对应的审查代表，无需审查方反馈，例如会议通知、会议纪要等。协同工作管理功能模块如图 4 - 70 所示。

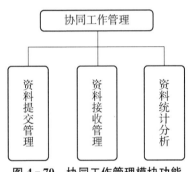

图 4 - 70　协同工作管理模块功能

协同工作管理模块用户功能如表 4 - 14 所示。

表 4 - 14　协同工作管理模块用户功能

用户角色	具有功能
适航主管	提交资料至适航当局 确认接收适航当局反馈的审查结论 接收适航当局发送的资料 跟踪取证资料审查情况 查看本人处理或流经的资料
取证管理组组长	接收审定信函
专业专题组组长	接收审定信函 接收制造符合性不满意项通知书，并确定最终答复适航主管
通用角色	查看下载协同资料 导出协同资料清单

4.2.5.2 主流程及描述

适航信息化系统中协同工作管理,其作用为向审查方提交作为申请方的民用航空器主制造商取证过程中形成的型号设计及符合性验证资料、适航体系建立与运行中的相关资料,同时,接收审查方在审定过程中所产生的各类审批资料及其他类资料。民用航空器主制造商提交的资料分为两类:参考类资料(包括通知、报备等资料)和批准/认可类资料。

1) 适航参考类资料协同管理

适航参考类资料协同管理流程如图 4-71 所示。

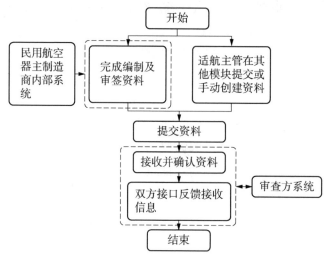

图 4-71   适航参考类资料协同管理流程

适航主管向审查方提交参考类资料:首先准备交付资料(由其他系统发送到协同工作管理模块),适航主管在协同工作管理模块中创建资料,单击【提交】按钮后选择后续审批流程各环节的处理人,确认后进入审批流程,系统为下一环节的处理人生成待办项。审查代表处理参考类资料,可以直接接收,系统自动反馈接收信息,参考类资料流程即完成。

2) 批准/认可类资料协同管理

适航批准/认可类资料协同管理流程如图 4-72 所示。

适航主管向审查方提交评审类资料或批准类资料:首先准备交付资料(由民用航空器主制造商内部系统或适航信息化系统中其他模块发送到协同工作管理模块),在协同工作管理模块中提交并选择活动项,关联或自动匹配取证任务项:

适航主管可在系统中编制需要向审查方提交的资料;其他模块推送的提交

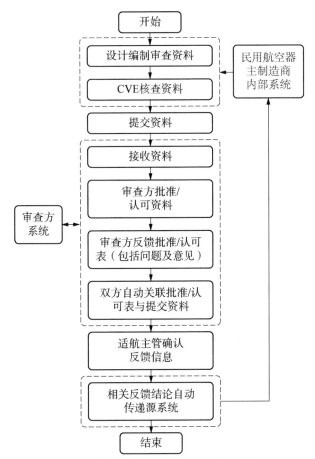

图 4 - 72　适航批准/认可类资料协同管理流程

单待办中的资料,在线选择"编制待办"任务后,可直接进入编制页面,提交给审查方;选择后续资料审批处理流程各环节的处理人,点击【提交】按钮;确认后进入后续流程,系统为下一环节的处理人生成待办项;对于适航主管提交给适航当局的批准类资料、认可类资料,审查代表需向民用航空器主制造商给予反馈型号资料批准表、或型号资料评审表、或持续适航审查信函、或受理申请通知书、或委任工程代表型号资料审查表等;对于适航主管收到审查方反馈资料,适航主管将审查方批准或认可信息传输到民用航空器主制造商内部系统;对于其他模块推送的资料的批准或认可情况,由适航主管将审查方批准或认可信息传输到其他模块。

3) 接收审查方资料协同管理

接收审查方资料协同管理流程如图 4 - 73 所示。

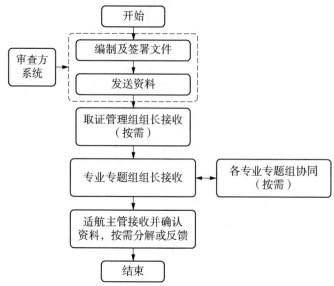

图 4‑73　接收审查方资料协同管理流程

　　审查方通过接口在协同工作管理中向民用航空器主制造商发送资料,例如审定信函、明传电报、审查会通知等;民用航空器主制造商取证管理组组长接收(按需),若为审定信函,则取证组组长必须触发接收;民用航空器主制造商组长接收资料可直接指派适航主管处置所接收的资料,也可指派适航主管接收资料。适航主管接收资料,并按需发起后续资料处理流程。

4.2.5.3　模块功能方案

　　本节依据图 4‑70 协同工作管理模块功能图中的模块,分别描述各模块的功能设计方案。

　　1) 资料提交管理

　　管理民用航空器主制造商提交适航当局审查批准/认可及参考的所有型号资料。

　　功能方案设计点:

　　建立提交文件名称、文件编号、批准表、评审表之间的对应关系;与民用航空器主制造商内部系统集成获取型号取证资料,或适航信息化系统其他模块传递的适航资料数据,推送提交资料待办至适航主管;适航主管确认资料类型、审批方式、审查方责任人后,提交审查方;支持提交审查代表、委任代表等选项,通过与审查方系统约定的传输协议,将相关数据结构化信息及资料全文实体数据传递至审查方系统。支持个人查看所有提交及流程的资料详细,并提供创建提交资料的入口,对非来自民用航空器主制造商内部系统、适航信息化系统其他模块的资料进行创建提交。设置提交资料分类统计报表的功能。

提交资料的分类支持自定义,设置采用双层格式管理,支持对每一类叶子节点的数据类型进行类别设置:参考类、批准类、评审类,在资料提交时可维护资料送审的流程走向,也为后续同编号数据自动加载类型和初始化流程建立标准。第一层为符合性数据、设计保证、适航符合性数据、适航过程管理数据、型号设计数据、证后数据、证件数据、持续适航、其他数据。第二层为具体各模块的具体资料分类,民用航空器主制造商也可以对适航资料细分到 MC 方法对应的资料类型。例如适航符合性数据的第二层可分为 CAI、CP、CPI、CPIList、HAS、HCI、MC0 符合性声明、MC1 说明性文件、MC2 分析/计算、MC3 安全评估、MC4 试验件制造检查要求、MC4 试验室试验报告、MC4 试验室试验大纲、MC5 机上地面试验报告、MC5 机上地面试验大纲、MC6 试飞报告、MC6 试飞大纲、MC7 机上检查报告、MC7 机上检查大纲、MC8 模拟器试验报告、MC8 模拟器试验大纲、MC9 设备鉴定试验报告、MC9 设备鉴定试验大纲、PHAC、PSAC、PSCP、SAS、SCI、符合性方法表、审定基础、试验件数模等,定制属于适航自身业务的数据分类结构,也为适航知识管理的知识分类积累和利用提供知识自动归类整理作用。提交资料送审类型分析如表 4 - 15 所示。

表 4 - 15 提交资料送审类型分析表

序号	资料名称	资料产生	类别
1	试验观察问题记录单	审查方+申请方	参考文件
2	符合性文件(由 MC0~MC9 产生)	申请方	批准文件
3	专项合格审定计划(PSCP)	申请方+审查方	批准文件
4	系统级审定计划	申请方+审查方	批准文件
5	试验件及其安装图样、测试改装图纸	申请方	参考文件
6	制造符合性声明	申请方	参考文件
7	制造符合性检查计划	申请方+审查方	参考文件
8	参试人员资质证明	申请方	参考文件
9	测试设备合格证和校准/鉴定证书	申请方	参考文件
10	试验报告	申请方	批准文件
11	制造符合性检查预检查记录表(包括试验件和试验前)	申请方	参考文件

序号	资料名称	资料产生	类别
12	制造符合性检查不满意项答复表	申请方	参考文件
13	型号资料评审表的答复单	申请方	参考文件
14	技术交流会通知	申请方	参考文件
15	技术交流会记录	申请方	参考文件
16	资料发送单	申请方	参考文件
17	团队工作协调会议记录	申请方	参考文件
18	行动项目计划	申请方	参考文件
19	FRR 单	申请方	评审文件
20	DL 单	申请方	评审文件
21	CP 实施计划	申请方	评审文件
22	CP（CP 审批状态查看）	申请方	评审文件
23	其他		

2）资料接收管理

对适航当局发送到协同工作管理中的所有资料的管理。

功能方案设计点：

与审查方系统集成，依据约定的数据传输协议，传递结构化及非结构化的审查资料全文，可与民用航空器主制造商提交资料进行关联，也可以无关联。民用航空器主制造商适航主管对接收到的数据进行确认，并按关联的审查资料来源，自动将审查情况传递到相关民用航空器主制造商内部系统。若为审查方发起的资料，确认资料类型、后续处置方式及责任人后，推送待办。

对适航当局发送或反馈给民用航空器主制造商协同的所有资料进行分类统计查询管理，建立与民用航空器主制造商的资料、文档编号的关系，支持个人查看所有接收及流程的资料详细，对接收的资料进行确认，对针对来自民用航空器主制造商内部系统、适航信息化系统其他模块的反馈资料进行确认后的自动关联和信息传递。

审查代表/委任代表准备资料通过协同工作模块提交给取证管理组组长，由取证管理组组长分发给专业专题组组长，再分发给适航主管。

适航主管查阅或评估资料并按需草拟反馈资料，或由设计人员协助草拟反馈资料,通过协同模块提交给审查代表/委任代表。

适航当局需处理的如下工作,并发送给民用航空器主制造商,民用航空器主制造商需对资料进行归类接收。

(1) 接收资料;

(2) 发送资料;

(3) 填写评审表(全结构化存储);

(4) 填写批准表(全结构化存储);

(5) 填写委任代表审查表(全结构化存储);

(6) 编制正式请求单(全结构化存储);

(7) 颁发标签(全结构化存储);

(8) 填写不满意通知书(全结构化存储);

(9) 制造检查记录表(全结构化存储);

(10) 试验观察报告;

(11) 试验问题记录单;

(12) 审定信函(全结构化存储);

(13) 审查会通知;

(14) 审查会纪要(全结构化存储);

(15) 问题纪要(全结构化存储);

(16) 阶段评估检查表(全结构化存储);

(17) 取证问题填写;

(18) 委任代表授权(全结构化存储);

(19) 委任代表评估(全结构化存储);

(20) 检查项目确定;

(21) 检查工序确定;

......

3) 资料统计分析

对所有民用航空器主制造商与适航当局协同工作资料的管理与统计,以协同资料名称将批准表或审批表串联起来,查询人员可以最大限度地查看到协同工作资料的所有信息。

功能方案设计点:

对申请方与审查方协同的资料进行分类统计查询,以资料名称为基础,将资料、批准表或审批表串联起来,查询人员可以最大限度地查看到协同资料的所有信息,可实时查询,按相关查询条件导出取证过程数据清单。支持实时搜索包括审查方系统的全流程信息,可以导出从民用航空器主制造商视角的全套取证审查清单记录(含提交人、审查人、相关时间记录、闭环情况)。因统计会随资料量的增大会有性能压力,建议民用航空器主制造商建立定时缓存同步信息功能,可以快速获取完整的阶段数据清单,清单信息检索条件可以包括如下:

资料编号、资料名称、资料版本、资料类型、专业组、创建者(适航主管)、来源系统、资料用途、反馈资料编号、创建者(审查代表/委任代表)、资料创建时间范围、资料提交局方时间范围、反馈资料创建时间、确认反馈资料时间。

4.2.6　适航知识管理功能方案

4.2.6.1　模块说明

适航知识管理包括适航规章管理、适航知识积累、适航知识利用、案例库。适航知识管理模块功能如图 4 - 74 所示。

图 4 - 74　适航知识管理模块功能

适航知识管理用户角色功能如表 4 - 16 所示。

表 4 - 16　适航知识管理用户角色功能

用户/角色种类	具有功能/权限
适航知识管理员	定义知识树结构 审核并发布知识 调整已有知识分类 定义多种类型的案例库
普通角色	查询、点评适航知识 填写适航知识 对各种适航规章数据信息浏览、查询、下载,可使用检索、查看等功能

（续表）

用户/角色种类	具有功能/权限
系统自动	自动将其他各模块资料按归类方式匹配到知识树 按规则自动形成分类案例库 知识自动统计
适航规章管理员	维护用户、权限信息 维护基础码表信息（即定义类型的层级关系），维护适航规章信息，系统相关事务的管理，并对全局情况的监管

4.2.6.2　主流程及描述

适航知识管理流程如图 4 - 75 所示。

流程描述：

定义知识树结构：采用树定义的方式将适航知识定义成分层级的类别结构；

形成适航知识：通过提取民用航空器主制造商作为申请方开展各类适航证件取证验证和审查方开展适航证件审查所形成的各类数据，挖掘形成适航知识，同时收集其他制造商、适航当局（国内、国外）、航空公司、维修单位的相关资料，抽取相关的内容，形成适航知识。

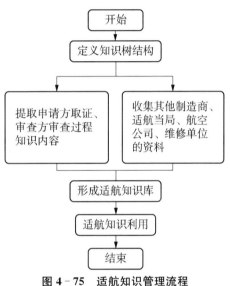

图 4 - 75　适航知识管理流程

适航知识利用：为需要适航知识的用户提供查询与使用的服务。

4.2.6.3　模块功能方案

本节依据图 4 - 74 适航知识管理模块功能图，描述各层级的模块功能方案。

1）适航规章管理

以适航规章知识结构和业务工作需求为中心，以信息为基础，以计算机和网络技术为手段，以知识创新为目的，把适航规章相关知识当作一种资源和资本加以运营管理。通过知识的共享、快速深度检索，运用集体的知识、技能、智慧，来提高从业人员适航工作的整体应变和创新能力，建立高素质、高效率的知识团队，降低成本，提高效益，增强整体竞争力。

功能方案设计点:

规章管理模块:主要完成对规章以及条款的管理内容,包括规章建立、规章条款批量导入、图标或者公式的 PDF 导入、修改规章条款以及规章的导出等功能。同时,可定制适航规章跟踪研究及局方文件树,可选择分类创建文件或研究内容,按中英分类管理文件并可建立关联,分类展示适航规章跟踪研究及局方文件,具备适航规章订阅功能,留言功能。适航规章管理模块功能如图 4 - 76 所示。

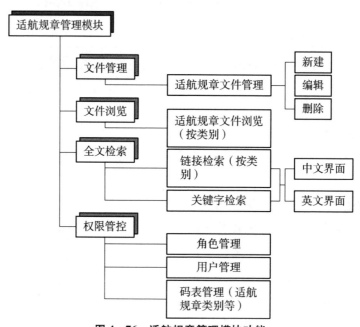

图 4 - 76 　适航规章管理模块功能

各功能(栏目)管理内容如下:

(1) 文件管理:授权的用户能够按照维护规则完成对系统中相关适航规章文件的新建、编辑、删除和导出等操作,进行及时更新。

(2) 文件浏览:授权的用户按照类别层次依次展开,例如:规章-条款-修正案/咨询通告,按类别显示相关文件。

(3) 检索和查询是两个功能,检索功能强大,可查到附件中的内容。

(4) 上传时可选择中英文,编辑时也可修改中英文属性。

(5) 码表管理,即资料分类类型管理(支持灵活层级分类)。

2) 知识积累管理

适航知识积累来自如下数据库:①民用航空器主制造商各类适航证件取证

验证及适航当局对证件的审查过程中形成的知识,通过一定归类方法自动积累形成知识数据库;②收集整理的其他制造商、航空公司、维修单位的资料,可通过手动创建的知识,形成知识数据库。适航知识积累包括各取证过程中形成的取证资料、取证经验,还包括自行创建的经验文件、数据。对于适航知识积累的结构树由适航知识管理员定义维护,按知识树与适航业务的定义规则,且与适航体系管理中的程序文件相互贯穿,形成适航知识树。知识成果属性:编号、名称、关键词、专业专题组、内容、附件,知识支持全文结构化录入、具备知识标签设置等。

功能方案设计点:

(1)针对不同机型适航知识管理员创建动态适航知识树,树干、树枝由适航知识库管理员根据需要定义(扩展性)。

(2)取证过程中的型号数据积累、适航体系中的程序、文件沉淀,按适航知识树的规则,自动进入适航积累管理模块。

(3)授权用户可以向知识树挂接相应的知识成果(知识分享),不可对取证过程中的数据、适航体系中的程序文件进行调整。

(4)适航知识管理员审核用户分享的知识,通过可列入知识树;自动从其他模块积累的知识无须审核。

3)知识利用管理

知识利用管理主要为各适航人员提供便利的知识利用渠道,包括知识搜索、知识推送。

功能方案设计点:

(1)能够支持知识属性进行搜索、全文检索;

(2)具备知识数量统计、知识价值的评分、点击数统计;

(3)具备高频知识统计;

(4)具备型号取证过程分类知识统计;

(5)具备知识标签抽取等;

(6)具备支持形成分类案例库的功能。

4)案例库

案例库主要根据对知识的积累,进而沉淀和挖掘形成的有价值可供后续引用或实践的案例集,生成各种案例库,包括:取证案例库、事故案例库、体系案例库等。

功能方案设计点:

(1)案例库支持多种类型的案例库;

(2)案例库可推送关键解决方案功能;

（3）支持追加案例库知识功能。

4.3　集成方案

4.3.1　数据集成框架

适航信息化系统是民用航空器主制造商构建的一套基于民用航空器全生命周期的独立系统,除了适航信息化系统内部各模块间数据交互,同时需要与主制造商内部其他业务系统进行数据传递,以及与局方、下游供应商进行大量的数据协同,故对整个适航信息化系统数据集成设计框架,如图 4-77 所示。

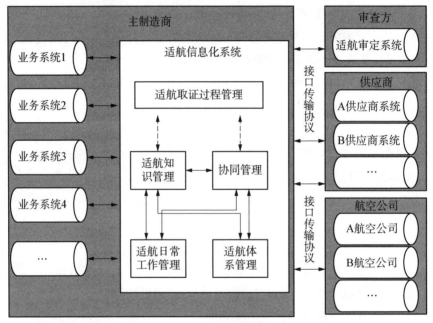

图 4-77　数据集成框架

1）与外部系统集成

民用航空器主制造商适航信息化系统主要与外部审查方系统、供应商系统、航空公司系统、维修单位系统等集成。

（1）与适航当局的审查方系统集成。

通过与审查方系统的集成,实现适航资料的自动送审和审查结论的接收,保证数据的集成传递和适航审查评审活动的顺利开展。

（2）与供应商系统集成。

通过与下游供应商系统的集成,打通民用航空器主制造商与供应商之间的数据通道,实现适航业务数据或适航业务活动的交互,保证双方数据的高效传递。

(3) 与航空公司和维修单位系统集成。

通过与航空公司和维修单位系统的集成,实现民用航空器主制造商与航空公司和维修单位服务通告、技术出版物、超手册修理方案等资料的传递,以支持服务运营活动开展。

2) 与内部系统集成

通常,民用航空器主制造商内部的业务系统包括产品数据管理系统、生产制造管理系统、客户服务系统、计划管理系统、档案系统等,通过与民用航空器主制造商内部业务系统的集成,实现工作任务、型号设计资料以及符合性验证数据的传递同步,以保证民用航空器主制造商内部型号数据的顺利流转。各个系统之间的交互如下:

(1) 与产品数据管理系统集成。

民用航空器主制造商产品数据管理系统实现对不同型号的型号设计资料(包括设计图纸、数模、技术文件等)进行集中统一管理,根据适航业务要求,需要将相关的型号资料数据传递给适航信息化系统审核并发送至审查方系统进行审查,经审查方审批后,再将审批结论返回至产品数据管理系统,通过与产品数据管理系统集成,确保整个审查方审批过的信息的顺畅流转以及数据的可记录、可跟踪、可追溯。

(2) 与生产制造管理系统集成。

民用航空器主制造商生产制造管理系统实现对生产现场零件装配、生产制造、物料发送等进行统一管理,根据适航业务要求,在零部件制造开始前,对已经确定的制造符合性检查项目需要进行检查工序推荐,经审查方确认后,将制造符合性检查工序选定结果标识到装配大纲、制造大纲上,通过与生产制造管理系统集成,实现双方系统的数据传递与共享。

(3) 与客户服务管理系统集成。

民用航空器主制造商客户服务管理系统实现对交付运营的航空器等进行客服服务数据管理,通过与客户服务系统集成,实现持续适航事件等各类服务运营数据的共享与交换。

(4) 与计划管理系统集成。

通常,民用航空器主制造商建有计划管理系统,对内部各类计划任务进行统一跟踪管理,适航业务计划任务作为其中一部分,通过与计划管理系统的集成,实现对适航计划工作任务的跟踪。

（5）与档案系统集成。

档案系统实现对民用航空器主制造商所有业务数据、工作数据的归档管理，通过与档案系统的集成，实现型号适航数据的自动归档。

（6）与其他系统集成。

根据民用航空器主制造商适航管理实际业务需求，按需开展适航信息化系统与内部其他业务系统集成对接，支撑双方系统数据的传递与交互。

3）适航信息化系统内部模块间集成

适航信息化系统除了与外部系统进行集成，内部各模板之间也有数据的交互，通过内部模块集成实施，实现基于单一数据源的快速访问与交换，以确保内部信息数据的一致性、完整性与可追溯性。

（1）协同工作管理。

协同工作管理模块主要实现适航资料的提交与资料的接收，适航取证过程管理、适航日常工作管理、适航体系管理三个模块的大部分数据都需要提交审查方审批，故需要通过协同工作管理模块进行资料提交与接收，并且适航取证过程管理、适航日常工作管理、适航体系管理模块需要查看协同工作管理模块接收的审查方发送的审查资料，因此需要实现与协同工作管理模块数据交互。

（2）适航知识管理。

适航知识管理模块实现对适航数据的知识沉淀与分类管理，适航取证过程管理、适航日常工作管理、适航体系管理三个模块的数据经分析、归档为知识后，需传到适航知识管理模块统一管理，因此需要实现与适航知识管理模块的数据交换与快速访问。

综合上述分析，数据集成说明如表 4-17 所示。

表 4-17　数据集成说明

集成序号	集成数据说明	接口说明	源系统	目标系统
集成点一	设计图纸、技术文件等资料提交适航系统	提供设计图纸、技术文件等接收接口	产品数据管理系统	适航信息化系统
集成点二	适航信息系统设计图纸、技术文件等审批结论反馈	提供设计图纸、技术文件等审批结论同步接口	适航信息化系统	产品数据管理系统
集成点三	代料单、工序选项等提交适航系统	提供数据接收接口	生产制造管理系统	适航信息化系统

（续表）

集成序号	集成数据说明	接口说明	源系统	目标系统
集成点四	代料单、工序选项等审批结论反馈	提供审批结论同步接口	适航信息化系统	生产制造管理系统
集成点五	技术出版物等资料提交适航系统	提供数据接收接口	客服服务系统	适航信息化系统
集成点六	技术出版物等资料审批结论反馈	提供审批结论同步接口	适航信息化系统	客服服务系统
集成点七	适航计划任务项等	提供计划任务接收接口	计划管理系统	适航信息化系统
集成点八	适航计划任务项等	提供计划任务结果状态反馈接口	适航信息化系统	计划管理系统
集成点九	各类归档文件	提供资料接收接口	适航信息系统	档案系统
集成点十	各类适航文件提交	提供资料接收接口	适航信息系统	审查方系统
集成点十一	各类适航文件审批结论接收	提供审批结论同步接口	审查方系统	适航信息系统
集成点十二	供应商适航文件提交	提供资料接收接口	供应商系统	适航信息化系统
集成点十三	供应商适航文件结论反馈	提供资料审批结论同步反馈接口	适航信息化系统	供应商系统
集成点十四	服务通过等文件提交	提供资料接收接口	适航信息化系统	航空公司系统
集成点十五	服务通过等文件反馈	提供资料执行反馈接口	航空公司系统	适航信息化系统

4.3.2　数据传输要求

由于民用航空器主制造商适航信息化系统需要与内部业务系统进行数据集成，同时与外部适航当局、供应商、航空公司等单位进行大量数据协同，需要建立异地跨系统的数据传输，对系统数据的传输有如下要求：

（1）数据传输应具备足够的保密能力，特别是与外部系统集成，应满足民用航空器主制造商的安全管理要求。

（2）支持大文件的数据传输断点续传，在硬件条件满足情况下，提供良好的数据传输速度，支撑数据的稳定、高效传输。

（3）提供流程化的数据接口，支持以协议数据包的形式传递数据。数据包记录包括属性和包头数据及所对应的载荷数据。数据接收方能按照协议定义解析所传递的数据并完成数据的存储。与外部供应商集成，应制定通用的适航数据传输规则和接口规范。与外部适航当局系统集成，基于审查方的适航数据传输协议和规则，进行数据接口设计。

（4）具备一定的数据传输管理功能，便于民用航空器主制造商对数据传输及节点架构进行设置和扩展。

（5）具备足够的通信节点监控和故障诊断功能，能够实时监测和查看网络状况和传输情况。

4.3.3　集成接口模式

适航信息化系统与内外部各个系统进行数据的交换和信息传递，为支撑系统间的集成和接口要求，系统提供以下几种模式实现系统间的数据联动共享、业务逻辑共享及业务流程有效集成。

1）服务接口集成模式

对于无法提供直连数据库，但是对外提供 Web 服务访问的业务系统，通过对业务系统接口的调用采集数据。支持 SOAP 协议、RESTFul 协议、XML‐RPC 等协议的 Web 服务接口。通过定制代码调用业务系统服务，进行数据集成。

2）数据库集成模式

对于能够直接连接数据库的业务系统，支持直接从业务系统后台数据库采集数据。支持主流的关系数据库的连接和数据查询（Oracle、MySQL、SQLServer 等）。

3）网页集成模式

对于无法提供直连数据库，也不提供对外 Web 服务的业务系统，通过模拟人工操作，直接解析网页采集数据。支持 HTTP 协议，利用网页采集技术来获取业务系统网页上的信息，然后进行信息抽取获得结构化数据，从而实现数据集成。

4）文件集成模式

对于现有的文件共享库，通过常见的文件共享协议进行数据采集和集成。支持 FTP、HTTP、NFS、SMB、CMIS 等局域网文件共享协议直接对共享文件进行数据采集，并且支持数据索引。

4.3.4　接口设计原则

适航信息化系统集成接口包括两种类型,即外部系统调用适航信息化系统接口和适航信息化系统调用外部接口,系统集成模式均支持数据同步,包括实时同步、计划任务同步等,以保证各个系统正常运行。

各系统间或系统模块间数据集成接口设计总体上应遵循高内聚、低耦合、精分解的设计原则,尽量减少各系统间、系统内各模块间的耦合度、降低操作复杂度、保证实现的通用性、提高系统的重用性和扩展性。具体原则如下:

1) 数据完整性

系统之间建立连接应充分考虑成功和失败的情况,定义出清晰明确的状态标识,并设置数据的完整性校验。

2) 安全性

对于外部调用适航信息化系统接口,必须通过安全验证,以满足平台安全性要求。如当传递涉及账户与密码信息时应加密处理。建立连接过程,双方系统需彼此告知身份,且只有授权握手的系统才能建立连接。

3) 规范性

适航信息化系统接口必须以英文或英文缩写并以驼峰法则命名,确保接口名称简洁易懂,接口数据采用 XML 形式呈现,XML 中的标签、属性与值与业务数据对应,且接口、参数以及返回值等信息在详细设计文档中有详细说明。

4) 可追溯性

外部系统调用适航信息化系统接口或适航信息化系统调用外部接口,应保留日志,以保证在接口出错时可以追溯错误原因。

5) 事务处理机制

对于外部系统调用适航信息化系统接口,或适航信息化系统调用外部接口,应以事务的方式处理,调用成功且数据正确后提交事务,若调用失败或数据不正确应进行回滚,以确保业务数据被正常处理。

6) 错误通知与重试机制

在接口调用失败或异常情况下,需要进行错误通知机制,并能重新尝试。有以下 3 种处理方式:

(1) 设置时间自动机。

流程中在加载外部接口的节点设置方法自动机,当接口连接异常时自动机将停留并反复尝试,尝试周期为 5~10 分钟一次(可配置)。当接口执行失败或异常(失败与异常状态可设置)时,发送消息通知管理员,并将错误记录到日志中,流程中接口访问暂时挂起,待异常排除后由管理员重启接口。

(2)告警消息推送至管理员。

当接口执行失败或异常时,流程控制器将推送消息或任务至管理员,由管理员排除异常后重启接口。

(3)日志记录失败信息。

生成适航信息化系统接口日志文件,保存至对应目录,日志信息包括流程名、接口名称、接口运行信息等。

4.3.5　接口实现方式

基于对第4.3.1章节数据集成框架分析,民用航空器主制造商适航信息化系统通过定义统一的数据交换准则,设计数据集成接口,实现与多个系统的业务集成,以支撑民用航空器主制造商与适航当局、供应商等机构的异地协同。当接口增多后,接口的管理就变得非常重要。为了便于对集成接口的管理,通过构建服务化通用集成接口,以及集成接口统一管控模式,形成接口注册、接口发布及接口管理能力。通过对适航信息化系统的业务对象进行分析,提取通用属性和元素,构建业务对象模型,提高集成接口通用性。分析平台管理的业务对象与上下游的业务联系,开发通用的集成接口,统一注册,统一接口格式,供上下游信息化系统调用。

基于3.4节本民用航空器主制造商适航信息化系统采用微服务框架构建,微服务架构通信一般有RPC和RESTful两种方式,本系统采用统一的、基于RESTful的集成架构实现与其他应用系统的集成并进行接口设计。通过这些接口方式实现与外部系统之间的数据交互,将统一约定各种接口方式的实现机制和规范,从而最终有效保证各个系统之间高质量、无缝隙、高可靠的数据交互及协同工作。

RESTful提供了一组设计原则和约束条件,统一接口包含了一组受限的预定义的操作,不论什么样的资源,都是通过使用相同的接口进行资源的访问。接口使用标准的HTTP方法如GET、PUT和POST,并遵循这些方法的语义。基于RESTful风格设计的系统可以更简洁,更有层次,更易于实现缓存等机制。

4.4　安全方案

适航信息化系统的用户对象包括民用航空器主制造商内部用户和外部用

户,内部用户通过民用航空器主制造商局域网访问适航信息化系统,同时通过内部局域网实现适航信息化系统与民用航空器主制造商内部其他业务系统数据交互,为保障系统应用和数据的保密性、完整性、可用性,需要对适航信息化系统安全方案进行设计,通过部署适当的安全防护设备,对网络和通信安全、设备和计算安全、应用和数据安全等方面所面临的安全威胁进行风险控制的安全防护体系。

(1) 访问控制。

利用下一代防火墙的边界访问控制技术,根据安全规则在安全域之间进行访问控制,同时通过业务系统对用户身份进行识别,对用户的访问资源进行权限管控,防止未授权访问的发生。

(2) 安全审计。

通过部署运维审计系统、数据库审计系统和综合日志审计系统,对网络边界、重要网络节点进行安全审计,审计覆盖到每个用户,审计记录包括事件的日期和时间、用户、事件类型、事件是否成功及其他与审计相关的信息。

(3) 通信传输。

针对与外部单位局方或供应商需要进行数据互访的业务,通过建立网络专线,保障数据传输安全。

外部用户访问通过使用下一代防火墙的 VPN 功能或采用 PKI 体系中的完整性校验功能进行完整性检查,保障通信完整性及通信过程中敏感信息字段或整个报文的完整性和保密性。

5 适航信息化系统典型业务实现

5.1 概述

　　基于上述适航信息化系统的规划与系统方案的描述,并结合民用航空器主制造商的现状,民用航空器主制造商可进一步编写适航信息化系统详细设计方案并分步实施开发。本章将重点描述在民用航空器主制造商实现的适航信息化系统的部分典型业务。适航信息化系统是一个覆盖民机型号在设计、制造、试飞、运营全生命周期内的适航信息化系统,通过对适航活动、适航数据、适航体系、取证过程进行信息化的科学管理,保证民用航空器型号适航工作高效进行,促进民用航空器型号研制与取证顺利开展。民用航空器主制造商通过该平台进行适航取证过程管理、适航体系管理、与审查方协同工作管理、适航日常工作的管理、适航知识管理等业务活动管理,并通过建立适航信息化系统,集成民用航空器主制造商内部型号研发平台及外部审查方审查平台,实现适航管理工作访问入口统一,并构建了畅通有效的沟通机制。民用航空器主制造商实现的适航信息化系统首页如图 5-1 所示。

　　通过建设适航信息化系统,实现了对适航业务活动更为全面的显性和可追溯性管理,把以往零散管理的数据通过统一平台进行管理,实现了以适航需求分配为牵引的适航业务数据管理,同时,该信息化系统规范了型号研制适航业务管理工具、提升了型号研制适航业务工作效率。该适航信息化系统主要实现了如下内容:

　　(1) 搭建了民用航空器主制造商内部的适航工作管理统一门户;

　　(2) 建立了适航证取证管理,实现型号全生命周期适航取证工作管理;

　　(3) 建立了适航体系管理,对适航体系的建设和运行统一管理,为保证型号研制符合适航规章的要求提供数据管理和决策支持;

图 5-1 适航信息化系统首页

（4）为民用航空器主制造商各业务领域提供了统一的适航日常工作管理模块；

（5）实现了与民用航空器主制造商内部关键平台的集成；

（6）实现与审查方系统的集成，保障民用航空器主制造商与适航当局之间畅通安全的信息沟通交流与高效安全的数据交换共享；

（7）建立了统一标准的适航知识库。

本章将选取适航信息化系统中部分内容，描述部分典型的业务活动的实现情况，具体为：①适航取证过程管理中TC证取证管理；②适航体系管理中持续适航体系管理；③适航日常工作管理中证件管理、会议管理、行动项目管理、信函管理、问题纪要管理、问题及意见管理、人员资质管理；④协同工作管理；⑤适航知识管理。选取的典型业务实现模块如图 5-2 所示。

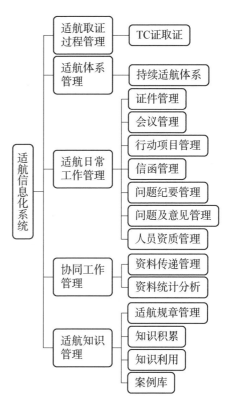

图 5-2 适航信息化系统典型业务实现模块

5.2　适航取证过程管理

TC 证取证过程涵盖 TC 证全寿命周期活动,包括从 TC 证申请到取得 TC 证以及 TC 证后设计更改的过程,需要实现信息化管理的核心业务包括:TC 证件管理、TC 证验证任务管理、会议管理、信函管理、问题纪要管理、团队管理(包括申请方与审查方)、资料传递管理、证据管理、型号合格数据单(TCDS)管理、设计更改适航验证管理、适航知识管理、适航规章管理等内容。

本节重点讲述适航取证过程管理中最为典型的 TC 证取证管理业务内容,TC 证取证管理模块是管理 TC 证取证的核心业务内容,包括:TC 证验证任务管理、型号合格数据单(TCDS)管理、设计更改适航验证管理。TC 证件管理、会议管理、信函管理、问题纪要管理、团队管理纳入适航日常工作管理的子模块进行统一管理;资料传递纳入协同工作模块管理;证据管理、适航知识管理、适航规章管理等纳入适航知识管理。通过建设 TC 证取证管理模块能够规范 TC 证取证过程,时刻查询取证任务进度,能够记录所有角色人员对数据库的操作,便于责任追踪,有利于实现 TC 证取证过程的系统化、流程化、信息化。TC 证取证过程管理涉及模块如图 5 - 3 所示。

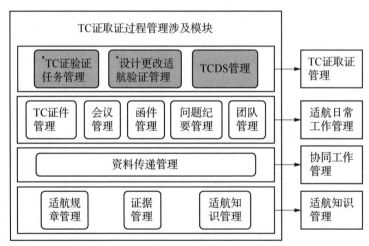

图 5 - 3　TC 证取证过程管理涉及模块

本节围绕 TC 证取证管理中核心业务模块中的典型业务模块进行详细描述与示例展示,即图 5 - 3 中标记 * 的两个模块:TC 证验证任务管理及 TC 证后设计更改适航验证管理,TC 证取证管理模块典型模块如图 5 - 4 所示。

图 5-4 TC证取证管理模块典型模块

5.2.1 TC证验证任务管理

民用航空器主制造商基于型号设计特征在适航知识库中选用适用的规章标准,进一步确定型号合格审定基础,并在此基础上明确条款符合性方法,编制符合性验证任务及审定计划,依据审定计划及符合性验证任务实施计划启动并完成符合性验证工作,取得可表明适航符合性的证据资料,实现对民用航空器型号合格审定基础、符合性方法、符合性验证任务、审定计划及条款关闭的信息化管理,从而对 TC 证取证的过程的核心业务实现信息化管理。

适航信息化系统的 TC 证验证任务管理子模块实现了对审定基础管理、符合性方法管理、符合性验证任务管理、审定计划管理、条款关闭管理五个核心业务的管理,TC 证验证任务管理模块典型模块如图 5-5 所示。下面将从功能描述、角色说明、业务场景三个方面描述该模块的业务实现情况。

图 5-5 TC证验证任务管理典型模块

1) 功能描述

(1) 审定基础模块实现了如下主要功能:定义型号审定基础初稿、定义专业审定基础、汇总专业审定基础、发布型号审定基础、更新专业审定基础、更新型号审定基础;

(2) 符合性方法管理模块实现了如下主要功能:定义专业符合性方法、汇总各专业符合性方法、发布型号符合性方法、更新专业符合性方法、更新型号符合性方法;

(3) 符合性验证任务管理模块实现了如下主要功能:定义符合性文件验证

任务、定义符合性试验验证任务、定义 CP 实施计划、生成各类清单[包括符合性文件清单、符合性试验清单、CP 符合性文件清单、CP 符合性试验项目清单、CP 实施计划(CPI)]、更新符合性文件验证任务、更新符合性试验验证任务、更新 CP 实施计划;

(4) 审定计划管理模块实现了如下主要功能:生成审定计划树、管理型号审定计划;

(5) 条款关闭管理模块实现了如下主要功能:条款关闭计划管理、条款关闭管理、CCL 管理。

2) 角色说明

(1) 型号适航主管:编制、发布全机的审定基础、符合性方法表、符合性验证任务、CP 实施计划、全机条款关闭计划;

(2) 条款适航主管:管理所负责的条款及条款关联的 ATA、条款相关的符合性方法、条款相关符合性验证任务以及所负责条款的条款关闭计划;

(3) CP 适航主管:管理 CP 相关的审定基础、符合性方法、符合性验证任务;

(4) ATA 专业适航主管:定义并管理本专业的审定基础、符合性方法;

(5) 符合性验证任务负责人:实施符合性验证任务,并跟踪完成情况。

3) 业务场景

(1) 审定基础管理业务场景描述:

a. 操作用户角色:型号适航主管。进入到适航信息化系统首页,从系统导航菜单区打开【适航取证过程管理】一级菜单,点击进入二级菜单【TC 证取证过程管理】模块下的三级菜单【TC 证验证任务管理】,选择功能菜单【审定基础管理】,可对审定基础进行操作,操作菜单包括定义审定基础、汇总审定基础、发布审定基础等选项,如选择定义审定基础,可从适航知识库中筛选出型号适用的适航规章及适用的条款;如选择汇总审定基础,可汇总全机型号审定基础;如选择发布审定基础,可发布全机审定基础,型号适航主管汇总全机审定基础样例如图 5-6 所示。

b. 操作用户角色:ATA 专业适航主管。进入到适航信息化系统首页,从系统导航菜单区打开【适航取证过程管理】一级菜单,点击进入二级菜单【TC 证取证过程管理】模块下的三级菜单【TC 证验证任务管理】,选择功能菜单【审定基础管理】,可对审定基础进行操作,操作菜单包括定义审定基础选项,选择定义审定基础,可确定本专业的审定基础,包括确定专用条件、等效安全及豁免。

图 5‑6　型号适航主管汇总全机审定基础样例图

c. 操作用户角色:条款适航主管。进入到适航信息化系统首页,从系统导航菜单区打开【适航取证过程管理】一级菜单,点击进入二级菜单【TC 证取证过程管理】模块下的三级菜单【TC 证验证任务管理】,选择功能菜单【审定基础管理】,可对审定基础进行操作,操作菜单包括定义审定基础选项,选择定义审定基础,可从条款层面对所负责条款关联的 ATA 进行确认。

d. 操作用户角色:CP 适航主管。进入到适航信息化系统首页,从系统导航菜单区打开【适航取证过程管理】一级菜单,点击进入二级菜单【TC 证取证过程管理】模块下的三级菜单【TC 证验证任务管理】,选择功能菜单【审定基础管理】,可对审定基础进行操作,操作菜单包括定义审定基础选项,选择定义审定基础,可从 CP 层面确认并修改审定基础。

(2) 符合性方法管理业务场景描述:

a. 操作用户角色:ATA 专业适航主管。进入到适航信息化系统首页,从系统导航菜单区打开【适航取证过程管理】一级菜单,点击进入二级菜单【TC 证取证过程管理】模块下的三级菜单【TC 证验证任务管理】,选择功能菜单【符合性方法管理】,可对本专业条款所需的符合性方法进行操作,操作菜单包括定义符合性方法选项,选择定义符合性方法,可确定本专业审定基础相关的符合性方法,ATA 专业适航主管确定符合性方法样例如图 5‑7 所示。

b. 操作用户角色:CP 适航主管。进入到适航信息化系统首页,从系统导航菜单区打开【适航取证过程管理】一级菜单,点击进入二级菜单【TC 证取证过程管理】模块下的三级菜单【TC 证验证任务管理】,选择功能菜单【符合性方法管

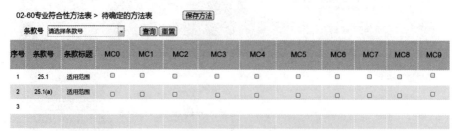

图5-7 ATA专业适航主管确定符合性方法样例图

理】,可对本CP中审定基础所需的符合性方法进行操作,操作菜单包括确认符合性方法选项,选择确认符合性方法,可确定本CP审定基础相关的符合性方法。

c. 操作用户角色:型号适航主管。进入到适航信息化系统首页,从系统导航菜单区打开【适航取证过程管理】一级菜单,点击进入二级菜单【TC证取证过程管理】模块下的三级菜单【TC证验证任务管理】,选择功能菜单【符合性方法管理】,可对全机所有审定基础所需的符合性方法进行操作,操作菜单包括发布全机审定基础符合性方法选项,选择发布全机审定基础符合性方法,可发布全机审定基础相关的符合性方法,如后续有修改可不定期进行发布。

(3) 符合性验证任务管理业务场景描述:

a. 操作用户角色:CP适航主管。进入到适航信息化系统首页,从系统导航菜单区打开【适航取证过程管理】一级菜单,点击进入二级菜单【TC证取证过程管理】模块下的三级菜单【TC证验证任务管理】,选择功能菜单【符合性验证任务管理】,可对本CP中所有符合性验证任务进行操作,操作菜单包括定义符合性文件验证任务、定义符合性试验验证任务、定义CP实施计划、导出本CP符合性验证任务等。选择定义符合性文件验证任务,可以定义文件类符合性验证任务;选择定义符合性试验验证任务,可以定义试验类符合性验证任务;选择定义CP实施计划,可以给所有符合性验证任务安排时间与责任人,作为计划推送给相关责任人实施。CP适航主管定义符合性验证任务样例如图5-8所示。

b. 操作用户角色:型号适航主管。进入到适航信息化系统首页,从系统导航菜单区打开【适航取证过程管理】一级菜单,点击进入二级菜单【TC证取证过程管理】模块下的三级菜单【TC证验证任务管理】,选择功能菜单【符合性验证任务管理】,可查阅全机所有符合性验证任务,操作菜单包括:导出全机所有符合性验证任务、导出全机所有CP实施计划等。

图 5-8 CP 适航主管定义符合性验证任务样例图

c. 操作用户角色：符合性验证任务负责人。进入到适航信息化系统首页，从系统导航菜单区打开【适航取证过程管理】一级菜单，点击进入二级菜单【TC证取证过程管理】模块下的三级菜单【TC证验证任务管理】，选择功能菜单【符合性验证任务管理】，可管理自己负责的符合性验证任务的进展情况，并实时更新，操作菜单包括：更新符合性验证任务进展。

（4）审定计划管理业务场景描述：

a. 操作用户角色：CP适航主管。进入到适航信息化系统首页，从系统导航菜单区打开【适航取证过程管理】一级菜单，点击进入二级菜单【TC证取证过程管理】模块下的三级菜单【TC证验证任务管理】，选择功能菜单【审定计划管理】，可对负责的审定计划相关属性进行维护，操作菜单包括修改审定计划信息、关闭审定计划。选择修改审定计划信息，可以对审定计划的相关属性进行维护；如审定计划中所有符合性验证任务完成，可关闭所负责的审定计划。

b. 操作用户角色：型号适航主管。进入到适航信息化系统首页，从系统导航菜单区打开【适航取证过程管理】一级菜单，点击进入二级菜单【TC证取证过程管理】模块下的三级菜单【TC证验证任务管理】，选择功能菜单【审定计划管理】，可查阅全机所有审定计划，操作菜单包括导出全机审定计划。选择导出全机审定计划，则可导出全机审定计划清单。

（5）条款关闭管理业务场景描述：

a. 操作用户角色：计划员。进入到适航信息化系统首页，从系统导航菜单区打开【适航取证过程管理】一级菜单,点击进入二级菜单【TC 证取证过程管理】模块下的三级菜单【TC 证验证任务管理】,选择功能菜单【条款关闭管理】,可制定并修改全机条款关闭计划,操作菜单包括:制定全机条款关闭计划、发布全机条款关闭计划、导出全机条款关闭计划等。选择制定全机条款关闭计划,则系统可根据 CP 实施计划自动生成全机条款关闭计划,计划员可针对此全机条款关闭计划进一步修改后发布。

　　b. 操作用户角色:条款适航主管。进入到适航信息化系统首页,从系统导航菜单区打开【适航取证过程管理】一级菜单,点击进入二级菜单【TC 证取证过程管理】模块下的三级菜单【TC 证验证任务管理】,选择功能菜单【条款关闭管理】,可依据条款关闭计划及条款相关的符合性验证实施计划的进展情况关闭条款,操作菜单包括:编制 CCL、关闭条款、重新开启条款。如条款相关所有符合性验证工作完成则系统提示条款适航主管编制 CCL、关闭条款,如有一些特殊情况,可对已经关闭的条款重新开启则选择重新开启条款。条款适航主管关闭条款样例如图 5-9 所示。

图 5-9　条款适航主管关闭条款样例图

　　c. 操作用户角色:查询角色。进入到适航信息化系统首页,从系统导航菜单区打开【适航取证过程管理】一级菜单,点击进入二级菜单【TC 证取证过程管理】模块下的三级菜单【TC 证验证任务管理】,选择功能菜单【条款关闭管理】,可查询全机所有条款的状态。无操作菜单。

5.2.2 设计更改适航验证管理

适航信息化系统的设计更改适航验证管理模块主要用于管理型号 TC 证取证后的设计更改相关适航工作,实现了对 TC 证后适航核心过程的规范管理,包括设计更改申请管理、设计更改验证工作管理,设计更改适航验证管理典型模块如图 5-10 所示。下面将从功能描述、角色说明、业务场景三个方面描述该模块的业务实现情况。

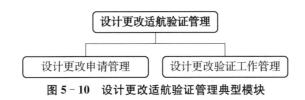

图 5-10　设计更改适航验证管理典型模块

1) 功能描述

(1) 设计更改申请管理模块实现了对 TC 证后所有设计更改项目的申请与受理过程的有效管理,主要功能包括:编制设计更改申请书/设计更改变更申请书、创建设计更改申请书与设计更改项目及 CP 的关联关系、提交设计更改申请书/设计更改变更申请书、审核设计更改申请书/设计更改变更申请书、接收审查方设计更改申请受理通知书、撤销设计更改申请书等功能;

(2) 设计更改验证工作管理模块实现了对 TC 证后设计更改项目相关 CP 及符合性验证工作的管理,主要功能包括:创建设计更改项目、创建设计更改项目树状层级关系、提交设计更改项目及相关材料到审查方并接收审查方反馈的功能。

2) 角色说明

(1) 适航主管:新增/修改设计更改项目、编制设计更改申请书/设计更改变更申请书、提交设计更改申请书/设计更改变更申请书、接收审查方设计更改申请受理书、撤销设计更改申请书、提交设计更改项目相关资料、修改设计更改项目树;

(2) 审核人员:审核设计更改申请书/设计更改变更申请书;

(3) 适航符合性核查工程师:核查审核设计更改申请书/设计更改变更申请书中相关资料内容、核查设计更改相关材料;

(4) 适航授权工程师:若民用航空器主制造商的设计保证系统获得适航当局的批准,证后设计更改的小改可由适航授权工程师批准。

3）业务场景

（1）设计更改申请管理模块业务场景描述：

a. 操作用户角色：适航主管。进入到适航信息化系统首页，从系统导航菜单区打开【适航取证过程管理】一级菜单，点击进入二级菜单【TC 证取证过程管理】模块下的三级菜单【设计更改适航验证管理】，选择功能菜单【设计更改申请】，可对设计更改申请书操作，操作菜单包括新增/修改设计更改项目、编制设计更改申请书、提交设计更改申请书、撤销设计更改申请书、编制设计更改变更申请书、提交设计更改变更申请书等选项。

如选择新增/修改设计更改项目，可在线查阅主制造商内部研发系统传递到此系统的设计更改项目，并可修改部分属性；如主制造商内部研发系统尚未与适航信息化系统集成，也可在线创建设计更改项目，作为设计更改申请的基础数据。

如选择编制设计更改申请书，可在线填写设计更改申请书相关内容，并自动生成结构化的设计更改申请书，适航主管在线创建设计更改申请书如图 5 - 11所示。

图 5 - 11　适航主管创建设计更改申请书样例图

如选择提交设计更改申请书，可以提交设计更改申请书到内部审核或者审查方受理。

如选择撤销设计更改申请书,可填写撤销设计更改申请书的相关证据材料并提交到内部审核或审查方。

如选择编制设计更改变更申请书,可在线填写设计更改变更申请书相关内容,并自动生成结构化的设计更改变更申请书。

如选择提交设计更改变更申请书,可在线提交设计更改变更申请书到内部审核或者审查方受理。

b. 操作用户角色:审核人员。进入到适航信息化系统首页,从系统导航菜单区打开【适航取证过程管理】一级菜单,点击进入二级菜单【TC 证取证过程管理】模块下的三级菜单【设计更改适航验证管理】,选择功能菜单【设计更改申请】,可在线审核设计更改申请书相关材料,操作菜单为审核设计更改申请书、审核设计更改变更申请书。

c. 操作用户角色:适航符合性核查工程师。进入到适航信息化系统首页,从系统导航菜单区打开【适航取证过程管理】一级菜单,点击进入二级菜单【TC证取证过程管理】模块下的三级菜单【设计更改适航验证管理】,选择功能菜单【设计更改申请】,可在线核查设计更改申请书相关材料,操作菜单为核查设计更改申请书、核查设计更改变更申请书。

(2)设计更改验证工作管理业务场景描述:

操作用户角色:适航主管。进入到适航信息化系统首页,从系统导航菜单区打开【适航取证过程管理】一级菜单,点击进入二级菜单【TC 证取证过程管理】模块下的三级菜单【设计更改适航验证管理】,选择功能菜单【设计更改验证工作管理】,可对设计更改验证过程中 CP 及相关符合性验证工作以及关联关系进行管理,操作菜单包括:修改设计更改项目树、新增/修改 CP、新增/修改符合性验证工作、提交审查方、修改设计更改项目树。

如选择新增/修改设计更改项目,可增加设计更改项目或修改设计更改项目的相关信息,并可修改设计更改项目下相关 CP 的关联关系。

如选择新增/修改 CP,可修改 CP 信息,并可修改 CP 下关联符合性验证工作的关联关系,并可建立 CP 与设计更改项目的关联关系。

如选择新增/修改符合性验证工作,可新增/修改符合性验证工作,包括文件类验证工作和试验类验证工作。

如选择提交审查方,可以将设计更改项目相关材料提交到审查方,具体场景可参考协同工作管理模块。

如选择设计更改项目树,可以在适航信息化系统自动创建的设计更改项目树的基础上,对设计更改项目树上的信息进行修改,适航主管修改设计更改树样例如图 5－12 所示。

图 5－12　适航主管修改设计更改树样例图

5.3　适航体系管理

　　适航体系管理主要包括体系建设与维护管理和体系运行管理,体系运行管理包括设计保证系统运行、持续适航体系运行、生产质量保证体系运行、运行支持体系运行和适航知识体系运行。本节重点讲述适航体系管理中最为典型的持续适航体系运行业务内容。

持续适航体系

　　持续适航体系包括体系建设和维护、体系运行。其中,体系建设和维护主要是对体系手册及程序文件进行管理,并对体系进行有效性评估。体系运行主要是收集在民用航空器的设计、制造、使用、维护过程中,发生或发现的所有各类失效、故障、缺陷、超出技术限制或偏离的情况,若影响民用航空器的安全,需判定为持续适航事件,开展事件判定、风险评估、事件调查、改正改进措施、事件总结等工作。其中,还包括对适航当局(CAAC)发布的适航指令 CAD 收集和评估过程,对得到的适用于民用航空器主制造商研制型号的适航指令,确认落实到民用航空器研制、生产及运行与维修的各类活动中。本章节主要聚焦对持续适航事件管理内容进行业务场景案例描述,体系建设和维护管理、适航指令管理将不做描述。

1) 功能描述

持续适航管理主要完成对在航空器的设计、制造、使用、维护过程中,发生或发现的所有各类失效、故障、缺陷、超出技术限制或偏离的情况,进行事件管理、风险评估、事件调查、改正改进措施、事件总结等应用功能的管理,包括各个模块的接口定义、输入输出数据定义、业务流程管理和监控等针对各种不同业务处理的规范化处理。

本节介绍的持续适航模块包括信息收集管理、事件筛选管理、风险评估管理、事件调查管理、改正改进措施管理、事件经验总结管理子模块,持续适航管理功能模块如图 5-13 所示。

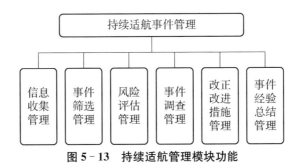

图 5-13　持续适航管理模块功能

2) 角色说明

(1) 信息报告人:收集持续适航相关信息,填写并提交《信息报告单》;

(2) 事件适航主管:接收《信息报告单》,对事件进行初判,填写并提交《事件报告单》,编制并提交《故障、失效和缺陷报告》,补充事件信息,负责事件筛选工作,编制并提交《事件筛选单》;

(3) 事件管理员:管理事件全生命周期内的所有活动,包括事件判断、事件风险评估、事件调查、事件关注、事件合并、事件关闭、事件总结、经验总结等;

(4) 设计主管:负责事件风险评估工作,编制并提交《事件风险评估报告》,制定并实施改进改正措施,编制持续适航事件经验总结报告,实施事件调查;

(5) 型号适航主管:审批各类报告,组织事件调查。

3) 业务场景

(1) 信息收集管理业务场景描述:

操作用户角色:信息报告人。进入到适航信息化系统首页,从系统导航菜单区打开【适航体系管理】一级菜单,点击进入二级菜单【持续适航管理】模块下的三级菜单【信息收集管理】,选择功能菜单【信息报告单管理】,可对信息报告单进行操作,操作菜单包括新增、升版等选项。

若选择新增,可创建新的信息报告单,并进入填写信息报告单详情页,信息报告人可按设计、制造、试验/试飞、客服、航线等分类标识信息的来源,并进行填写,信息报告单提交后进入事件筛选阶段。

若选择升版,则可对已走完流程的信息报告单进行升版,并初始化前一版本的数据详情内容,可在此基础上进一步修改调整,流程同新增流程过程。

信息报告单编制功能样例如图 5-14 所示。

(2) 事件筛选管理业务场景描述:

a. 操作用户角色:事件适航主管。进入适航信息化系统首页,从系统导航菜单区打开【适航体系管理】一级菜单,点击进入二级菜单【持续适航管理】模块下的三级菜单【事件筛选管理】,选择功能菜单【事件报告单管理】,可对事件报告单进行操作,操作菜单包括新增、删除、升版事件报告单、升版故障、失效和缺陷报告、信息补充等选项。

若选择新增,可创建新的事件报告单,并进入填写事件报告单详情页,事件报告单来源与信息报告人提交的信息报告单,经事件适航主管确认为事件后,可触发编辑事件报告单的任务,事件适航主管依据信息是否存在影响民用航空器安全的情况判断是否为持续适航事件,进一步确定事件是否为 CCAR-21.5 事件,选择系统 CCAR-21.5 事件的判断准则库中的条目内容,可进行多条目选择;事件报告单提交时,可选择内部签审过程人员,签审流程完成后启动事件筛选单创建待办,若为 CCAR-21.5 事件,同时触发故障、失效和缺陷报告编制待办。

若选择删除,可以删除编制中或修改中的事件报告单。

若选择升版事件报告单,则可对已走完流程的事件报告单进行升版,并初始化前一版本的数据详情内容,可在此基础上进一步修改调整,流程同新增过程。

若选择升版故障、失效和缺陷报告,则可对已走完流程的故障、失效和缺陷报告进行升版,升版走完批准流程,需再次提交协同工作管理模块,可提交适航当局,提交的内容包括事件报告单。

若选择信息补充,可对已走完流程的事件报告单进行信息补充,信息补充可分为主动补充,也可由后续事件筛选、风险评估等过程中的参与事件的其他参与人员触发。

事件报告单管理功能样例如图 5-15 所示。

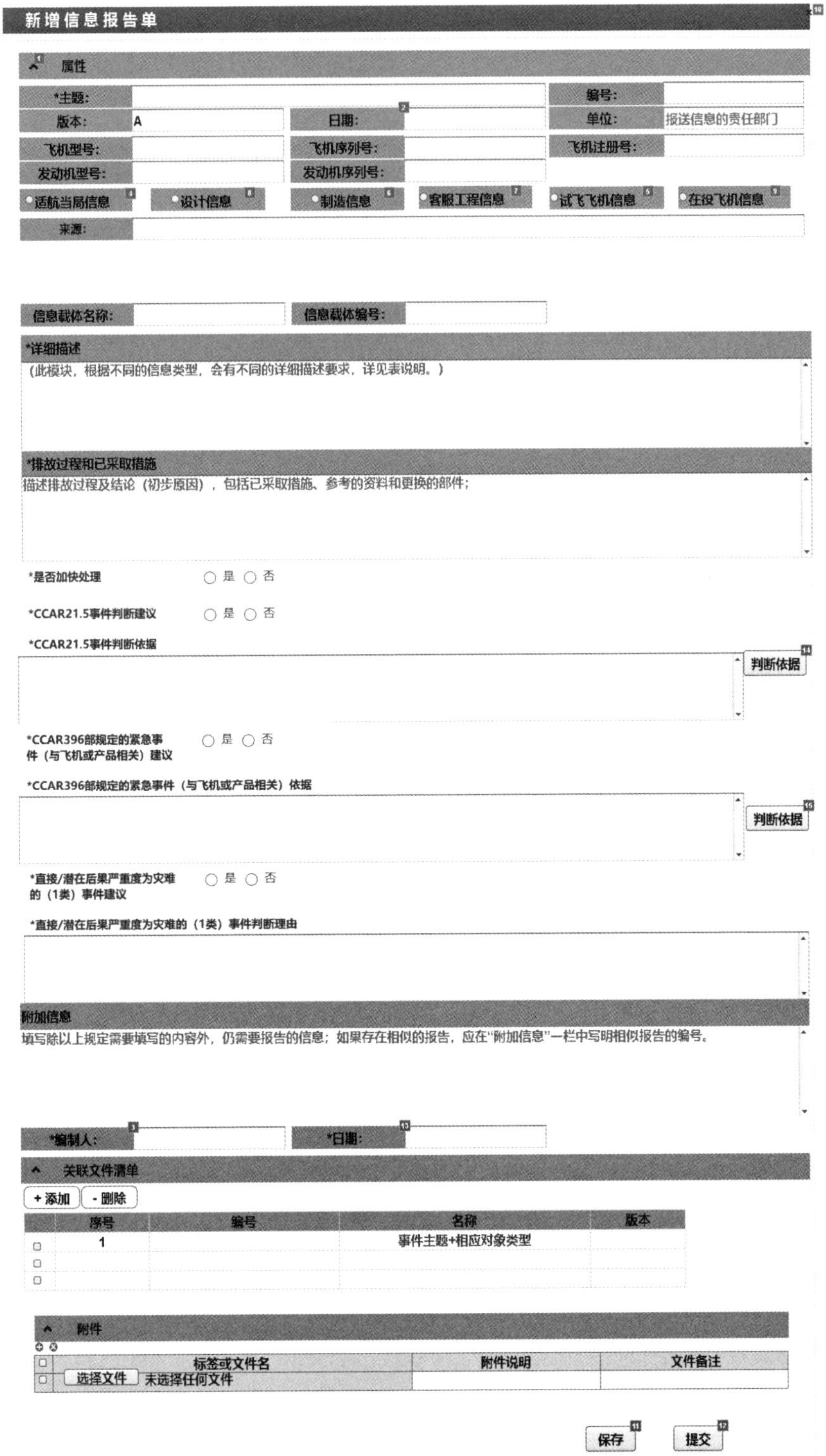

新增信息报告单

属性

*主题:		编号:	
版本: A	日期:	单位:	报送信息的责任部门
飞机型号:	飞机序列号:	飞机注册号:	
发动机型号:	发动机序列号:		

○适航当局信息　○设计信息　○制造信息　○客服工程信息　○试飞飞机信息　○在役飞机信息

来源:

信息载体名称:　　　　　信息载体编号:

*详细描述

(此模块，根据不同的信息类型，会有不同的详细描述要求，详见表说明。)

*排故过程和已采取措施

描述排故过程及结论（初步原因），包括已采取措施、参考的资料和更换的部件;

*是否加快处理　　　○是 ○否

*CCAR21.5事件判断建议　　　○是 ○否

*CCAR21.5事件判断依据

判断依据

*CCAR396部规定的紧急事件（与飞机或产品相关）建议　　　○是 ○否

*CCAR396部规定的紧急事件（与飞机或产品相关）依据

判断依据

*直接/潜在后果严重度为灾难的（1类）事件建议　　　○是 ○否

*直接/潜在后果严重度为灾难的（1类）事件判断理由

附加信息

填写除以上规定需要填写的内容外，仍需要报告的信息;如果存在相似的报告，应在"附加信息"一栏中写明相似报告的编号。

*编制人:　　　　　*日期:

关联文件清单

+添加　-删除

序号	编号	名称	版本
1		事件主题+相应对象类型	

附件

标签或文件名	附件说明	文件备注
选择文件　未选择任何文件		

保存　　提交

图 5-14　信息报告单编制功能样例图

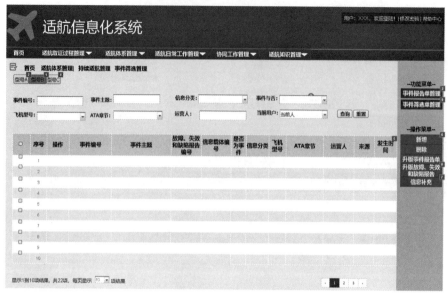

图 5－15　事件报告单管理功能样例图

　　b. 操作用户角色：型号适航主管。进入到适航信息化系统首页，从系统导航菜单区打开【适航体系管理】一级菜单，点击进入二级菜单【持续适航管理】模块下的三级菜单【事件筛选管理】，选择功能菜单【事件报告单管理】，可对事件报告单进行审批。

　　c. 操作用户角色：事件管理员。进入到适航信息化系统首页，从系统导航菜单区打开【适航体系管理】一级菜单，点击进入二级菜单【持续适航管理】模块下的三级菜单【事件筛选管理】，选择功能菜单【事件报告单管理】，可对事件报告单进行操作，操作菜单包括信息补充、事件合并、事件关闭等选项。

　　若选择信息补充，可对已走完流程的事件报告单进行信息补充，信息补充可分为主动补充，也可由后续事件筛选、风险评估等过程中的参与事件的其他参与人员触发。

　　若选择事件合并，可对已走完流程的事件报告单，存在重复填报、类似事件等进行事件合并，可选择主事件与从事件，标识好合并关系提交时，可选择内部签审过程人员，走完签审流程后，从事件流程暂停，主事件后续事件关闭，从事件也会同步事件关闭。

　　若选择事件关闭，可对已走完流程的事件报告单，存在错误填报、因特殊原因无需执行事件筛选、风险评估等过程的事件进行关闭，填写好关闭原因，提交时可选择内部签审过程人员，走完签审流程后事件关闭。正常过程的事件可在各阶段达到条件自动关闭,例如事件筛选为绿色的,可在事件筛选阶段关闭;风险评估结果为绿色的事件,《事件风险评估报告》获得审查会认可,事件在风险评估关闭;风险评估结果为橙色和红色的事件,事件在改正/改进措施行动项目关闭。事件关闭判断功能样例如图5-16所示。

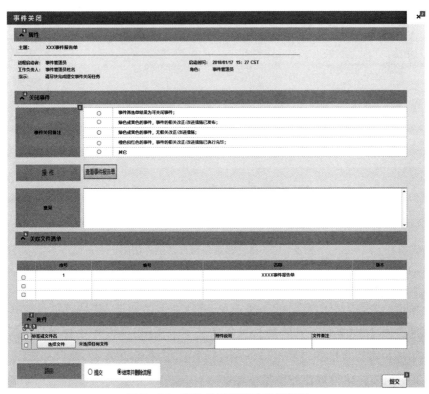

图 5 - 16　事件关闭判断功能样例图

d. 操作用户角色:事件适航主管。进入到适航信息化系统首页,从系统导航菜单区打开【适航体系管理】一级菜单,点击进入二级菜单【持续适航管理】模块下的三级菜单【事件筛选管理】,选择功能菜单【事件筛选单管理】,可对事件筛选单进行操作,事件筛选单由事件报告单走完流程后触发编制任务。操作菜单包括升版、信息补充等选项。

若选择升版,则可对已走完流程的事件筛选单进行升版,并初始化前一版本的数据详情内容,可在此基础上进一步修改调整,流程同初次触发流程过程。

若选择信息补充,可对已走完流程的事件报告单进行信息补充,信息补充可分为主动补充,也可由后续事件筛选、风险评估等过程中的参与事件的其他参与人员触发。

事件筛选单管理功能样例如图 5-17 所示。

图 5-17 事件筛选单管理功能样例图

e. 操作用户角色:事件适航主管。进入到适航信息化系统首页,从系统导航菜单区打开【适航体系管理】一级菜单,点击进入二级菜单【持续适航管理】模块下的三级菜单【事件筛选管理】,选择功能菜单潘【事件报告单管理】/【事件筛选单管理】,可对审批的事件报告单、事件筛选单进行跟踪查看、信息补充。

(3) 风险评估管理业务场景描述:

a. 操作用户角色:设计主管。进入到适航信息化系统首页,从系统导航菜单区打开【适航体系管理】一级菜单,点击进入二级菜单【持续适航管理】模块下的三级菜单【风险评估管理】,选择功能菜单【事件风险评估报告管理】,可对事件风险评估报告进行操作,事件风险评估报告由事件筛选单走完流程后触发编制任务,操作菜单包括升版、信息补充等选项。

若选择升版,则可对已走完流程的事件风险评估报告管理进行升版,并初始化前一版本的数据详情内容,可在此基础上进一步修改调整,流程同初次触发流程过程。

若选择信息补充,可对已走完流程的事件报告单进行信息补充,信息补充可分为主动补充,也可由后续事件筛选、风险评估等过程中的参与事件的其他参与人员触发。

事件风险评估报告管理功能样例如图 5－18 所示。

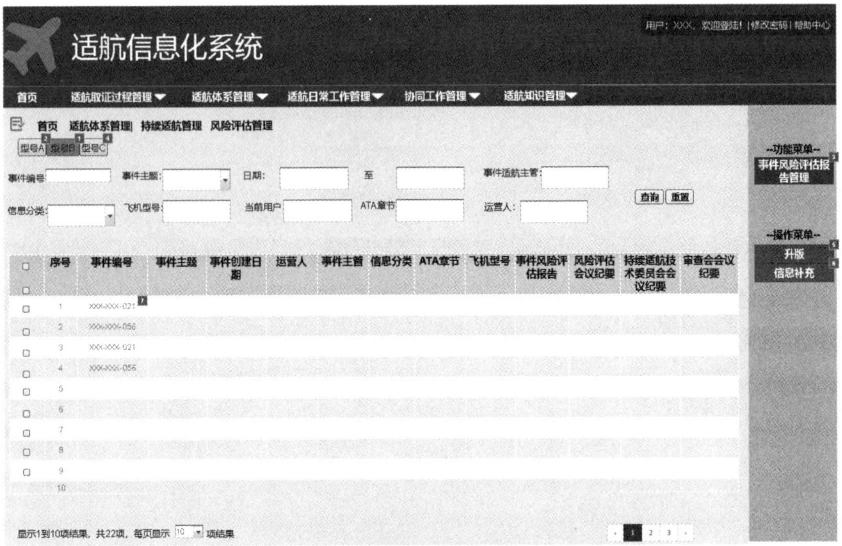

图 5－18 事件风险评估报告管理功能样例图

b. 操作用户角色:事件适航主管。进入到适航信息化系统首页,从系统导航菜单区打开【适航体系管理】一级菜单,点击进入二级菜单【持续适航管理】模块下的三级菜单【风险评估管理】,选择功能菜单【事件风险评估报告管理】,可对审批的事件风险评估报告跟踪查看、信息补充。

(4) 事件调查管理业务场景描述:

a. 操作用户角色:设计主管。进入到适航信息化系统首页,从系统导航菜单区打开【适航体系管理】一级菜单,点击进入二级菜单【持续适航管理】模块下的三级菜单【事件调查管理】,选择功能菜单【事件调查报告管理】,可对事件调查报告进行操作,操作菜单包括新增、升版、信息补充等选项。

若选择新增,可创建新的事件调查报告,并进入填写事件调查报告详情页,可选择事件报告单,自动获取事件报告单信息中关于事件主题、事件报告单编号、事件发生时间、飞机型号、发动机型号、ATA 章节,初始化报告,供进一步修改。

若选择升版,则可对已走完流程的事件调查报告进行升版,并初始化前一版本的数据详情内容,可在此基础上进一步修改调整,流程同新增流程过程。

若选择信息补充,可对已走完流程的事件报告单进行信息补充,信息补充可分为主动补充,也可由后续事件筛选、风险评估等过程中的参与事件的其他参与人员触发。

事件调查报告管理功能样例如图 5‐19 所示。

图 5‐19　事件调查报告管理功能样例图

b. 操作用户角色：事件适航主管。进入到适航信息化系统首页，从系统导航菜单区打开【适航体系管理】一级菜单，点击进入二级菜单【持续适航管理】模块下的三级菜单【事件调查管理】，选择功能菜单【事件调查报告管理】，可对审批的事件风险评估报告跟踪查看、信息补充。

（5）改正改进措施管理业务场景描述：

a. 操作用户角色：设计主管。进入到适航信息化系统首页，从系统导航菜单区打开【适航体系管理】一级菜单，点击进入二级菜单【持续适航管理】模块下的三级菜单【改正改进措施管理】，选择功能菜单【改进改正措施报告管理】，可对改进改正措施报告进行操作，操作菜单包括新增、信息补充等选项。

若选择新增，可创建新的改进改正措施报告，并进入填写改进改正措施报告详情页，可选择关联一个或多个事件报告单，自动获取事件报告单信息中关于事件主题、事件报告单编号、事件发生时间、飞机型号、发动机型号、ATA 章节，同时自动获取风险评估报告中的风险等级、原因分析及结论，自动获取事件调查报告中的根原因分析及结论，初始化报告，供进一步修改。

若选择信息补充，可对已走完流程的事件报告单进行信息补充，信息补充可分为主动补充，也可由后续事件筛选、风险评估等过程中的参与事件的其他参与人员触发。

改进改正措施报告管理功能样例如图 5 - 20 所示。

图 5 - 20　改进改正措施报告管理功能样例图

b. 操作用户角色:事件适航主管。进入到适航信息化系统首页,从系统导航菜单区打开【适航体系管理】一级菜单,点击进入二级菜单【持续适航管理】模块下的三级菜单【改正改进措施管理】,选择功能菜单【改进改正措施报告管理】,可对审批的改进改正措施报告跟踪查看、信息补充。

(6) 事件经验总结管理业务场景描述:

a. 操作用户角色:设计主管。进入到适航信息化系统首页,从系统导航菜单区打开【适航体系管理】一级菜单,点击进入二级菜单【持续适航管理】模块下的三级菜单【事件经验总结管理】,选择功能菜单【事件经验总结报告管理】,可对信息报告单进行操作,操作菜单包括新增、升版等选项。

若选择新增,可创建新的事件经验总结报告,并进入填写事件经验总结报告单详情页,选择事件报告单,自动获取事件报告单信息中关于事件主题、事件报告单编号、事件发生时间、飞机型号、发动机型号、ATA 章节等内容,同时自动获取事件相关的所有报告内容,初始化报告内容,供进一步完善;

若选择升版,则可对已走完流程的事件经验总结报告进行升版,并初始化前一版本的数据详情内容,可在此基础上进一步修改调整,流程同新增流程过程。

事件经验总结报告管理功能样例如图 5 – 21 所示。

图 5 – 21　事件经验总结报告管理功能样例图

　　b. 操作用户角色：型号适航主管。进入到适航信息化系统首页，从系统导航菜单区打开【适航体系管理】一级菜单，点击进入二级菜单【持续适航管理】模块下的三级菜单【事件经验总结管理】，选择功能菜单【事件经验总结报告管理】，可对审批的事件经验总结报告跟踪查看。

5.4　适航日常工作管理

　　适航日常工作管理涵盖适航取证过程与适航体系建设及运行过程中通用的适航日常工作，在此模块需要实现信息化管理的核心业务包括：证件管理、会议管理、行动项目管理、信函管理、问题纪要管理、问题及意见管理、人员资质管理、团队管理等内容。通过建设适航日常工作管理模块能够规范适航日常工作的流程，能够记录所有角色人员的操作，有利于实现适航日常工作管理的系统化、流程化、信息化。适航日常工作管理涉及模块示意图如图 5 – 22 所示。

　　本节围绕适航日常工作管理中部分典型业务模块进行详细描述与示例展示，适航日常工作管理模块典型模块示意图中展示的模块如图 5 – 23 所示，描述证件管理、会议管理、行动项目管理、信函管理、问题纪要管理、问题及意见管理各模块的实现情况。

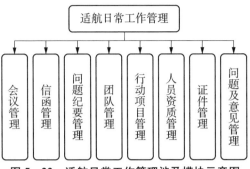

图 5‐22　适航日常工作管理涉及模块示意图

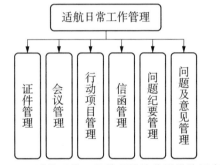

图 5‐23　适航日常工作管理模块典型模块示意图

5.4.1　证件管理

对适航业务过程中的各类证件进行管理,管理内容包括:证件的申请、受理、颁发、证件变更/更改相关内容归档的管理,证件管理模块典型模块如图 5‐24 所示。下面将从功能描述、角色说明、业务场景三个方面描述该模块的业务实现情况。

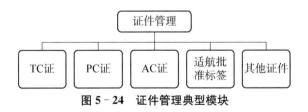

图 5‐24　证件管理典型模块

1) 功能描述

证件管理主要管理涉及适航相关证件的归类管理,记录证件、证件申请的相关信息。

2）角色说明

证件管理员：对证件及基本信息进行定义、上传证件申请资料、上传证件受理书、上传证件证书。

3）业务场景

（1）TC 证管理业务场景描述：

操作用户角色：证件管理员。进入到适航信息化系统首页，从系统导航菜单区打开【适航日常工作过程管理】一级菜单，点击进入二级菜单【证件管理】，选择 TC 证功能菜单，可归档管理 TC 证件相关资料，操作菜单包括归档证件申请书、归档证件受理书、归档证件等操作选项。

如选择归档证件申请书，进入证件申请详细页面，填写证件申请相关信息，自动生成证件申请书，并按需上传证件申请材料，例如 TC 证申请时需要上传验证计划草案、关联《设计保证手册》评审稿等材料，证件管理员归档证件申请书样例如图 5-25 所示。

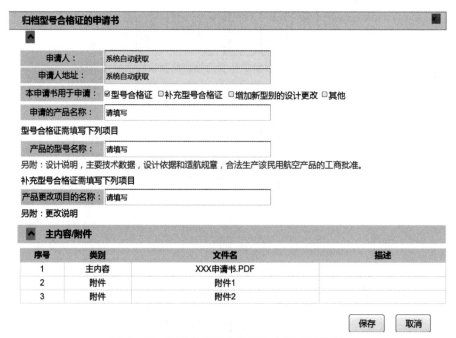

图 5-25 证件管理员归档证件申请书样例图

如选择归档证件受理书，可上传对应的证件受理书，并建立证件受理书与证件申请书的关联关系。如与外部证件申请系统进行集成后，此处可直接接收证件受理书。

如选择归档证件,可填写证件相关信息并上传归档证件,归档后不允许进一步修改归档资料。

(2)PC证管理业务场景描述:

操作用户角色:证件管理员。进入到适航信息化系统首页,从系统导航菜单区打开【适航日常工作过程管理】一级菜单,点击进入二级菜单【证件管理】,选择PC证功能菜单,可归档管理PC证件相关资料,操作菜单包括归档证件申请书/变更申请、归档证件受理书、归档证件等操作选项。

如选择归档证件申请书/变更申请,进入证件申请详细页面,填写证件申请相关信息,自动生成证件申请书,并按需上传证件申请材料,例如PC证申请/变更申请时需要上传相关材料证明,并关联《生产质量手册》及程序。

如选择归档证件受理书,可上传对应的证件受理书,并建立证件受理书与证件申请书的关联关系。如与外部证件申请系统进行集成后,此处可直接接收证件受理书。

如选择归档证件,可填写证件相关信息并上传归档证件,归档后不允许进一步修改归档资料。

(3)AC证管理业务场景描述:

操作用户角色:证件管理员。进入到适航信息化系统首页,从系统导航菜单区打开【适航日常工作过程管理】一级菜单,点击进入二级菜单【证件管理】,选择AC证功能菜单,可归档管理AC证件相关资料,操作菜单包括归档证件申请书/变更申请、归档证件受理书、归档证件等操作选项。

如选择归档证件申请书/变更申请,进入证件申请详细页面,填写证件申请相关信息,自动生成证件申请书,并按需上传证件申请材料,例如TC证申请/变更更新时需要关联型号设计资料、关联TC证、TCDS、关联PC证、许可生产项目、关联航空器国际登记证等内容。

如选择归档证件受理书,可上传对应的证件受理书,并建立证件受理书与证件申请书的关联关系。如与外部证件申请系统进行集成后,此处可直接接收证件受理书。

如选择归档证件,可填写证件相关信息并上传归档证件,归档后不允许进一步修改归档资料。

(4)适航批准标签管理业务场景描述(仅针对符合性标识的适航批准标签):

操作用户角色:证件管理员。进入到适航信息化系统首页,从系统导航菜单区打开【适航日常工作过程管理】一级菜单,点击进入二级菜单【证件管理】,选择适航批准标签功能菜单,可归档管理适航批准标签相关资料,操作菜单包括归档适航批准标签等操作选项。通常,适航批准标签可通过协同工作管理模块自动接收至此模块,若未集成也可通过此模块上传归档。

(5) 其他证件管理业务场景描述:

操作用户角色:证件管理员。进入到适航信息化系统首页,从系统导航菜单区打开【适航日常工作过程管理】一级菜单,点击进入二级菜单【证件管理】,选择其他证件功能菜单,可归档管理其他证件相关资料,包括补充型号合格证(STC证)、型号认可证(VTC证)、补充型号认可证(VSTC证)、零部件设计批准认可证(VDA证)、技术标准规定项目批准书(CTSOA证)、出口适航证、外国适航证认可书、改装设计批准书(MDA证)、零部件制造人批准书(PMA证)、特许飞行证、国籍登记证、无线电执照及其他证件,操作菜单包括归档证件操作选项。

如选择归档证件,可选择需要归档的证件类型,并填写证件相关信息、上传归档证件,归档后不允许进一步修改归档资料。

5.4.2 会议管理

对适航业务过程中的各类会议进行管理,管理内容包括:会议通知及会议纪要的管理,会议管理模块典型模块示意如图 5-26 所示。下面将从功能描述、角色说明、业务场景三个方面描述该模块的业务实现情况。

图 5-26 会议管理模块典型模块示意图

1) 功能描述

会议管理模块主要对会议通知、会议纪要管理,会议包括内部会议与外部会议。内部会议包括:适航工作会、适航取证工作团队内部会,外部会议主要是适航审查会和技术交流会。

2) 角色说明

会议管理模块涉及的角色如下:

(1) 适航主管:编写/发布会议通知、编写/发布会议纪要;

(2) 审核人:审核并发布会议纪要。

3) 业务场景

(1) 会议通知管理业务场景描述:

操作用户角色:适航主管。进入到适航信息化系统首页,从系统导航菜单区打开【适航日常工作管理】一级菜单,点击进入二级菜单【会议管理管理】模块,选择功能菜单【会议通知】,可对会议通知进行操作,操作菜单包括编写会议通知、修改会议通知、发布会议通知。

如选择编写会议通知,可编写内部/外部会议通知,并根据平台指示填写不同类型会议通知信息,通常需要确定的会议通知信息包括:会议主题,会议时间、专业专题组、会议地点、参会人员、会议项等。

如选择修改会议通知,可以修改尚未发布的会议通知。

如选择发布会议通知,可发布会议通知,会议通知发布后,参会人员在民用航空器主制造商集成的门户或适航信息化系统首页通知中会收到参加会议的提醒。

(2) 会议纪要管理业务场景描述:

a. 操作用户角色:适航主管。进入到适航信息化系统首页,从系统导航菜单区打开【适航日常工作管理】一级菜单,点击进入二级菜单【会议管理管理】模块,选择功能菜单【会议纪要】,可对会议纪要进行操作,操作菜单包括编写/修改会议纪要、提交会议纪要。

编写/修改会议纪要:可编写内部/外部会议纪要,会议结束后,系统根据会议通知中会议项相关内容自动生成会议纪要草稿,适航主管根据会议实际的进展情况进一步修改会议纪要,并按需增加行动项目。适航主管编写会议纪要样例如图 5-27 所示。

提交会议纪要:根据会议的类型提交会议纪要到民用航空器主制造商会议审核人或审查方。

b. 操作用户角色:审核人。进入到适航信息化系统首页,从系统导航菜单区打开【适航日常工作管理】一级菜单,点击进入二级菜单【会议管理管理】模块,选择功能菜单【会议纪要】,可对会议纪要进行操作,操作菜单包括审核会议纪要、发布会议纪要。

如选择审核会议纪要,可审核适航主管提交的内部会议纪要。

如选择发布会议纪要,可直接发布适航主管提交的内部会议纪要。

图 5-27　适航主管编写会议纪要样例图

5.4.3　行动项目管理

行动项目管理模块主要用于管理适航取证过程及适航体系运行中产生的各类行动项目的管理。行动项目管理典型模块示意如图 5-28 所示。本节将从功能描述、角色说明、业务场景三个方面描述该模块的业务实现情况。

图 5-28　行动项目管理典型模块示意图

1）功能描述

行动项目管理主要用于管理会议纪要、问题纪要、信函、审查方评审意见表、不满意通知书、AEG 评审、适航体系审核过程等各种渠道形成的行动项目,通过该模块对行动项目进行分解,落实责任单位和部门,形成临时计划下发执行,收集并审核行动项目完成的交付物,最终关闭行动项目,系统可对所有行动项目进行统计与跟踪。

2)角色说明

行动项目管理模块涉及的角色如下:

(1)适航主管:分解行动项目为临时计划、提交临时计划、关闭行动项目;

(2)临时计划审批人:审批临时计划;

(3)计划员:发布临时计划、调整临时计划;

(4)临时计划负责人:完成临时计划;

(5)临时计划交付物审批人:审批临时计划的交付物。

3)业务场景

(1)行动项目管理业务场景描述:

操作用户角色:适航主管。进入适航信息化系统首页,从系统导航菜单区打开【适航日常工作管理】一级菜单,点击进入二级菜单【行动项目管理】模块,进入功能菜单【行动项目】,可对行动项目进行操作,操作菜单包括分解行动项目、关闭行动项目。如选择分解行动项目,可将行动项目分解为可执行的临时计划;如选择关闭行动项目,可在系统的支持下,关闭行动项目,例如:行动项目达到关闭状态后,系统会提醒适航主管关闭行动项目,适航主管进一步确认后可关闭行动项目,如图5-29所示。

图5-29　行动项目管理样例图

（2）临时计划管理业务场景描述：

a. 操作用户角色：适航主管。进入到适航信息化系统首页，从系统导航菜单区打开【适航日常工作管理】一级菜单，点击进入二级菜单【行动项目管理】模块，有两项功能菜单：【行动项目】、【临时计划】。选择功能菜单【临时计划】，可对临时计划进行操作，操作菜单包括提交临时计划。如选择提交临时计划，可将临时计划提交至临时计划审核人。

b. 操作用户角色：临时计划审批人。进入到适航信息化系统首页，从系统导航菜单区打开【适航日常工作管理】一级菜单，点击进入二级菜单【行动项目管理】模块，选择功能菜单【临时计划】，可对临时计划进行操作，操作菜单包括审核临时计划。如选择审核临时计划并审核通过，则临时计划将提交到计划员。

c. 操作用户角色：计划员。进入到适航信息化系统首页，从系统导航菜单区打开【适航日常工作管理】一级菜单，点击进入二级菜单【行动项目管理】模块，选择功能菜单【临时计划】，可对临时计划进行操作，操作菜单包括发布临时计划、调整临时计划。如选择发布临时计划，可将选择的临时计划下发到临时计划负责人处；如选择调整临时计划，可对临时计划进行调整。

d. 操作用户角色：临时计划负责人。进入到适航信息化系统首页，从系统导航菜单区打开【适航日常工作管理】一级菜单，点击进入二级菜单【行动项目管理】模块，选择功能菜单【临时计划】，可对临时计划进行操作，操作菜单包括处理临时计划、提交临时计划。如选择处理临时计划，可提交交付物，并编写临时计划的完成情况；如选择提交临时计划，可将已经上传交付物的临时计划提交到临时计划交付物审核人审核。

e. 操作用户角色：临时计划交付物审批人。进入到适航信息化系统首页，从系统导航菜单区打开【适航日常工作管理】一级菜单，点击进入二级菜单【行动项目管理】模块，选择功能菜单【临时计划】，可对临时计划进行操作，操作菜单包括审核交付物。如审核交付物，可查阅交付物并进一步审核交付物是否满足要求，如审核通过，则该临时计划自动关闭，临时计划关闭后系统自动判断行动项目是否达到关闭状态，并提醒适航主管行动项目的进展状态。

5.4.4 信函管理

信函管理模块主要用于管理适航取证过程及适航体系运行过程中产生的信函，包括信函文本管理，信函的传递、信函的答复、信函状态统计等。信函管理典型模块示意如图 5-30 所示。本节仅对信函中典型的 TC 审定信函的管理（见

图 5 - 30 中标 * 的模块)进行描述,从功能描述、角色说明、业务场景三个方面描述该模块的业务实现情况。

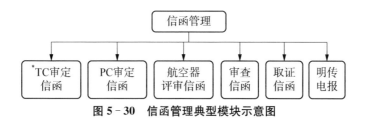

图 5 - 30 信函管理典型模块示意图

1) 功能描述

TC 审定信函子模块主要用于接收审定信函、回复审定信函并关闭审定信函。如果审定信函产生行动项目,相关行动项目纳入行动项目模块跟踪管理,此模块实现审定信函与行动项目的关联关系。

2) 角色说明

(1) 适航主管:接收审查方发送的审定信函、编制审定信函回函;

(2) 专业专题组组长:组织评估审定信函,确定整改措施、审核审定信函的回函。

3) 业务场景

(1) TC 审定信函管理业务场景描述:

a. 操作用户角色:适航主管。进入到适航信息化系统首页,从系统导航菜单区打开【适航日常工作管理】一级菜单,点击进入二级菜单【信函管理】模块后选择功能菜单【TC 审定信函管理】,可对 TC 审定信函进行如下操作:接收审定信函、编写/修改审定信函回函、提交审定信函回函。

选择操作菜单【接收审定信函】,可以批量接收审定信函。审查方发送审定信函后,适航主管在适航信息化首页会收到接收审定信函待办,可直接在首页待办处理,也可在此处批量接收。

选择操作菜单【编写/修改审定信函回函】,对指定的审定信函回复,适航主管编制 TC 审定信函回函样例如图 5 - 31 所示。

选择操作菜单【提交审定信函回函】,提交指定的审定信函回函到审查方,此处提交后会流转至协同工作模块提交审查方。

b. 操作用户角色:专业专题组组长。进入到适航信息化系统首页,从系统导航菜单区打开【适航日常工作管理】一级菜单,点击进入二级菜单【信函管理】后选择功能菜单【TC 审定信函管理】,可在线审核 TC 审定信函回函,操作菜单:

图 5‑31　适航主管编制 TC 审定信函回函样例图

审核审定信函回函。

选择功能菜单审核审定信函回函,可以批量完成审定信函回函的审核,也可针对部分审定信函回函进行处理。适航主管提交审定信函回函后,专业专题组组长会在适航信息化首页收到审核待办,可直接在首页待办处理,也可在此处批量处理。

5.4.5　问题纪要管理

该模块主要用于管理适航取证过程中的问题纪要,包括问题纪要的接收,不同阶段问题纪要的结构化管理。问题纪要管理典型模块示意如图 5‑32 所示。本节将从功能描述、角色说明、业务场景三个方面描述该模块的业务实现情况。

图 5‑32　问题纪要管理典型模块示意图

1）功能描述

问题纪要子模块主要用于在线分阶段生成结构化问题纪要的 4 个部分："问题说明（含背景）""审查组立场""申请人立场"和"结论"，在线接收审查方发送的问题纪要并在线填写问题纪要申请人立场，最终双方达成一致并在线记录结论，关闭问题纪要。

2）角色说明

（1）适航主管：接收问题纪要、编制问题纪要申请人答复、跟踪问题纪要进展；

（2）专业专题组组长：审核问题纪要申请人答复、发布问题纪要汇编。

3）业务场景

（1）问题纪要管理业务场景描述：

a. 操作用户角色：适航主管。进入到适航信息化系统首页，从系统导航菜单区打开【适航日常工作管理】一级菜单，点击进入二级菜单【问题纪要管理】后选择功能菜单【问题纪要】，可接收问题纪要并编制问题纪要申请人答复，操作菜单为：接收问题纪要、编制问题纪要申请人答复。

选择操作菜单接收问题纪要可批量接收问题纪要。审查方发送问题纪要后，适航主管在适航信息化系统首页会收到接收问题纪要的待办，可直接在首页待办处理，也可在此处批量接收，适航主管接收问题纪要样例如图 5‐33 所示。

图 5‐33　适航主管接收问题纪要样例图

选择操作菜单编制问题纪要申请人答复,可以在线编写问题纪要申请人立场并提交专业专题组组长审核。

b. 操作用户角色:专业专题组组长。进入到适航信息化系统首页,从系统导航菜单区打开【适航日常工作管理】一级菜单,点击进入二级菜单【问题纪要管理】,选择功能菜单【问题纪要】,可在线审核适航主管编写的问题纪要申请人立场,操作菜单为:审核问题纪要。

使用操作菜单审核问题纪要,可在线审核问题纪要申请人立场,审核通过或不通过均返回适航主管。

(2) 问题纪要汇编管理业务场景描述:

a. 操作用户角色:专业专题组组长。进入到适航信息化系统首页,从系统导航菜单区打开【适航日常工作管理】一级菜单,点击进入二级菜单【问题纪要管理】,选择功能菜单【问题纪要汇编】,可以查看适航信息化系统根据型号已有问题纪要自动生成的问题纪要汇编清单,专业专题组组长可根据型号需求在线发布问题纪要汇编,操作菜单为:发布问题纪要汇编。

选择功能菜单【问题纪要汇编】后,可以使用【发布问题纪要汇编】发布型号问题纪要汇编手册。适航信息化系统根据型号已有问题纪要自动生成问题纪要汇编清册,专业专题组组长可以根据自动生成的汇编清单进一步确认后发布。

选择操作菜单发布问题纪要汇编后,在线型号问题纪要汇编手册发布后,系统中用户均可查阅问题纪要汇编手册。

5.4.6　问题及意见管理

问题及意见管理子模块主要用于管理适航取证过程中、适航体系运行过程中适航相关的问题及意见进行管理,类型标识为申请方发现问题、审查方发现问题,审查方发现问题主要来自审查方审查中随批准表、评审表提出的问题;该模块对问题及意见进行完整闭环管理。问题及意见管理典型模块示意如图 5-34 所示。本节将从功能描述、角色说明、业务场景三个方面描述该模块的业务实现情况。

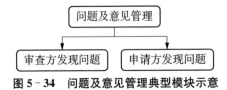

图 5-34　问题及意见管理典型模块示意

1）功能描述

问题及意见管理子模块主要来源于审查方和申请方的问题及意见进行管理。对审查方关注问题、适航取证重大问题、取证工作重要信息等进行管理。该模块对问题的完整闭环流程进行管理，过程包括提出问题、制定整改措施、实施整改措施、确认整改符合性、关闭问题及意见。

2）角色说明

（1）适航主管：接收审查方问题及意见、收集民用航空器主制造商内部取证过程中产生的问题，在系统中创建问题及意见、制定整改措施、关闭问题及意见；

（2）整改措施负责人：实施并完成整改措施。

3）业务场景

（1）审查方发现问题管理业务场景描述：

a. 操作用户角色：适航主管。进入到适航信息化系统首页，从系统导航菜单区打开【适航日常工作管理】一级菜单，点击进入二级菜单【问题及意见管理】，选择功能菜单【审查方发现问题】，可在线管理审查方提出的问题与意见，相关操作菜单为：接收问题及意见、制定整改措施、关闭问题。

选择操作菜单接收问题及意见，可以批量接收问题及意见。审查方发送问题及意见后，适航主管在适航信息化系统首页会收到待办，可直接在首页待办处理，也可在此处批量接收。适航主管接收问题及意见样例如图 5－35 所示。

图 5－35 适航主管接收问题及意见样例图

选择操作菜单制定整改措施,可以在线编写整改措施并指定整改措施负责人,整改措施可以形成行动项目纳入行动项目管理。

选择操作菜单关闭问题及意见,可以在线向审查方申请关闭问题及意见,并将相关整改措施及交付物通过协同管理模块提交审查方。

b. 操作用户角色:整改措施负责人。进入到适航信息化系统首页,从系统导航菜单区打开【适航日常工作管理】一级菜单,点击进入二级菜单【问题及意见管理】,选择功能菜单审查方发现问题,操作菜单为:上传交付物。选择操作菜单上传交付物,可在线提交整改措施交付物。

(2) 申请方发现问题管理业务场景描述:

a. 操作用户角色:适航主管。进入到适航信息化系统首页,从系统导航菜单区打开【适航日常工作管理】一级菜单,点击进入二级菜单【问题及意见管理】,选择功能菜单【申请方发现问题】,有两项操作菜单:创建问题及意见、制定整改措施、关闭问题及意见。

选择操作菜单创建问题及意见,可以在线创建问题及意见。

选择操作菜单制定整改措施,可以在线编写整改措施并指定整改措施负责人,整改措施可以形成行动项目纳入行动项目管理。

选择操作菜单关闭问题及意见,可以在线关闭问题及意见,关闭问题及意见的前提条件为整改措施全部完成。

b. 操作用户角色:整改措施负责人。进入到适航信息化系统首页,从系统导航菜单区打开【适航日常工作管理】一级菜单,点击进入二级菜单【问题及意见管理】,选择功能菜单【申请方发现问题】,操作菜单只有上传交付物,整改措施负责人在线提交整改措施交付物。

5.5　协同工作管理

协同工作管理模块主要搭建了民用航空器主制造商与适航当局的协同工作模式,实现双方数据的在线实时传输与交互共享,以及适航资料的多维度跟踪、统计、分析管理。本节重点讲述申请方与审查方资料传递的协同工作业务内容,围绕资料的提交、接收及统计分析三个核心业务场景进行介绍。

1) 功能描述

建立申请方与审查方协同工作管理模块,双方主要通过该模块完成提交资料和接收资料两大任务。在资料传递过程中,申请方通过协同工作管理模块完成参考类资料提交、批准/认可类资料送审与审查方审批结论的接收,同时可以完成审查方发送资料的接收。

例如 5.2.1 节的 TC 验证取证资料中用于表明符合性的证据文件,比如试验大纲、试验报告等;5.2.2 节的设计更改验证资料,比如证后更改方案等必须得到审查方批准或认可的文件,在民用航空器主制造商内部系统完成签审后,提交至适航信息化系统,直接进入协同工作管理资料提交环节,由适航主管或适航核查工程师编辑相关信息并关联对应验证任务提交后,通过调取适航当局审定协同平台接口将数据传输至对方系统并等待审批结论的反馈,在适航当局审定协同平台成功接收并且审查代表/委任代表完成资料的审批后,通过调取民用航空器主制造商适航信息化系统的接口,将审批结论传递给申请方,申请方成功接收进入协同工作管理资料接收环节,适航主管或适航核查工程师可以对审批信息进行确认,并将结果再反馈给民用航空器主制造商内部原系统,从而实现资料的快速流转与无缝衔接。

有些文件比如 5.2.2 节的设计更改验证管理模块设计更改申请书,此类文件由适航主管在适航信息化系统创建并进行签审,在完成设计更改申请书的内部审批后,进入协同工作管理资料提交环节,编辑信息并完成任务后通过接口传递至适航当局审定协同平台,在适航当局完成受理后,将受理结果通过接口反馈至适航信息化系统,协同工作管理资料接收环节适航主管可以对受理信息进行确认,并根据适航当局的受理结果和意见进行处理,如同意受理并发布受理通知书,则确认后流程结束,如需更改则按审查意见修改,并再次提交。

5.2.1 节的 TC 证验证取证资料、5.2.2 节的设计更改验证资料中除了需审查方批准认可的文件外,还有一些支持性文件需要提交给审查方参考,此类文件大多由适航主管或适航核查工程师在适航信息化系统手动创建,创建成功后直接进入协同工作资料提交环节,编辑相关信息并关联至需要补充参考的主文件,提交并完成任务,通过调取适航当局审定协同平台接口将数据传输至对方系统,在接到对方系统接口反馈成功接收信息后,流程结束,无需等待。如因网络中断或数据等原因,导致接收失败,则返回至协同工作资料提交环节,可进行资料修改并重新提交。

除了民用航空器主制造商主动提交的适航资料,还有一些资料是由审查方主动发起,例如 5.2.1 节的 TC 验证取证任务管理的试验观察报告、5.4.4 节的审定信函资料、5.4.5 节的问题纪要资料等,此类文件由审查方在适航当局审定协同平台创建并发布后,通过接口将数据发送至民用航空器主制造商适航信息化系统,成功接收后适航信息化系统根据业务规则,按照资料的类型进入协同工作管理不同的接收任务环节,按需进行取证管理组组长接收、专业专题组组长接收,最后由适航主管接收并确认资料,完成审查方主发资料的整个接收流程。适航主管根据审查方主发资料的审查要求,按需发起后续协同工作流程,如审查方要求对审定信函进行回函,审查方发起的问题纪要为开口,申请方需进行申请方立场答复等操作。

2)角色说明

(1)适航主管:负责提交资料、接收资料;

(2)适航核查工程师 CVE:负责提交资料给审查方以及接收审查方的资料;

(3)取证管理组组长:负责签收审定信函等资料;

(4)专业专题组组长:负责接收并分派资料。

3)业务场景

(1)资料提交管理业务场景描述:

a. 资料创建。

操作用户角色:适航主管/适航核查工程师 CVE。进入适航信息化系统首页,从系统导航菜单区打开【协同工作管理】一级菜单,点击进入二级菜单【申请方资料管理】,选择功能菜单【我处理的申请方资料】,可以点击【新增】按钮弹出页面选择资料类型,新增资料页面选择资料类型样例如图 5-36 所示。资料类型根据民用航空器主制造商适航自身业务进行层级管理,一级分为适航符合性数据、设计保证、持续适航、型号设计数据、证后数据、其他数据,根据一级资料类型设有对应的二级资料类型。此资料类型层级结构及类型分类,可随着业务的扩展进行新增、调整并定制。

资料类型选择后,弹出资料创建页面,此页面根据资料类型需要填写的信息不同,基本可分类三个标签内容:基本信息(包括资料编号、资料名称、资料版本、其他资料信息)、关联数据、主内容/附件(可上传主内容及附件,支持上传 PDF、Word 等格式文件),完成信息填写后保存创建资料。根据资料类型启动相应的工作签审流程,进行审批。

b. 资料提交。

操作用户角色:适航主管/适航核查工程师(CVE)。进入适航信息化系统首页,在首页待办任务区域,通过切换型号,查看不同型号的待办任务。在待办任务列表中,找到对应的协同工作资料提交任务名称为【待提交审查】的任务并处理。

图 5-36 新增资料页面选择资料类型样例图

根据 4.2.5 节协同工作管理功能方案及图 4-72 适航参考类资料协同管理流程、图 4-73 适航批准/认可类资料协同管理流程,此任务环节资料数据根据资料用途(批准类、认可类、参考类)、资料数据来源及创建方式(民用航空器主制造商内部系统推送的数据、适航信息化系统其他模块提交的数据、适航信息化系统手动创建的数据)进行判断并对页面显示及后续流程流转进行不同设置。

在待提交审查任务页面(见图 5-37),显示资料编号等常规信息、关联数据列表,并设置有编辑资料按钮、打包下载按钮,可以选择设计保证体系授权人员,进行路由的选择并填写意见。重点对编辑资料页面、路由操作按钮说明如下:

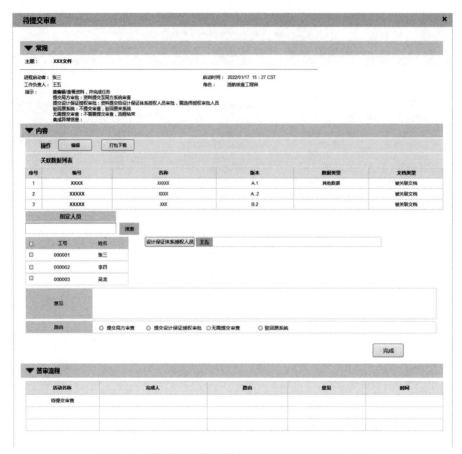

图 5‑37 资料提交管理"待提交审查"任务页面样例图

编辑资料页面设计见图 5‑38,在此页面显示资料编号、资料名称、资料版本信息,适航主管或适航核查工程师可以对资料用途、反馈表资料用途、相关适航条款、阶段、专业专题组、资料类型、关联 CAI 进行编辑。其中,"资料用途"设置有批准类、认可类、参考类,如为需审查方审批的批准类、认可类资料,则数据成功通过接口发送至适航当局适航审定协同平台,需流程等待审查结论的反馈,如为提供给审查方参考类资料,则数据成功通过接口发送至适航当局适航审定协同平台,则流程结束。"关联 CAI"由当前用户进行搜索添加,选择对应的适航验证任务审查活动项 CAI 进行关联,建立适航资料与验证任务的关联关系,便于适航数据的跟踪追溯管理。

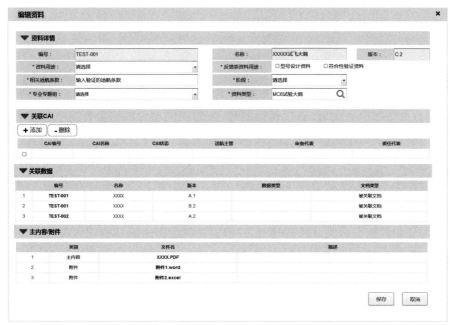

图 5-38 资料提交管理"编辑资料"页面样例图

路由操作按钮设计根据资料数据来源及创建方式不同进行设置,若此文件为民用航空器主制造商内部系统推送至适航信息化系统的数据进入协同工作资料提交管理流程,则路由设置为:提交局方审查、提交设计保证体系授权审批、无需提交审查、驳回原系统。"提交局方审查"即通过接口传递至适航当局适航审定平台进行审批;"提交设计保证体系授权审批"即流转至指定的设计保证体系授权人员进行审批;"无需提交审查"即经适航主管或适航核查工程师审核后确认为不需要审查方审查的文件,流程直接结束并返回结论给原系统;"驳回原系统"即经适航主管或适航核查工程师审核需修改的文件,驳回至原系统并结束流程。如此文件为适航信息化系统其他模块提交的文件进入协同工作资料提交管理流程,则路由设置为:提交局方审查、提交设计保证体系授权审批、驳回。"提交局方审查"即通过接口传递至适航当局适航审定平台进行审批,"提交设计保证体系授权审批"即流转至指定的设计保证体系授权人员进行审批,"驳回"则驳回至文件本身的审批流程。如此文件为适航信息化系统手动创建的文件进入协同工作资料提交管理流程,则路由设置为:提交局方审查、提交设计保证体系授权审批、删除并结束流程、仅结束流程。"提交局方审查"即通过接口传递至适航当局适航审定平台进行审批,"提交设计保证体系授权审批"即流转至指定的设计保证体系授权人员进行审批,"删除并结束流程"则结束当前流程并删除数据,"仅结束流程"则结束当前流程并留存数据。

　　c. 资料接收。

　　操作用户角色:适航主管/适航核查工程师(CVE)。进入适航信息化系统首页,在首页待办任务区域,通过切换型号,查看不同型号的待办任务。在待办任务列表中,找到对应的协同工作资料接收任务名称为【适航主管/CVE确认】的任务并处理。

　　根据第4.2.5节的协同工作管理功能方案及图4-73适航批准/认可类资料协同管理流程,在图5-38"编辑资料"页面中资料用途选择为批准类、认可类的两类资料数据会启动此任务环节,并根据资料数据来源及创建方式(民用航空器主制造商内部系统推送的数据、适航信息化系统其他模块提交的数据、适航信息化系统手动创建的数据)进行判断触发后续操作。

　　根据第4.2.5节的协同工作管理功能方案及图4-74接收适航当局发送资料流程,适航当局适航审定协同平台主发资料发布后通过调取接口将资料发送至民用航空器主制造商适航信息化系统,按照资料类型按需进行取证组组长签收、专业专题组组长签收,流转至适航主管/CVE确认环节。

　　在适航主管/CVE确认任务页面(见图5-39),显示资料编号等常规信息、关联数据列表,按需显示审批结论信息,例如批准/认可类资料接收任务,审批意见为型号资料批准表,则审批结论显示为批准意见,关联数据列表中显示表资料对象,例如设计更改申请书接收任务,审批意见为同意受理,则审批结论为同意受理,关联数据列表显示受理通知书表资料对象,例如接收审查方主发的审定信函,则审批结论为空无需显示,关联数据类别为审定信函本身对象。适航主管/CVE确认资料后,点击提交完成此任务,系统根据资料数据的来源进行不同处理,若此文件为民用航空器主制造商内部其他系统提交的文件,则需要将审批结论及批单信息返回至原系统,若此文件为民用航空器主制造商适航信息化系统创建的文件,则流程直接结束,无需返回结论,若此文件为适航当局主发的审查方资料,则流程直接结束,由适航主管/CVE根据审查方意见,按需发起其他流程,比如对审定信函进行回函。

　　d. 申请方资料查询统计。

　　操作用户角色:相关用户。用户进入适航信息化系统首页,从系统导航菜单区打开【协同工作管理】一级菜单,点击进入二级菜单【资料统计分析】,选择功能

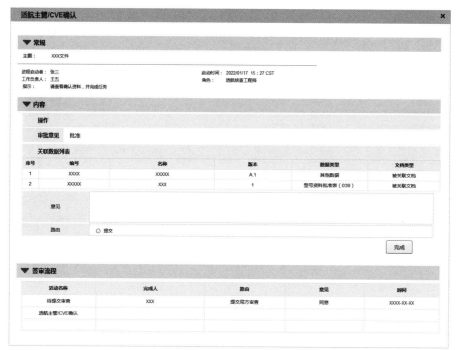

图 5‑39 资料接收管理"适航主管/CVE 确认"页面样例图

菜单【申请方发起资料】,展示申请方资料的统计查询页面如图 5‑40 所示,从申请方发起资料的维度查询统计所有申请方资料及关联的审查方资料。根据查询统计需求,设置查询条件及展示数据列表。查询条件设置有资料编号、资料名称、资料类型、资料来源、创建时间、专业专题组、创建者。其中,资料编号、资料名称支持模糊搜索,资料类型与图 5‑36 新增资料页面类型选择保持一致,资料来源可按需配置适航当局适航审定协同平台、供应商系统、民用航空器主制造商内部产品数据管理平台等,专业专题组按型号配置。查询结果展示有申请方资料编号、申请方资料名称、申请方资料版本、申请方资料类型、当前状态、创建时间、流程追踪、审查方资料编号、审查方资料名称、审查方资料版本、审查方资料类型、专业专题组、适航主管/CVE、资料来源、审查人员。其中,通过流程追踪可以查看适航信息化系统此文件的签审流程,以及通过接口获取适航当局适航审定协同平台此文件的流程,便于用户跟踪文件的完整流程状态信息。

同时,设置有导出功能,支持导出 EXCEL 格式的统计分析结果,导出文件的信息按照业务统计需求进行设置。

图 5‑40　协同管理申请方资料查询统计页面

e. 审查方资料查询统计。

操作用户角色:相关用户。用户进入适航信息化系统首页,从系统导航菜单区打开【协同工作管理】一级菜单,点击进入二级菜单【资料统计分析】,选择功能菜单【审查方发起资料】,展示审查方资料的统计查询页面如图 5‑41 所示,从审查方发起资料的维度查询统计所有审查方资料及对应的关联申请方资料。根据查询统计需求,设置查询条件及展示数据列表。查询条件设置有资料编号、资料名称、资料类型、创建时间、专业专题组、审查人员。其中,资料编号、资料名称支持模糊搜索,资料类型与适航知识管理模块审查方资料类型保持一致,专业专题组按型号配置。查询结果展示有审查方资料编号、审查方资料名称、审查方资料版本、审查方资料类型、当前状态、创建时间、流程追踪、申请方资料编号、申请方资料名称、申请方资料版本、申请方资料类型、专业专题组、适航主管/CVE、资料来源、审查人员。其中,通过流程追踪可以查看适航信息化系统此文件接收流程。

同时,设置有导出功能,支持导出 Excel 格式的统计分析结果,导出文件的信息按照业务统计需求进行设置。

适航信息化系统

用户：XXX，欢迎登陆！|修改密码| 帮助中心

首页　适航取证过程管理　适航体系管理　适航日常工作管理　协同工作管理　适航知识管理

首页 适航取证过程管理| TC证取证过程管理

型号A 型号B 型号C

资料编号		资料名称		资料类型	
专业专题组		创建时间	至		查询 重置
审查人员					

-功能菜单-
申请方发起资料
审查方发起资料

-操作菜单-
导出EXCEL

序号	审查方资料编号	审查方资料名称	审查方资料版本	审查方资料类型	当前状态	创建时间	流程追踪	申请方资料编号	申请方资料名称	申请方资料版本	申请方资料类型	专业专题组	适航主管	资料来源	审查人员
1	XXX	XX	A.1	其他数据	编制中	XXX						EE	XXX	适航系统	
2	XXX	XX	A.1	技术文件	局方审核中	XXX						SS	XXX	产品数据管理系统	
3	XXX	XX	A.1	MC8试飞大纲	已关闭	XXX		XX	XX	1	型号资料批准表039	EE	XXX	适航系统	XX
4															
5															
6															
7															
8															
9															
10															

显示1到10项结果，共22项，每页显示10 项结果

1 2 3

图 5 - 41　协同管理审查方资料查询统计页面

5.6　适航知识管理

适航知识管理包括适航规章管理、适航知识积累、适航知识利用、案例库。

本节重点介绍适航规章管理、适航知识积累、适航知识利用内容，案例库将不做介绍。

1）功能描述

适航知识管理实现对在适航取证过程中产生的大量文档数据包括申请方和适航当局数据以树形结构进行知识积累与利用，形成适航分类知识，同时支持适航规章管理功能。

本节介绍的适航知识管理模块包括适航规章管理、适航知识积累、适航知识利用子模块，适航知识管理模块功能如图 5 - 42 所示。

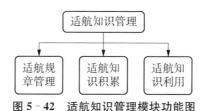

图 5 - 42　适航知识管理模块功能图

适航规章管理以适航规章知识结构和业务工作需求为中心,把适航规章相关知识当作一种资源,供相关人员查阅,包括文件管理、文件浏览、留言板、码表管理功能。

适航知识积累对各取证过程中形成的取证资料、取证经验进行自动沉淀和手动维护。定义适航知识结构树,为自动沉淀奠定脉络,相关知识分类包括:

（1）适航数据管理中申请方数据分类:

a. 适航符合性数据

包括审定基础、PSCP、CP、符合性方法表、问题纪要申请人立场、MC0 符合性声明、MC1 说明性文件、MC2 分析计算、MC3 安全评估、MC4 试验室试验大纲、MC4 试验室试验报告、MC5 机上地面试验大纲、MC5 机上地面试验报告、MC6 试飞大纲、MC6 试飞报告、MC7 机上检查大纲、MC7 机上检查报告、MC8 模拟器试验大纲、MC8 模拟器试验报告、MC9 设备鉴定试验大纲、MC9 设备鉴定试验报告、各类试验涉及的试验件制造符合性检查、试验前制造符合性检查。

b. 证件数据

包括证件名称及编号、证件涉及的型号代码、证件申请书、证件受理通知书、证件受理评估意见、证件申请与颁证时间、证件审查方等。

c. 函件

信函类别:取证信函、各类回函、其他信函。

d. 型号设计数据

包括构型清册（最终构型）、图纸、技术规范、飞行手册、材料规范、工艺规范、持续适航文件。

e. 体系资料

包括体系手册和程序文件。

f. 适航过程管理数据

包括制造符合性检查请求单、制造符合性声明、制造符合性检查不满意项答复表、制造符合性检查计划、制造复合性检查预检查记录表、型号资料评审表的答复单、技术交流会通知、技术交流会记录、制造符合性检查清单。

（2）适航数据管理中审查方数据分类:

包括审查会议通知、审查会议纪要、审定信函、审查方关注问题、问题纪要、型号检查核准单（TIA）、TIR、制造符合性检查请求单、制造符合性检查记录表、制造符合性检查不满意项通知、适航批准标签、委任代表授权书、委任代表评估表、试验观察报告、试验问题记录单、型号资料批准表、型号资料评审表、型号合格证/设计批准书数据、审定信函、审查信函、协调函、各类回函、其他信函；

适航知识利用主要为各适航人员提供便利的知识利用渠道，包括知识订阅、知识检索功能。

2）角色说明

（1）适航知识管理员：定义适航知识树，审核并发布知识，调整已有知识分类；

（2）普通角色：查询、点评适航知识，填写适航知识，对各种适航规章数据信息浏览、查询、下载，可使用检索、查看等功能；

（3）适航规章管理员：维护用户、权限信息；维护基础码表信息（即定义类型的层级关系），维护适航规章信息，系统相关事务的管理，并对全局情况的监管。

3）业务场景

（1）适航规章管理业务场景描述：

a. 操作用户角色：适航规章管理员。进入到适航信息化系统首页，从系统导航菜单区打开【适航知识管理】一级菜单，点击进入二级菜单【适航规章管理】模块，选择功能菜单【文件管理】，可对相关规章、局方研究文件等进行操作，操作菜单包括新增、编辑、关联、删除等选项。文件管理功能样例如图5-43所示。

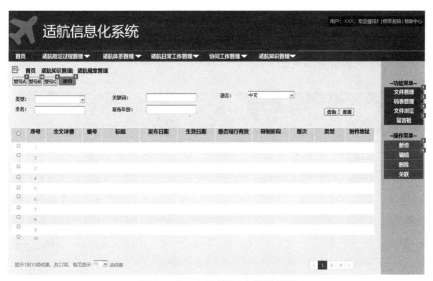

图5-43 文件管理功能样例图

b. 操作用户角色：适航规章管理员。进入到适航信息化系统首页，从系统导航菜单区打开【适航知识管理】一级菜单，点击进入二级菜单【适航规章管理】模块，选择功能菜单【码表管理】,可对适航规章结构树进行层级定义等进行操作,操作菜单包括新增、编辑、停用、删除等选项。码表管理功能样例如图 5 - 44 所示。

图 5 - 44　码表管理功能样例图

　　c. 操作用户角色:通用角色。进入到适航信息化系统首页,从系统导航菜单区打开【适航知识管理】一级菜单,点击进入二级菜单【适航规章管理】模块,选择功能菜单【文件浏览】,可对相关规章、局方研究文件等进行查询、查看、下载。文件浏览功能样例如图 5-45 所示。

图 5 - 45　文件浏览功能样例图

d. 操作用户角色:适航规章管理员。进入到适航信息化系统首页,从系统导航菜单区打开【适航知识管理】一级菜单,点击进入二级菜单【适航规章管理】,选择功能菜单【留言板】,可对留言板等进行操作,操作菜单包括新增、编辑、删除等选项。留言板功能样例如图5-46所示。

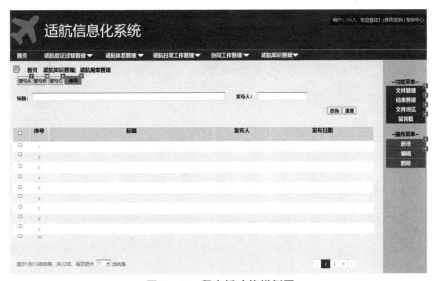

图 5-46　留言板功能样例图

e. 操作用户角色:通用角色。进入到适航信息化系统首页,从系统导航菜单区打开【适航知识管理】一级菜单,点击进入二级菜单【适航规章管理】模块,选择功能菜单【留言板】,可对留言板等进行新增、查看。

(2) 适航知识积累。

a. 操作用户角色:适航知识管理员。进入到适航信息化系统首页,从系统导航菜单区打开【适航知识管理】一级菜单,点击进入二级菜单【适航知识积累】模块,选择功能菜单【知识树管理】,可对知识树层级等进行新增、删除、修改操作,可对适航知识进行审批操作。适航知识树管理功能样例如图5-47所示。

b. 操作用户角色:通用角色。进入到适航信息化系统首页,从系统导航菜单区打开【适航知识管理】一级菜单,点击进入二级菜单【适航知识积累】模块,选择功能菜单【知识树管理】,可对适航知识等进行查询、新增、删除、点评等操作。

c. 操作用户角色:适航知识管理员。进入到适航信息化系统首页,从系统

图 5-47　适航知识树管理功能样例图

导航菜单区打开【适航知识管理】一级菜单,点击进入二级菜单【适航知识积累】模块,选择功能菜单【适航取证数据管理】,可对取证数据等进行类型更新、点评等操作。适航取证数据管理功能样例如图 5-48 所示。

图 5-48　适航取证数据管理功能样例图

　　d. 操作用户角色:通用角色。进入到适航信息化系统首页,从系统导航菜单区打开【适航知识管理】一级菜单,点击进入二级菜单【适航知识积累】模块,选择功能菜单【适航取证数据管理】,可对取证数据等进行查询。

(3) 适航知识利用。

操作用户角色:通用角色。进入到适航信息化系统首页,从系统导航菜单区打开【适航知识管理】一级菜单,点击进入二级菜单【适航知识利用】模块,可对适航知识等进行全文检索,订阅、点评等。适航知识利用功能样例如图 5-49所示。

图 5-49　适航知识利用功能样例图

6　结束语

6.1　基于 5G、大数据、人工智能等新技术应用的思考

民用航空器主制造商基于现阶段最新信息化技术所设计与开发的适航信息化系统，为提升民用航空器主制造商适航业务工作管理效率、缩短民用航空器型号研制周期、降低制造成本等奠定了基础；为有效管控型号适航取证过程、积聚型号适航取证知识、快速检索适航符合性证据、精准获取型号研制所需适航业务案例提供了有效的方法与工具；是信息化技术与民用航空器型号研制工作有机融合的实践成果，是中国民机产业发展必不可少的基石，将不断跟随科学与技术的发展改进与完善。

本书基于现阶段对民用航空器研制的认知基础，分析与描述的适航业务过程的流程尚处于第一层级，未能进一步细化至深层次并形成流程的标准化管理方法；所采用的信息化技术，以管理结构化数据为主，且基于有线网络传输；所管理的数据尚未达到高效存储和充分精准利用的程度。随着 5G、大数据、云计算和人工智能等技术的发展与应用，有必要探索思考这些技术对民用航空器型号研制与使用过程中适航业务的支撑作用，进一步改进与完善适航信息化系统的功能，提升其作用，更好地服务与促进中国民机产业的发展。

1）应用 5G 提升数据传输效率

移动通信延续着每 10 年一代技术的发展规律，已历经 1G、2G、3G、4G 的发展。每一次代际跃迁，每一次技术进步，都极大地促进了产业升级和经济社会发展。从 1G 到 2G，实现了模拟通信到数字通信的过渡，移动通信走进了千家万户；从 2G 到 3G、4G，实现了语音业务到数据业务的转变，传输速率成百倍提升，促进了移动互联网应用的普及和繁荣。当前，移动网络已融入社会生活的方方

面面,深刻改变了人们的沟通、交流乃至整个生活方式。4G网络造就了繁荣的互联网经济,解决了人与人随时随地通信的问题。

5G作为一种新型移动通信网络,不仅能解决人与人通信,为用户提供增强现实、虚拟现实、超高清(3D)视频等更加身临其境的极致业务体验,更能解决人与物、物与物通信问题,满足移动医疗、车联网、智能家居、工业控制、环境监测等物联网应用需求。5G将渗透到经济社会的各行业各领域,成为支撑经济社会数字化、网络化、智能化转型的关键新型基础设施。

应用5G解决人与物、物与物通信问题,可在适航信息化系统管控的适航业务过程中,借助前端工具采集数据,以无线的方式传输数据至系统,从而提升数据传输效率。如制造符合性检查的过程,通过某种移动工具(如手机),从适航信息化系统中提取检查的要求,对照实物实施检查。检查就是不断检测实物数据、对比检查要求并形成是否符合要求的检查记录的过程,所有的数据实时传输回适航信息化系统,在系统中自动生成制造符合性检查记录表,同时传输至相关人员。同理,可以建立适航符合性验证试验过程、试飞试验过程数据采集与传输的通讯模式。民用航空器主制造商可进一步深入地梳理类似的应用场景,分析5G的应用点、范围与方式,提出适航信息化系统基于5G的优化方案并实施。

2) 应用云计算共享、处置与存储海量数据

云计算(cloud computing)是分布式计算的一种,指的是通过网络"云"将巨大的数据计算处理程序分解成无数个小程序,然后,通过多部服务器组成的系统进行处理和分析这些小程序,得到结果并返回给用户。早期的云计算,就是简单的分布式计算,解决任务分发,并进行计算结果的合并。通过这项技术,可以在很短的时间内(几秒钟)完成对数以万计的数据的处理。现阶段的云计算,是分布式计算、效用计算、负载均衡、并行计算、网络存储、热备份冗杂和虚拟化等计算机技术混合演进并跃升的结果。云计算的核心概念就是以互联网为中心,在网站上提供快速且安全的云计算服务与数据存储,让每一个使用互联网的人都可以使用网络上的庞大计算资源与数据中心。云计算就是可以将很多的计算机资源协调在一起,因此,用户通过网络就可以获取到无限的资源,且获取资源的操作不受时间和空间的限制。

结合民用航空器型号研制周期长、适航取证的验证方法众多、涉及人员数量巨大、过程任务交叉重复、产生验证数据庞杂等特点,民用航空器投入航线运行后,每次飞行的飞行数据都要记录、处理并长期存储,其数据量随飞机的数量不断积累,同时,民用航空器运行后开展的各类定期检查维修、航线维修等产生的

数据也都要记录、处理并长期存储,其数据量随飞机的数量不断积累,如此海量数据的存储与处理仅靠民用航空器主制造商自身建立的信息系统硬件设施,显然会严重不足,因此,民用航空器主制造商需研究如何充分应用快速且安全的云计算服务与数据存储的技术可实现性,建立集产品研制过程数据、运行过程数据和维修过程数据为一体的应用云计算的收集、处理与存储机制,纳入自身的信息化建设方案中,分步骤实施,以确保民用航空器的适航性可追溯,发生事故时,可以为事故调查提供数据支持;同时,实现与民用航空器运营人共享的数据存储空间,支持其飞行与定检维修数据的存储与利用。

3) 应用大数据快速挖掘适航知识

依据维基百科的定义,大数据是一个复杂而庞大的数据集,以至于很难用现有的数据库管理系统和其他数据处理技术来采集、存储、查找、共享、传送、分析和可视化。

全球知名咨询公司麦肯锡最早提出"大数据"时代的到来,他认为:数据,让一切有迹可循,让一切有源可溯。我们每天都在产生大数据,创造大数据和使用大数据,对海量数据进行存储、计算、分析、挖掘处理,就需要依赖大数据技术。

结构化数据就是可以整齐地列入由行、列组成的图表或多维矩阵的数据。这是计算机存储数据的传统方式,以这种格式存储的信息可以轻松便捷地加以处理和挖掘,以获得深度信息。从机器系统收集的数据通常是结构化数据的典型例子,其中各种不同的数据——速度、温度、故障率、RPM 等,都可以整齐地记录和列表以进行分析。

非结构化数据就是那些不能简便地放入常规图表中的数据。这类数据包括视频数据、图片、所记录的声音曲线、人类语言书写的文字以及大量其他数据,这类非结构化数据中包含着大量有价值的信息。从传统上意义上讲,计算机一般是用来读取和分析结构化信息的,很难从这类数据中抽取深度信息。因此,人们正处于开发能够理解非结构化数据应用的艰苦努力中,已经开发出较为成熟的视觉识别、自然语言处理等应用。

本书中描述的适航业务过程中产生的大部分数据可采用结构化方法存储与处理,而同时产生的大量视频数据、图片、所记录的声音曲线等数据无法采用结构化存储与处理。亟待开发能够理解并转换此类数据的识别软件,以提取有效的证明适航符合性的数据。

数据挖掘是一种从数据中发现深度信息的过程。就大数据而言,因为其规模如此之大,所以对大数据的挖掘一般是以自动计算方式完成的,并采用诸如决策树、集群分析以及最近出现的机器学习等方法来开展。推荐使用MapReduce,其为一种编程模型,用于大规模数据集(大于 1TB)的并行运算,由两部分组成,Map(映射)和 Reduce(归约),是从函数式编程和矢量编程的语言里借鉴而来的特性。采用此编程模型,可使编程人员在不会分布式并行编程的情况下,将自己的程序运行在分布式系统上。当前的软件实现是指定一个 Map(映射)函数,用来把一组键值对映射成一组新的键值对,指定并发的 Reduce(归约)函数,用来保证所有映射的键值对中的每一个共享相同的键组,其用途为大规模数据集的并行运算,实际应用于大规模的图形处理和文字处理算法。

本书描述中的适航知识体系中,管理了大量的文字信息,作为提供适航知识服务,简单的搜索、查询是无法满足用户从数据中发现深度信息的需求。民用航空器主制造商收集积累数据的有效利用是强壮民机产业的关键所在,可借助于大数据技术开发出适航知识数据挖掘的方法与模式,为持续改进与提升适航知识的利用效率而改进优化适航信息化系统。

本书描述的适航业务中,存在大量依赖责任人的经验实施判定适航符合性的过程,这些过程的数据也可积累形成大数据,在应用大数据技术开展深入分析的基础上,构建判定模型,推送积累数据支撑责任人做出科学的判定。如执行设计保证系统的独立核查功能,可尝试采用大数据分析方法,运用其可视化分析和数据挖掘理论,针对适航独立核查的对象(符合性声明和型号相关文件及相关信息)、内容(符合性声明的有效性和型号相关文件的符合性及相关信息)、方法(说明、分析、计算和试验等及相关信息)、时间(准时、提前、延后)、核查者(资质、经验、误判率)、核查结论(通过、反馈意见及接受率)等,构造支撑适航独立核查的大数据知识数据库,形成标准语句、标准流程、标准处置方法、标准应用场景,以此开发适航独立核查的智能系统,支撑型号研制适航取证工作。

4) 应用人工智能实现远程协同工作

人工智能是研究开发能够模拟、延伸和扩展人类智能的理论、方法、技术及应用系统的一门新的技术科学,研究目的是促使智能机器会听(语音识别、机器翻译等)、会看(图像识别、文字识别等)、会说(语音合成、人机对话等)、会思考(人机对弈、定理证明等)、会学习(机器学习、知识表示等)、会行动(机器人、自动驾驶汽车等)。

从 1956 年起,人工智能的发展经历了起步发展、反思发展、应用发展、低迷发展、稳步发展的五个时期,从 2011 年起人工智能进入了蓬勃发展的第六个时期。随着大数据、云计算、互联网、物联网等信息技术的发展,泛在感知数据和图形处理器等计算平台推动以深度神经网络为代表的人工智能技术飞速发展,大幅跨越了科学与应用之间的"技术鸿沟",诸如图像分类、语音识别、知识问答、人机对弈、无人驾驶等人工智能技术,实现了从"不能用、不好用"到"可以用"的技术突破,迎来爆发式增长的新高潮。当前的人工智能系统在信息感知、机器学习等"浅层智能"方面进步显著,产生了数量众多的人工智能前端产品,如穿戴设备,以可视化形式进入各类场景,真实体验场景行动,在 5G 网络的基础上,支撑了远程沉浸式教学互动、远程开展医疗手术等。目前,人工智能正在向概念抽象和推理决策等"深层智能"方面攻坚克难。

民用航空器型号研制中适航业务贯穿在整个研制过程的方方面面,按照国际惯例所采用的"主制造商＋供应商"模式,致使跨越地域遍布世界的供应商与主制造商共同研制一款型号,适航业务还涉及设计国、制造国、使用国的不同的适航当局,协同工作至关重要。可采用人工智能技术支撑协同这种最直接、最经济的工作方式,可研究远程沉浸式教学互动模式与适航业务异地多方的协同互动的相似性,探索融入人工智能技术的可行性与可能性,制定分步实施的具体方案,以提升协同工作的信息化管理效能。远程开展试验目击和制造符合性检查,亦可探讨使用人工智能技术实现的方法与模式,纳入适航信息化系统改进。

新技术不断推陈出新,紧跟信息时代的发展方向,不断挖潜更新知识基础,探索新技术的应用途径,促进适航信息化系统的改进、优化、完善,才能为民用航空器主制造商创造研制成功、商业成功的奇迹。

6.2　中国民用航空局 2022 年新发布适航程序的对比分析

本书所描述的民用航空器主制造商开展适航取证业务,均基于 2017 年 7 月 1 日生效的 CCAR - 21 - R4《民用航空产品和零部件合格审定规定》的要求。中国民用航空局编制有适航管理程序进一步细化和明确这部规章的要求,最初规划了型号合格证审定、生产许可证审定、适航证审定、材料零部件设备审定程序,分别编号为 AP 21 - 03、AP 21 - 04、AP 21 - 05、AP 21 - 06。而 2019 年 8 月 21 日,中国民用航空局航空器适航审定司发布通知,明确基于 CCAR - 21 管理程序的具体内容,将管理程序分为"设计""生产""单机""认可"和"管理"五种类别,逐步修订并发布新编号的管理程序。

在编制本书时,按新编号发布的管理程序,"设计"类的有替代《民用航空材料、零部件和机载设备的合格审定程序》(AP - 21 - 06R3)的《技术标准规定项目批准书合格审定程序》(AP - 21 - AA - 2020 - 12)和《零部件制造人批准书合格审定程序》(AP - 21 - AA - 2020 - 13);"生产"类的有替代《生产批准和监督程序》(AP－21－AA－2010－04R4)的《生产批准和监督程序》(AP－21－AA－2019－31)和替代《轻型运动航空器生产批准及适航审定程序》(AP－21－AA－2015－23)的《轻小型航空器生产许可及适航批准审定程序》(AP－21－AA－2019－32)。而本书完成初稿尚未出版时,新发布了如下程序:替代《航空器型号合格审定程序》(AP－21－AA－2011－03－R4)的《型号合格审定程序》(AP－21－AA－2022－11)、替代《补充型号合格审定程序》(AP－21－14)和《进口民用航空器重要改装设计合格审定程序》(AP－21－15)的《民用航空产品补充型号合格证和改装设计批准书合格审定程序》(AP－21－AA－2022－14)、替代《仅依据型号合格证生产的审定和监督程序》(AP－21－08)的《依据型号合格证生产的监管程序》(AP－21－AA－2022－33)、替代《民用航空发动机失效、故障和缺陷信息处理程序(暂行)》(AP－21－16)的《民用航空产品和零部件故障失效和缺陷报告处理程序》(AP－21－AA－2022－16R1)、替代《批准放行证书/适航批准标签的使用程序》(AP－21－10)的《"批准放行证书/适航批准标签"的签发与管理程序》(AP－21－AA－2022－52)、替代《民用航空器及其相关产品适航审定程序》(AP－21－AA－2008－05R2)的《民用航空器适航批准程序》(AP－21－AA－2022－51)。另,《民用航空器国籍登记管理程序》(AP－45－AA－2008－01R3)更新为《民用航空器国籍登记管理程序》(AP－45－AA－2022－01R4);《生产批准和监督程序》(AP－21－AA－2019－31)更新为《生产批准和监督程序》(AP－21－AA－2022－31R)。

上述新编号发布程序中,本书未涉及《民用航空发动机失效、故障和缺陷信息处理程序(暂行)》(AP－21－16)的内容,其他新编号发布程序对本书的影响与依据新编号发布程序的处理方式分别描述于后。

1)《型号合格审定程序》(AP－21－AA－2022－11)替代《航空器型号合格审定程序》(AP－21－AA－2011－03－R4)

本程序为型号合格证(TC 证)的程序,在新编号发布程序中列出的此次修订内容如下:①将其产品类型适用范围扩展到包括航空发动机和螺旋桨在内的全部民用航空产品,并且将原《轻型运动航空器生产批准及适航审定程序》中的型号合格审定简化程序也纳入其中;②落实《民用航空产品和零部件合格审定规定》(CCAR－21)第四次修订版的相关要求,如初级类、限用类和轻型运动类航空器的型号设计批准证件为型号合格证;③将型号合格审定阶段划分进行了调整,阶段划分从项目申请提交开始。取消了老编号发布程序中的审查组在型号合格审定的每个阶段应进行阶段评估的规定,阶段划分仅用于了解项目所处状态和各个阶段的主要工作事项;④增加了专门的审定流程章节,简化了正文内容,将一些技术内容调整到附录中;⑤增加了使用基于风险的方法来确定审查方审查重点和方式方法的内容;⑥落实了上次修订以来所颁发适航系统内部职责分工文件精神;⑦对需要成立型号合格审定委员会(TCB)的项目进行了调整。不成立 TCB 的项目,由审查组承担相应的 TCB 职能。对于地区管理局负责项目,民航局适航管理部门视情派员作为"政策协调员"参加 TCB;⑧增加了 TCB 年度会议的要求,年度会议可与首次、审定飞行试验前或最终会议结合进行。

仅从上述修订内容描述来看,本书涉及有三方面的更改,分别为:

(1) 重新划分型号合格审定阶段(修订内容③);

(2) 增加专门的审定流程章节(修订内容④);

(3) 增加基于风险的审查方审查(修订内容⑤)。

从新编号发布程序的内容看,本书涉及有以下更改:

(4) 程序第 2 章定义中部分术语更改;

(5) 使用表单编号更改(除批准放行证书/适航批准标签的表号不变外);

(6) 增加了对适航核查工程师的评估要求;

(7) 细化了证后的管理内容;

(8) 其他,有新增的内容,如,型号合格证的转让;也有补充细化的一些要求,如,明确已批准设计保证系统的申请人,在申请新型号合格证时,只评审设计保证系统针对新型号的内容。

以下针对上述内容详述本书的处理方式。

(1) 重新划分了型号合格审定阶段

新编号发布程序重新划分了型号合格审定阶段,新的阶段划分从申请到颁证,审定过程包括五个阶段:阶段一,项目受理和启动;阶段二,要求确定;阶段三,符合性计划制定;阶段四,符合性确认;阶段五,颁证。另外再加上证后阶段。老编号发布程序也分为五个阶段:概念设计阶段、要求确定阶段、符合性计划制定阶段、计划实施阶段和证后阶段。与老编号发布程序相比,取消了概念设计阶段,衍变为阶段一,实质由原来提前开始熟悉项目改到申请方提交申请后开始,工作内容未变化;阶段二、阶段三的名称和工作内容均与原阶段划分相同;阶段四的名称由计划实施改为符合性确认,其中的部分工作内容移入阶段五;增加了名称为颁证的阶段五,工作内容是移入了原来计划实施阶段里的部分内容;证后阶段不再归入审定阶段里,并取消了每阶段结束前需开展转阶段评估的要求,这些要求列为阶段关闭条件。按上述对比分析,阶段划分的变化并不影响本书的对 TC 证取证业务流程的分析,无需修改。在此列出新编号发布程序的审定阶段划分,如表 6-1 所示。本书第 2 章中关于原审定阶段描述及转阶段评估的业务过程分析均保留,在适航信息化系统中依据业务过程分析内容开发的阶段评估报告管理模块已删除。

表 6-1 新编号程序 AP-21-AA-2022-11 中审定阶段划分

阶段	一	二	三	四	五	
描述	项目受理和启动	要求确定	符合性计划制定	符合性确认	颁证	证后
主要内容	1) 申请 2) 受理 3) 一般熟悉性介绍	1) 首次 TCB 会议 2) 审查组熟悉性会议	1) 审查审定计划 2) 确定审查方审查重点和方式方法	审查组对申请人的符合性表明工作进行验证	1) 最终 TCB 会议 2) 颁证	1) 设计更改 2) 持续适航问题 3) 设计保证系统持续监督
关闭条件	1) 受理申请 2) 组建 TCB 和审查组	1) 审查组完成技术熟悉工作 2) 初步确定审定基础 3) 相关问题纪要起草	完成审定计划或专项合格审定计划	完成审查方验证和确认工作(文件评审、试验目击、审定飞行试验等)	1) 完成型号审查报告 2) 颁发型号合格证	不适用

(2) 增加专门的审定流程章节

新编号发布程序的第 3 章为审定流程,以审定阶段划分、申请、受理、一般熟悉性介绍、组建型号合格审定委员会(TCB)、组建审查组、召开首次 TCB 会议、确定审定基础、审定计划的审查、确定审查方审查重点和方式方法、制定制造符合性检查计划、完成审定计划或专项合格审定计划、符合性验证和确认、设计保证系统的要求和审查、最终 TCB 会议、型号合格证的颁发、完成型号合格审定总结报告、完成型号检查报告和证后管理为标题,分 19 个小章节详细描述了审定过程的要求。新编号发布程序中所提出的要求,与老编号发布程序无大的差异,均为细化流程及要求,故本书第 2 章中关于 TC 证的相关流程不受影响,无需修改。而关于设计保证系统的要求和审查、证后管理这两章节与老编号发布程序有差异,在后续(6)(7)中说明。

(3) 增加基于风险的审查方审查

新编号发布程序第 6 章为审查过程的技术管理,分为确定审查方审查重点和方式方法以及技术争议解决机制两章节描述。在确定审查方审查重点和方式方法中,按基于风险的方法、确定审查方直接审查(含委任代表审查)的内容、风险要素、风险等级划分与审查方审查范围和深度、审查代表和委任代表的工作范围界定、审查方直接审查范围和深度的决策流程等六方面详细说明了审查方如何基于风险确定审查重点和方式方法,确定的结果在审定计划中体现,即审查方保留全部审查的权利,可依据对型号合格审定项目的风险等级划分选择介入审查的范围与程度。简单而言,若某型号合格审定项目仅编制一份 CP,CP 中共计 10 项任务,如果不采用基于风险的方法,这 10 项任务的审查责任人都是审查方代表或委任代表;如果采用基于风险的方法,有可能这 10 项任务的审查责任人都不是审查方代表或委任代表,而由申请方设计保证系统行使权利的人员承担。在本书描述的流程中,设置有团队管理功能,不仅管理申请方的团队成员,也管理审查方的团队成员,在给团队成员配置验证任务时可依据审查方确定的介入程度匹配所确定的责任人。适航信息化系统功能方案中增加设置对验证任务进行风险等级标识的功能。

(4) 程序第 2 章定义中部分术语更改。

新编号发布程序中第 2 章中定义了 29 条术语,本书 2.3.1.1 节引用自老编号发布程序的术语,均按新编号发布程序修订。表 2-2 符合性方法说明表列出的符合性方法未修改,在此列出新的符合性方法如表 6-2 所示。

表 6-2 (AP-21-AA-2022-11)符合性方法说明

符合性类型	符合性方法	使用说明	相关符合性文件
工程评估	MC0: 符合性说明 引用型号设计文件选择方法、系数等定义	通常在符合性记录文件中直接给出	型号设计文件记录的声明
	MC1:设计评审	如技术说明,安装图纸,计算方法,技术方案,航空器飞行手册……	说明 图纸
	MC2:分析/计算	如载荷、静强度和疲劳强度,性能,统计数据分析,与以往型号的相似性……	分析/计算验证报告
	MC3:安全评估	如功能危害性评估(FHA)、系统安全性分析(SSA)等用于规定安全目标和表明已经达到这些安全目标的文件	安全分析

（续表）

符合性类型	符合性方法	使用说明	相关符合性文件
试验	MC4:试验室试验	如静力和疲劳试验,环境试验…… 试验可能在零部件、分组件和完整组件上进行	试验大纲 试验报告 试验分析
	MC5:相关产品上的地面试验	如旋翼和减速器的耐久性试验,环境等试验……	
	MC6:飞行试验	规章明确要求时,或用其他方法无法完全表明符合性时采用	
	MC8:模拟器试验	如评估潜在危险的失效情况,驾驶舱评估……	
检查	MC7:工程符合性检查	如系统的隔离检查,维修规定的检查……	检查报告
设备鉴定	MC9:设备鉴定	设备的鉴定是一种过程,它可能包含上述所有的符合性方法	

（5）使用表单编号更改。

新编号发布程序中附表共计 17 张,除批准放行证书/适航批准标签的表单编号保持 CAAC 表 AAC-038 不变外,其余均修改为表-21-×××-2022。老编号发布程序中附表共计 20 张,新编号发布程序取消了老编号发布程序中型号设计批准书 CAAC 表 AAC-049、委任工程代表型号资料审查表 CAAC 表 AAC-208 和制造符合性检查不满意项通知书 CAAC 表 AAC-264。本书的描述中已删除了审查方的表单编号。本书是按 CCAR-21-R4 编写的,未包括型号设计批准书的相关内容,取消该证件及编号本书不受影响,无需修改。在验证资料提交审查方审批时设置了区分审查代表与委任代表的功能,暂保留此功能,后台推送批准表时不再区别审查代表和委任代表。取消制造符合性检查不满意项通知书 CAAC 表 AAC-264 后,审查方采用信函的方式反馈在实施制造符合性检查过程中发现的不满意项,故在信函管理模块中增加信函作为传递制造符合性检查过程中发现的不满意项作用的属性。

（6）增加了对适航核查工程师的评估要求。

新编号发布程序在 3.14 章节设计保证系统的要求和审查中,增加了对适航核查工程师的评估要求与过程。本书设置有对适航核查工程师的资质管理功能，将新编号发布程序所提的适航核查工程师的评估要求纳入该管理功能中，同时增加协同工作管理中此评估过程的交互控制功能。

（7）细化了证后的管理内容。

新编号发布程序细化的证后管理内容，主要是三方面：①证后设计更改的监控和制造与使用中工程问题处理；②持续适航工作；③设计保证系统持续监督。这三方面的内容均在本书中有相应章节描述，细化的内容与本书的描述不冲突。

（8）其他。

新编号发布程序增加了第8章证件的管理，主要是描述型号合格证转让事宜，包括在国内转让和向国外转让，均做了详细的描述。而CCAR-21.47条转让性中明确的是权益转让，不是证件转让，规章与程序不协调，而依国际惯例TC证可以转让。本书没有描述TC证转让的流程，仅依据CCAR-21.47条描述了TC证不可转让，可转让权益。故本书保留原有的描述，不增加新编号发布程序中第8章型号合格证转让流程管理功能。

新编号发布程序中补充细化的一些内容，对本书所描述的业务流程影响不多，不做修改。

2)《民用航空产品补充型号合格证和改装设计批准书合格审定程序》（AP-21-AA-2022-14）替代《补充型号合格审定程序》（AP-21-14）和《进口民用航空器重要改装设计合格审定程序》（AP-21-15）

新编号发布程序调整了申请书表格，合并为一张申请表《补充型号合格证/改装设计批准书申请书》，通过简化STC的流程统一了STC和MDA的审定过程，分别颁发补充型号合格证和数据单或改装设计批准书和数据单，增加了生产批准的要求：如果此STC和MDA仅用于一次生产，申请人需提出申请，适航当局指派制造代表开展制造符合性检查；如果需重复生产，申请人需按《生产批准和监督程序》（AP-21-AA-2022-31R1）申请生产许可证或按《零部件制造人批准书合格审定程序》（AP-21-AA-2020-13）申请零部件制造人批准书。

本书第2章描述补充型号合格证STC证和改装设计批准书MDA证是依据CCAR-21-R4中的要求描述的，分为TC证持证人申请STC证流程和非TC证持证人申请STC证和MDA的流程。依据新编号发布程序，此流程中需增加判断生产形式的环节及判定后不同的环节，若判定为一次性生产，增加提交审查方制造符合性检查申请和开展制造符合性检查的任务；若判定为重复生产，则需增加提交生产许可证或零部件制造人批准书申请的任务，再转入生产许可证或零部件制造人批准书验证的流程中。

3)《依据型号合格证生产的监管程序》(AP-21-AA-2022-33)替代《仅依据型号合格证生产的审定和监督程序》(AP-21-08)

新编号发布程序提出审查方可依据申请方的实际情况确定制造符合性检查的介入程序,不要求百分之百检查;新编号发布程序规定,申请方必须在获得TC证后六个月内获得PC证,未获得即停止仅依据TC证的生产;新编号发布程序增加了一项要求,即申请人必须接受审查方对其生产检验系统的评审,需制定评审计划。故需在本书第2章在适航证(AC证)取证过程依据型号合格证生产获取AC证的流程中,增加生产检验系统评审计划的环节,任务中增加编制和实施生产检验系统评审计划的两项任务,其他相同。

4)《"批准放行证书/适航批准标签"的签发与管理程序》(AP-21-AA-2022-52)替代《批准放行证书/适航批准标签的使用程序》(AP-21-10)

新编号发布程序未改变老编号发布程序对"批准放行证书/适航批准标签"的功能、作用及签发人员,仅从管理的角度重新规范了管理方法,明确细化了相关的要求。对本书中的描述无影响,无需修改。

5)《民用航空器适航批准程序》(AP-21-AA-2022-51)替代《民用航空器及其相关产品适航审定程序》(AP-21-AA-2008-05R2)

在新编号发布程序中列出的此次修订内容包括:①在程序中落实《民用航空产品和零部件合格审定规定》(CCAR-21-R4)的相关内容;②结合适航批准流程在适航审定运行管理系统(AMOS)中的实现,完善程序中相关流程;③根据不同类型航空器适航检查工作的特点,细化了适航检查的内容,增加用于旋翼航空器和载人自由气球的《民用航空器适航性评审和检查记录单》;④根据实际工作中总结的经验,对程序附件中的证件模板及表格进行修订。以上修改内容均不影响本书关于适航证、出口适航证、外国适航证认可书和特许飞行证的相关业务流程描述,无需修改。关于特许飞行证,新编号发布程序区分了第一类特许飞行证适用的各类场景,与本书相关的场景类别为用于研发试飞试验、验证试飞试验、生产试飞,新编号发布程序要求申请用于研发试飞试验的特许飞行证不可用于验证试飞试验,另外增加填写并提交《科研或符合性验证用途特许飞行证申请人检查单》的要求,故需在本书中的特许飞行证证件管理中,增加标识适用场景类别的功能;在取得特许飞行证任务中增加一项任务,即按《科研或符合性验证用途特许飞行证申请人检查单》完成检查并提交审查方。

6)更新的《民用航空器国籍登记管理程序》(AP-45-AA-2022-01R4)

程序更新的内容:细化了一些程序管理要求;更改了表格编号。民用航空器主制造商通常是申请临时国籍登记证,针对临时国籍登记证的流程未更新,本书无需修改。表格编号变化,本书未引用表格,也无须修改。

7) 更新的《生产批准和监督程序》(AP-21-AA-2022-31R1)

程序更新的内容如下:①对 3.1.1 节申请人资格和 3.1.4 节申请资料审查内容进行了简化;②修改 3.1 节标题为"申请和受理",修改 3.2 节标题为"审查",将 3.2 节第一段内容移至 3.1.4 节,3.2 节开头增加进入审查阶段的表述;③修改了 5.2.2 节关于最低审查频次的要求;④在 6.5.3 节增加了纠正和预防措施的时间要求;⑤修改了 12.5 节质量系统文件审查问题记录表的格式,可以满足一个表记录多项问题;⑥删除了表 12.21 和表 12.22。更新了附录 3 从事生产批准和监督工作的审查方人员的资格要求内容。此类更改对本书的描述未产生影响,无须更新本书的内容。

相 关 标 准

（1）中华人民共和国人民代表大会，《中华人民共和国民用航空法》第 6 次修订，2021 年 4 月 29 日由习近平签署第八十一号中华人民共和国主席令发布。

（2）国务院，《中华人民共和国民用航空器适航管理条例》，1987 年 5 月 4 日国务院发布。

（3）国务院，《中华人民共和国民用航空器国籍登记条例》第 1 次修订，2020 年 11 月 29 日中华人民共和国国务院令第 732 号公布。

（4）中国民用航空局，《民用航空产品和零部件合格审定规定》CCAR-21-R4，中华人民共和国交通运输部令 2017 年第 23 号公布。

（5）中国民用航空局，《民用航空器国籍登记规定》CCAR-45-R2，中华人民共和国交通运输部令 2022 年第 22 号公布。

（6）中国民用航空局，《民用航空器适航指令规定》CCAR-39AA，1990 年 6 月 13 日中国民用航空令第 8 号公布。

（7）中国民用航空局，《中国民用航空无线电管理规定》CCAR-118TM，1990 年 5 月 20 日中国民用航空令第 7 号公布。

（8）中国民用航空局，《民用航空适航委任代表和委任单位代表管理规定》CCAR-183AA-R1，中华人民共和国交通运输部令 2017 年第 26 号公布。

（9）中国民用航空局，《民用航空材料、零部件和机载设备技术标准规定》CCAR-37AA，1992 年 4 月 1 日中国民用航空局令第 24 号公布。

（10）中国民用航空局，《运输类飞机适航标准》CCAR-25-R4，2016 年 3 月 17 日交通运输部令 2016 年第 19 号公布。

（11）中国民用航空局，《一般运行和飞行规则》CCAR-91-R4，2022 年 1 月 4 日交通运输部令 2022 年第 3 号公布。

（12）中国民用航空局，《大型飞机公共航空运输承运人运行合格审定规则》CCAR-121-R7，2022 年 3 月 15 日交通运输部令 2021 年第 5 号公布。

（13）中国民用航空局，《民用航空器维修单位合格审定规则》CCAR-145-R4，2022 年 2 月

11 日交通运输部令 2022 年第 8 号公布。

(14) 中国民用航空局适航司,《航空器型号合格审定程序》AP-21-AA-2011-03R4,2011 年 3 月 18 日下发[已被(15)替代]。

(15) 中国民用航空局适航司,《型号合格审定程序》AP-21-AA-2022-11,2022 年 8 月 31 日下发。

(16) 中国民用航空局适航司,《民用航空产品和零部件故障、失效和缺陷报告处理程序》AP-21-AA-2022-16R1,2022 年 8 月 19 日下发。

(17) 中国民用航空局适航司,《民用航空器国籍登记管理程序》AP-45-AA-2022-01R4,2022 年 8 月 31 日下发。

(18) 中国民用航空局适航司,《民用航空产品补充型号合格证和改装设计批准书合格审定程序》AP-21-AA-2022-14R1,2022 年 8 月 31 日下发。

(19) 中国民用航空局适航司,《依据型号合格证生产的监管程序》AP-21-AA-2022-33,2022 年 8 月 31 日下发。

(20) 中国民用航空局适航司,《民用航空器适航批准审定程序》AP-21-AA-2022-51,2022 年 9 月 23 日下发。

(21) 中国民用航空局适航司,《〈批准放行证书/适航批准标签〉的签发与管理程序》AP-21-AA-2022-52,2022 年 9 月 23 日下发。

(22) 中国民用航空局适航司,《生产批准和监督程序》AP-21-AA-2019-31,2019 年 11 月 26 日下发[已被(23)更新]。

(23) 中国民用航空局适航司,《生产批准和监督程序》AP-21-AA-2022-31R1,2022 年 9 月 23 日下发。

(24) 中国民用航空局适航司,《技术标准规定项目批准书合格审定程序》AP-21-AA-2020-12,2020 年 7 月 16 日下发。

(25) 中国民用航空局适航司,《零部件制造人批准书合格审定程序》AP-21-AA-2020-13,2020 年 7 月 16 日下发。

(26) 中国民用航空局适航司,《型号合格证持有人持续适航体系的要求》AC-21-AA-2013-19,2013 年 9 月 11 日下发。

(27) 中国民用航空局飞标司,《航空器制造厂家运行支持体系建设规范》MD-FS-AEG006,2014 年 12 月 29 日下发。

参 考 文 献

[1] 郝莲.民机研制适航取证总体技术方案探讨[J].航空制造技术,2012(22):62-65.

[2] 郝莲,哈红艳.中国民用飞机主制造商设计保证系统的建立[J].中国民用航空,2013(9):32-34.

[3] 熊超,郝莲,付冬梅,等.民用飞机适航取证任务研究[J].科技信息,2013(19):59-60.

[4] 卢艺,郝莲,李承立,等.基于构型项目分类的民机系统适航符合性证据体系结构研究[J].民用飞机设计与研究,2017(3):26-30.

[5] 符越,郝莲,李琳.关于设计保证系统适航独立核查的思考[J].民用飞机设计与研究,2020(4):1-5.

[6] 何静,耿延升,何永为,等.民用飞机协同研制模式下的适航管理体系建设研究[J].航空工程进展,2018,9(2):288-296.

[7] 张娟.民用飞机数字化适航管理平台技术研究[J].航空科学技术,2017,28(3):74-78.

[8] [意]菲利普·德·弗洛里奥.适航性:航空器合格审定引论[M].张曙光,柯鹏,潘强,等,编译.北京:北京航空航天大学出版社,2011.

[9] 黄强.中国民机产业崛起之探索[M].北京:航空工业出版社,2007.

[10] 朱一凡,李群,杨峰,等.NASA 系统工程手册[M].北京:电子工业出版社,2012.

[11] 蔡景,许娟,刘明,等.民用航空器适航管理[M].北京:北京航空航天大学出版社,2018.

[12] 张越梅,浦传彬,刘晓华.浅谈民用飞机的适航管理[J].民用飞机设计与研究,2008(2):37-42.

[13] 张艳红.民机型号取证任务管理信息化建设探讨[J].机械设计与制造工程,2018,47(4):78-81.

[14] 张艳红.民用飞机型号取证过程中条款关闭管理平台的应用[J].装备制造技术,2014(8):164-166.

[15] 杨定定.民用运输类固定翼飞机适航取证管理数字化建设研究[J].机械制造,2022,60(2):70-73.

［16］ 杨定定.企业 IT 运维管理实践与探索[J].信息与电脑,2020,32(15):20－22.

［17］ 杨定定.制造业软件项目需求管理分析[J].科技创新与应用,2020(29):185－186.

［18］ 黄文毅.Spring MCV＋MyBatis 快速开发与项目实战[M].北京:清华大学出版
社,2019.

［19］ 李强,刘岳峰.基于 Web Service 技术的异构 PDM 系统集成技术研究与应用[J].数字技
术与应用,2020,38(6):148－151.

［20］ 张志谦,来云峰,基于需求的民用飞机研发平台架构[J].飞机设计,2020,40(5):1－3.

［21］ 蒲伟.基于微服务的软件开发框架的探索与思考[J].科技创新与应用,2021,11(19):56－58.

［22］ 张咪,刘文,郭庆.基于云原生的视频管理系统设计与实现[J].软件导刊,2022,21(5):
141－144.

［23］ 杨益文.基于微服务架构的地图定制管理平台设计与实现[J].地理空间信息,2022,20
(7):74－76,88.

索　引